건설기계 운전공학

GB기획센터 편

Golden Bell

CI Corporate Identity

"새로운 얼굴로 바뀝니다"

골든벨의 얼굴(Corporate Identity)이 23년 만에 새로운 전략 시각 커뮤니케이션으로 변모했습니다. 영문 로고는 메인 타이틀로, 한글 로고는 책등[背面]에 주로 사용할 것입니다. **원형 컬러 세가닥은 지식의 전달을 종소리의 파장으로 상징**한 것입니다.

디자인은 「제일기획」의 신문화팀 '한성욱' 아티스트가 기획·제작한 것입니다.

★ 불법복사는 지적재산을 훔치는 범죄행위입니다.

저작권법 제97조의 5(권리의 침해죄)에 따라 위반자는 5년 이하의 징역 또는 5천만원 이하의 벌금에 처하거나 이를 병과할 수 있습니다.

Prolog...

책을 펴내며...

인간은 만물의 영장이지만 신(神) 앞에서는 매우 나약한 존재에 불과하다. 심지어 신이 빚어낸 자연의 물리적인 힘 앞에서마저 인간의 몸으로 맞닥뜨리기에는 시쳇말로 '도저 앞에 삽질한다' 고나 할까?

건설을 하고, 파괴하고 그리고 또다시 건설을 하는 현장에서는 인간이 개발한 건설기계들이 등단하게 된다.

이것이 우리들 귀에 못이 박혀 있는 건설기계가 바로 그것이다. 따라서 기존에 출간되었던 중장비공학 등등의 책들로부터 구태의연함에서 탈출하여 새로운 모습으로 여러분 앞에 서기 위해 다음과 같은 장르로 구성하였다.

1. **「건설기계 공학」** 편에서는 기관, 전기, 섀시로 분류하여 구조와 기능을 수록

2. **「건설기계 유압」** 편에서는 유압장치와 작동유, 속도제어 회로, 유압기호를 수록

3. **「건설기계 구조」** 편에서는 토목용건설기계(도저, 로더, 스크레이퍼, 굴삭기, 모터그레이더), 적하용건설기계(지게차, 기중기) 포장용건설기계(콘크리트 배칭 플랜트, 콘크리트 믹서, 콘크리트 피니셔, 아스팔트 피니셔, 아스팔트 믹싱 플랜트), 쇄석기, 골재살포기, 공기압축기, 천공기, 롤러, 해상용건설기계(사리채취기, 준설선)의 구조와 기능을 수록하였다.

4. 특히 가장 핵심적인 내용들은 한 눈에 쉽게 파악할 수 있도록 박스로 처리하여 집약시켜 놓았다.

아울러 건설기계를 공부하는 이들만큼 사회의 한 언저리에서 절대 필요한 존재로 군림하길 바란다. 아니, 다가오는 세월을 앉아서만 맞을 것이 아니라 도저처럼 험한 세파를 힘껏 밀어붙이길 바란다.

끝으로 출간을 하기까지 주위에서 많은 격려와 도움을 주신 분들께 진심으로 감사를 드린다.

2009. 10월에
엮은이 일동

CONTENTS

제1편 건설기계 **공학**

1 건설기계 기관 —————————————————————— 13
- 기관의 일반적인 사항 ·· 13
- 기관 주요부분 ·· 18
- 윤활 장치 ··· 51
- 냉각장치 ·· 62
- 디젤기관의 특징 및 연료장치 ································ 70
- 흡·배기 및 예열 창치 ··· 89

2 건설기계 전기 —————————————————————— 95
- 기초전기 ·· 95
- 축전지 ·· 115
- 기동 장치 ·· 127
- 충전 장치 ·· 136
- 계기·등화 및 보안장치 ······································ 140

3 건설기계 섀시 ————————————————————— 144
- 동력전달장치 ·· 144
- 조향장치 ··· 162
- 동력 조향 장치 ·· 166
- 앞바퀴 정렬(얼라인먼트) ···································· 169
- 제동 장치 ·· 170
- 타이어 ·· 179
- 트랙 장치 ·· 185

제 2 편 건설기계 **유압**

1 유압장치의 개요 ——————————————————— 193
- 유압장치의 정의 ·· 193
- 파스칼(Pascal)의 원리 ··· 193
- 유압장치의 장점 및 단점 ·· 194

2 작동유 ——————————————————————— 195
- 작동유(유압유)의 구비조건 ·· 195
- 작동유 열화 판정방법 ··· 195
- 작동유가 과열하는 원인 ·· 196
- 작동유 온도가 과도하게 상승하면 나타나는 현상 ················ 196
- 작동유 첨가제 ·· 196
- 작동유 점도의 점도 ··· 196
- 작동유의 취급방법 ·· 197

3 유압장치의 이상 현상 ————————————————— 198
- 공동현상(캐비테이션 현상) ·· 198
- 서지 압력(surge pressure) ·· 199
- 유압 실린더의 숨돌리기 현상이 생겼을 때 일어나는 현상 ·· 199

4 유압장치의 구성부품 ————————————————— 200
- 작동유 탱크 ··· 200
- 유압펌프 ··· 201
- 제어밸브(컨트롤 밸브) ··· 204
- 유압 액추에이터 ·· 207
- 어큐뮬레이터(축압기, Accumulator)의 기능 ························ 209
- 오일 필터(Oil filter) ·· 209
- 유압 호스 ··· 210
- 패킹(packing) ·· 211

5 속도제어 회로 — 214
- 미터-인 회로(meter-in circuit) — 214
- 미터-아웃 회로(meter-out circuit) — 214
- 블리드 오프 회로 — 214

6 유압기호 — 215
- 기본적인 유압기호 — 215
- 관로 및 접속 — 216
- 펌프 및 모터 — 217
- 실린더 — 218
- 제어방식 — 219
- 압력 제어밸브 — 221
- 유량 제어밸브 — 222
- 방향 제어밸브 — 223
- 체크밸브 — 224
- 부속기기 — 224

7 플러싱 — 226

제 3 편 건설기계 구조

1 토목용 건설기계 — 229
- 도저(Dozer) — 229
- 로더(Loader) — 245
- 스크레이퍼 — 256
- 굴착기(excavator) — 262
- 모터 그레이더 — 281

2 적하용 건설기계 ————————————————— 289
- 지게차 ……………………………………………… 289
- 기중기(크레인) …………………………………… 297

3 포장용 건설기계 ————————————————— 311
- 콘크리트 배칭 플랜트 …………………………… 311
- 콘크리트 믹서 …………………………………… 313
- 콘크리트 피니셔 ………………………………… 315
- 아스팔트 피니셔 ………………………………… 318
- 아스팔트 믹싱 플랜트 …………………………… 323

4 쇄석기 ————————————————————— 326

5 골재 살포기 —————————————————— 329

6 공기압축기 —————————————————— 331
- 공기 압축기의 개요 ……………………………… 331
- 압축 기구별에 의한 공기 압축기 분류 ………… 332

7 천공기 ————————————————————— 334

8 롤러 —————————————————————— 337

9 해상용 건설기계 ———————————————— 343
- 사리채취기 ………………………………………… 343
- 준설선 ……………………………………………… 345

Part 1

건설기계 공학

- 기관
- 전기
- 섀시

Chapter 1

건설기계 기관

건\설\기\계\공\학

기관의 일반적인 사항

❶ 열기관

연료를 연소시켜 얻어지는 열에너지를 기계적 에너지로 바꾸는 기계로서 외연기관과 내연기관이 있다.

① **외연기관** : 열에너지를 실린더 밖에서 얻는 기관(증기기관)이다.
② **내연기관** : 열에너지를 실린더 내에서 얻는 기관(가솔린기관, 디젤기관 등)이다.

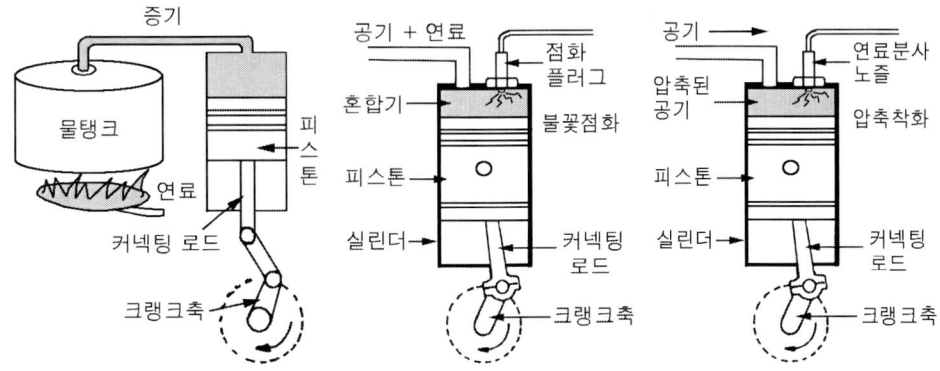

▲ 열기관의 분류

❷ 기관의 분류

(1) 기계적 사이클에 의한 분류

1) 4행정 사이클 기관

흡입, 압축, 폭발(동력), 배기 등 4개의 작용을 피스톤이 4행정하고 크랭크축이 2회전하여 1사이클을 완성한다.

① **흡입행정**(intake stroke) : 피스톤이 상사점에서 하사점까지 내려가며, 크랭크축이 180° 회전하고 공기(디젤 기관)나 혼합가스(가솔린 기관)가 흡입되며, 배기밸브는 닫혀 있고 흡입밸브는 열려 있다.

② **압축행정**(compression stroke) : 흡·배기 밸브가 모두 닫히고 피스톤은 하사점에서 상사점으로 상승하며, 공기 또는 혼합가스를 압축한다. 그리고 디젤 기관의 압축비가 높은 이유는 공기의 압축열로 착화하기 때문이다.

● 가솔린 기관과 디젤기관의 압축행정 비교

구 분	가솔린 기관	디젤 기관
압 축 비	7~11 : 1	15~22 : 1
압축압력	7~11kgf/cm²	30~45kgf/cm²
압축온도	120~140℃	500~550℃

> **기관의 압축압력이 낮은 원인**
> - 실린더 벽의 마모
> - 피스톤 링이 파손 또는 과다 마모
> - 피스톤 링의 탄력 부족
> - 헤드 개스킷에서 압축가스 누설

③ **폭발행정(동력 행정)** : 디젤기관은 압축열에 의해 자기 착화하고, 가솔린 기관은 전기 불꽃으로 점화하여 연소가 일어나 폭발압력으로 피스톤이 하강하며, 크랭크축에 폭발력이 전달되어 기계적 에너지로 변환시켜 유효한 힘이 발생되게 한다. 또한 흡입밸브와 배기밸브가 모두 닫혀 있다.

● 가솔린 기관과 디젤기관의 폭발행정 비교

구 분	가솔린 기관	디젤 기관
점화방식	전기불꽃 점화	자기(압축) 착화
폭발압력	35~45kgf/cm²	무과급식 : 55~65kgf/cm² 과급식 : 100~140kgf/cm²

④ **배기행정(exhaust stroke)** : 피스톤이 상사점으로 올라가 기계적 에너지로 바꾼 연소된 가스를 배기밸브를 통해 대기 중으로 배출시킨다.

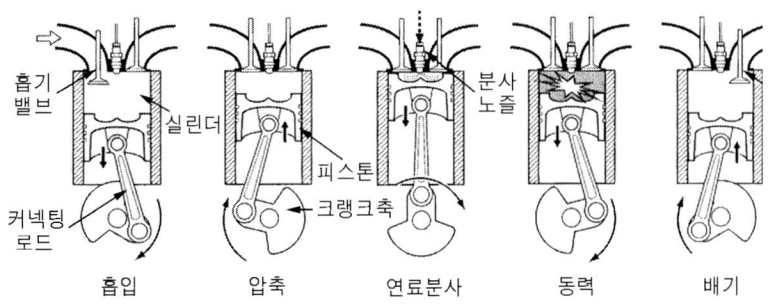

▲ 4행정 사이클 기관의 작동

피스톤 행정

피스톤이 맨 위에 올라갔을 때 이 점을 **상사점**(Top Dead Center : T.D.C)이라 하고, 맨 아래로 내려갔을 때 이 점을 **하사점**(Bottom Dead Center : B.D.C)이라 한다. 또한 상사점과 하사점 사이를 **행정**(Stroke)이라 하며 크랭크축은 180° 회전한다.

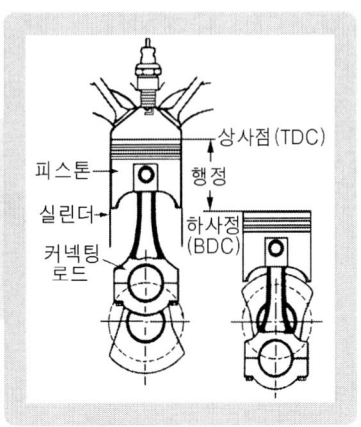

▲ 피스톤의 상사점과 하사점

2) 2행정 사이클 기관

흡입, 압축, 폭발, 배기가 크랭크축 1회전으로 1사이클을 완성하는 기관이다.

① **소기행정(scavenging stroke)** : 피스톤의 하강으로 소기구멍이 열리고 이때 압축된 크랭크 케이스 내의 공기는 소기구멍을 통해 실린더로 들어가며 연소 가스는 배기구멍으로 나가는 작용을 동시에 행한다.(즉, 소기와 배기가 동시에 이루어진다.)

② **압축행정**(compression stroke) : 피스톤이 배기구멍을 막고 상승하면 실린더 내의 공기를 압축한다. 피스톤이 더욱 상승되면 흡입구멍이 열려 흡입되는 공기가 크랭크 케이스 내로 들어와서 대기하게 된다.
③ **폭발(동력)행정**(power stroke) : 피스톤이 상사점에 이르면 분사노즐에서의 연료분사로 착화되어 연소 가스의 팽창으로 피스톤을 밀어내려 크랭크축을 회전시킨다.
④ **배기행정**(exhaust stroke) : 폭발 압력에 의해 피스톤이 하강하면서 피스톤이 배기구멍을 여는 순간 배기가 시작되며 배기구멍을 지나 조금 더 하강하면서 소기구멍이 열려 크랭크 케이스 안에 있던 공기가 소기구멍을 통해 실린더 내로 들어온다.

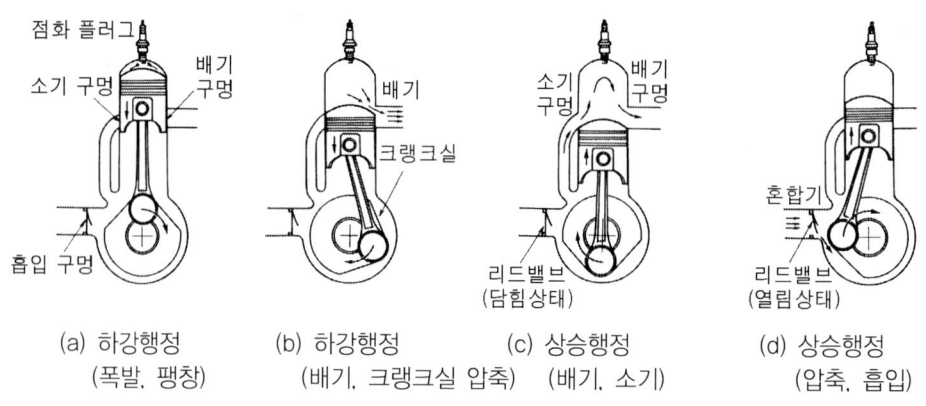

▲ 2행정 사이클 기관의 작동

● 4행정 사이클 기관과 2행정 사이클 기관의 비교

기관 장·단점	4행정 사이클	2행정 사이클
장점	① 각 행정 구분이 확실하여 열효율이 좋다. ② 흡입 행정기간이 길어 냉각효과가 양호하며 열적 부하가 적다. ③ 회전속도의 범위가 넓다. ④ 체적효율이 높으며 연료 소비율이 적다. ⑤ 시동이 쉽고 실화가 일어나지 않는다.	① 평균 유효압력 및 회전속도가 같을 때 4행정사이클 기관보다 출력이 1.7배 크다. ② 회전력의 변동이 적으며 실린더 수가 적어도 회전이 원활하다. ③ 밸브기구가 간단하여 소음이 적으며 마력당 중량이 가볍다.
단점	① 밸브기구가 복잡하여 기계적 소음이 크다. ② 마력당 중량이 무겁다.	① 연료 소비율이 높다. ② 평균 유효 압력과 열효율이 낮다. ③ 피스톤과 피스톤 링의 손상이 빠르다.

실화(miss fire) 및 2행정 사이클 기관의 소기방식

- **실화**란 실린더 수가 많은 기관에서 1개 이상의 실린더 내에서 폭발이 일어나지 못하는 현상을 말하며, 실화가 일어나면 기관회전이 불량해진다.
- **소기(scavenging)행정**이란 잔류 배기가스를 내보내고 새로운 공기를 실린더 내에 공급하는 것을 말하며, 2행정사이클 기관에만 해당되는 과정(행정)이다. 소기방식에는 단류 소기형(uniflow scavenging type), 횡단 소기형(cross scavenging type), 루프 소기형(loop scavenging type) 등이 있다.

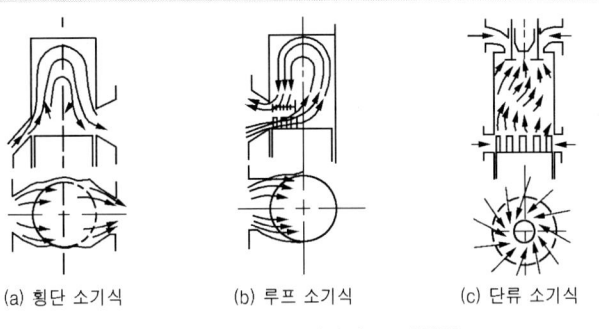

(a) 횡단 소기식 (b) 루프 소기식 (c) 단류 소기식

▲ 2행정 사이클 기관의 소기형식

블로다운(blow down)

- 블로다운이란 폭발행정 끝 부분에서 실린더 내의 압력에 의해서 배기가스가 배기밸브를 통해 배출되는 현상을 말한다.

(2) 밸브배열에 의한 분류

① **I-헤드형** : 흡·배기밸브가 모두 실린더 헤드에 설치되어 있다.
② **L-헤드형** : 흡·배기 밸브가 모두 실린더 블록에 나란히 설치되어 있다.
③ **F-헤드형** : 흡입밸브는 실린더 헤드에 배기밸브는 블록에 설치되어 있다.
④ **T-헤드형** : 실린더 블록 양쪽에 흡·배기가 설치되어 있다.

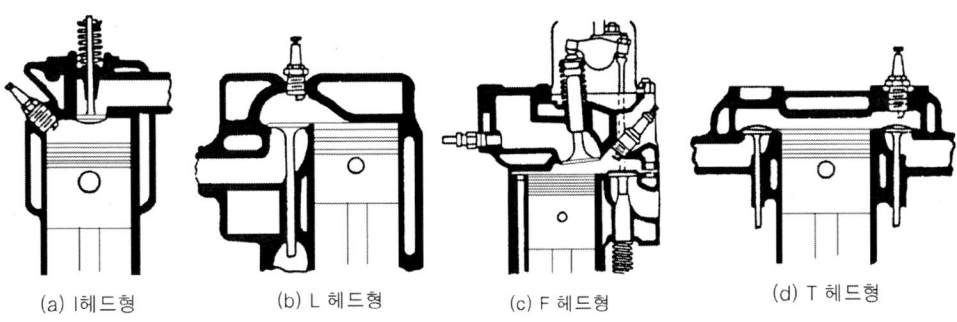

(a) I헤드형   (b) L 헤드형   (c) F 헤드형   (d) T 헤드형

▲ 밸브 배치에 의한 분류

(3) 내연기관의 열역학적 분류

1) 오토 사이클 또는 정적 사이클

혼합가스의 연소가 일정 체적하에서 일어나는 경우의 것이며 일반적으로 LPG기관, 가솔린 기관 등이 이 사이클을 기준으로 하여 작동된다.

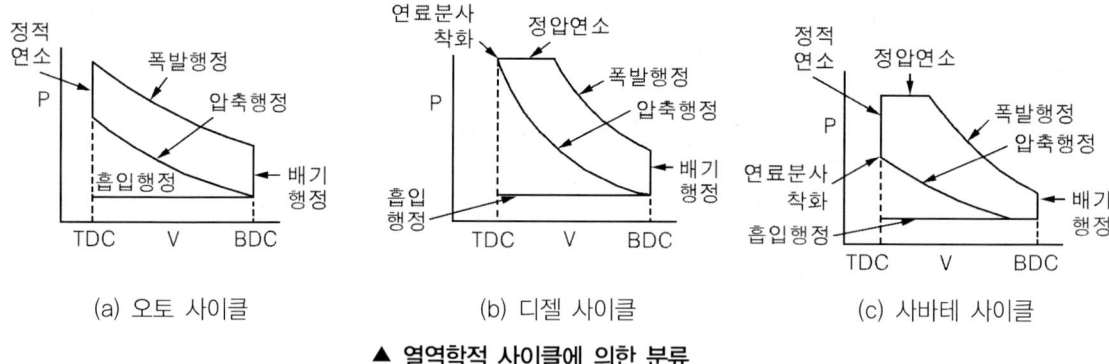

(a) 오토 사이클　　(b) 디젤 사이클　　(c) 사바테 사이클

▲ 열역학적 사이클에 의한 분류

2) 디젤 사이클 또는 정압 사이클

정압 사이클은 연소가 일정 압력하에 일어나는 경우의 것이며 저속·중속 디젤 기관 등이 이 사이클을 기준으로 하여 작동된다.

3) 사바테 사이클 또는 복합 사이클

정적 및 정압 사이클을 혼합한 사이클이며 고속 디젤 기관 등이 이 사이클을 기준으로 하여 작동된다.

(4) 실린더 수와 배열에 의한 분류

① **1실린더 및 2실린더 기관** : 주로 원동기 및 소형 건설기계에 사용하며 무게가 가볍다.

② **4실린더 직렬형 기관** : 4개의 실린더가 일렬수직으로 배열되어 있으며 승용차, 소형 건설기계에 주로 사용한다. 크랭크축의 위상차는 **180°**이며 폭발순서는 1-3-4-2 및 1-2-4-3이 있으나 1-3-4-2의 기관을 많이 쓴다.

③ **6실린더 직렬형 기관** : 6개의 실린더가 일렬 수직으로 되어 있으며 승합차, 화물차, 건설기계에 많이 사용되며 크랭크축의 위상차는 **120°**, 폭발순서는 우수식 기관이 1-5-3-6-2-4, 좌수식은 1-4-2-6-3-5이다.

④ **V-6실린더 기관** : 3실린더 직렬형을 2조 V형으로 배열하여 1개의 크랭크 핀에 2개의 피스톤-커넥팅로드가 연결되어 작동하며 기관의 길이가 짧고 강성을 증대된다. 크랭크축의 위상차는 120°이고 실린더 블록의 V각도는 90°이다.

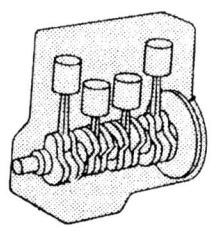 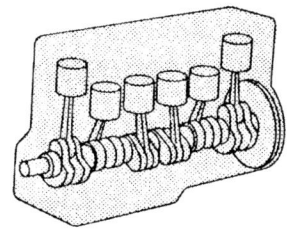 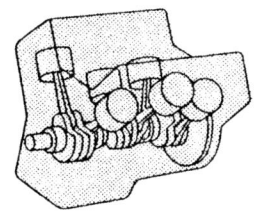

▲ 4실린더 직렬형 기관　　▲ 6실린더 직렬형 기관　　▲ V-6실린더 기관

⑤ **V-8실린더 기관** : 4실린더 직렬형을 2조 V형으로 배열하여 1개의 크랭크 핀에 2개의 피스톤을 연결하여 작동하며, 장점은 V-6실린더와 같고 크랭크축의 위상차는 90°, 실린더 배열의 V각도는 90°이다.

⑥ **수평 대향형 기관** : V형 기관을 수평으로 한 것이며, 높이와 길이를 줄여 장소가 제한된 곳에 설치 사용한다.

⑦ **성형 기관** : 실린더가 방사선상으로 배열되어 있으며 크랭크 축 및 크랭크 핀이 1개이며, 항공기 기관에 사용된다.

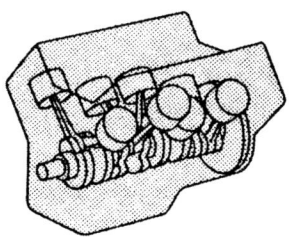 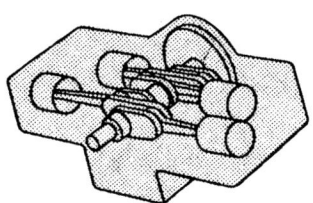 

▲ V-8실린더 기관　　▲ 수평대향형 기관　　▲ 성형 기관

기관의 실린더 수가 많으면....

- 가속이 원활하고 신속하다.
- 기관의 진동이 적다.
- 저속회전이 용이하고, 큰 동력을 얻을 수 있다.
- 연료소비가 많고 구조가 복잡하여 제작비가 비싸다.

(5) 점화방식에 의한 분류

① **전기점화 기관** : 가솔린 기관 및 LPG기관의 점화방식이다.
② **압축착화 기관(자기착화 기관)** : 디젤기관의 점화방식이다.

기관 주요부분

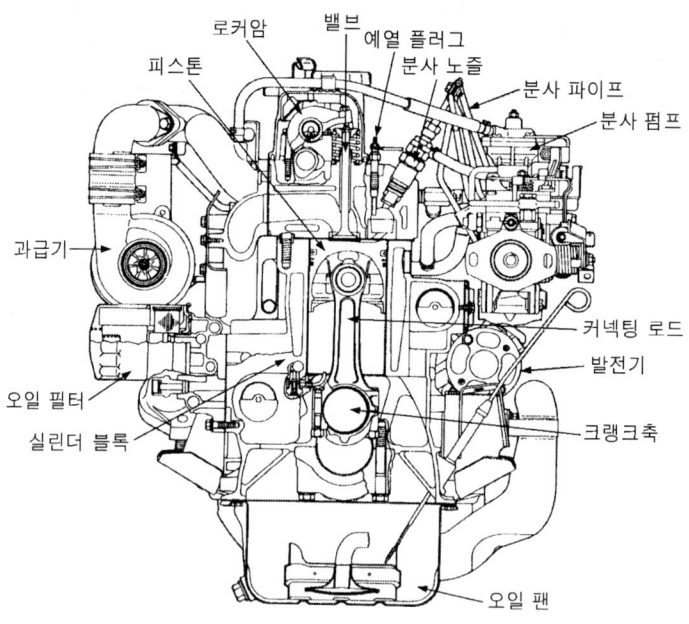

▲ 기관 주요부분의 단면도

❶ 실린더 헤드

(1) 실린더 헤드의 역할

실린더 헤드는 실린더 블록 윗면에 설치되어 기밀과 수밀을 유지하여 열 에너지를 얻을 수 있는 부분이다. 그 구조는 안쪽의 연소실에 흡입밸브와 배기밸브, 예열 플러그, 분사노즐 등이 설치되어 있으며 실린더, 피스톤, 실린더 헤드와 함께 연소실을 형성한다. 수냉식 기관은 전체 실린더를 하나로 주조한 일체식 실린더 헤드를 사용하고, 공랭식 기관은 실린더마다 별도로 주조한 실린더 헤드를 사용하여 냉각을 돕도록 한다.

(2) 실린더 헤드의 재질

실린더 헤드의 재질은 주철이나 알루미늄 합금을 사용한다.

(3) 실린더 헤드의 구비조건

① 고온에서 열팽창이 적을 것
② 폭발압력에 견딜 수 있는 강도가 있을 것
③ 가열되기 쉬운 돌출부가 없을 것

위의 구비조건에 만족하지 못하면 혼합가스의 연소온도에 의해 실린더 헤드의 변형에 의한 정상운전이 안되며 조기점화에 의해 이상연소가 발생되므로 기관 각 부분의 마멸이 증대되는 원인이 된다.

(4) 실린더 헤드 가스킷

헤드 개스킷은 실린더 헤드와 블록의 접합면 사이에 끼워져 양면을 밀착시키기 위하여 사용하는 석면계열의 물질이며, 그 종류와 구비조건은 다음과 같다.

1) 보통 가스킷

구리판 및 강철판으로 석면을 싸서 만든 가스킷으로서 제작이 용이하다.

2) 스틸 베스토 가스킷

강철판 양면에 흑연 석면을 압착하여 사용하며, 고열·고부하 및 고압축에 우수하므로 현재 많이 사용되고 있다.

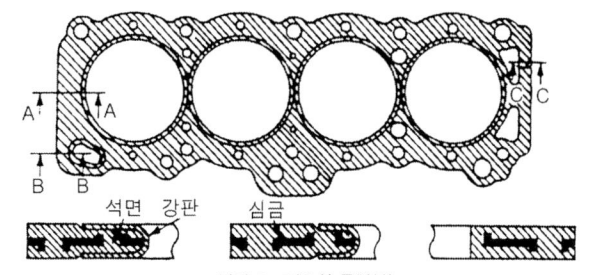

▲ 실린더 헤드와 가스킷

3) 스틸 가스킷

강철판만으로 제작하여 사용한다.

4) 헤드 가스킷 구비조건

① 기밀유지 성능이 클 것   ② 냉각수 및 기관오일이 새지 않을 것
③ 내열성과 내압성이 클 것

(5) 디젤 기관의 연소실

연소실은 공기와 연료의 연소와 연소가스의 팽창이 시작되는 부분이다. 디젤기관 연소실의 종류에는 단실식(single chamber type)인 **직접 분사실식**과 복실식(double chamber type)인 **예연소실식, 와류실식, 공기실식** 등으로 나누어진다. 연소실의 구비조건은 다음과 같다.

① 분사된 연료를 가능한 한 짧은 시간 내에 완전 연소시킬 것
② 평균 유효압력이 높을 것
③ 연료 소비율이 적을 것
④ 고속회전에서의 연소상태가 좋을 것
⑤ 기관 시동이 쉬울 것
⑥ 노크발생이 적을 것

1) 직접 분사실식 연소실

직접 분사실식은 연소실이 실린더 헤드와 피스톤 헤드에 설치된 요철에 의하여 형성되고, 여기에 직접 연료를 분사하는 방식이다.

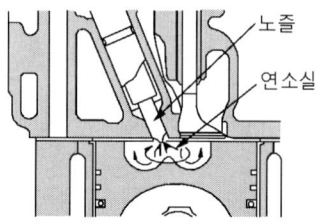

▲ 직접분사실식 연소실의 구조

직접분사실식 연소실의 장점	직접분사실식 연소실의 단점
① 실린더 헤드의 구조가 간단하므로 열효율이 높고, 연료 소비율이 작다. ② 연소실 체적에 대한 표면적 비가 작아 냉각 손실이 작다. ③ 기관 시동이 쉽다. ④ 실린더 헤드의 구조가 간단하므로 열 변형이 적다.	① 연료와 공기의 혼합을 위해 분사압력을 높게 하여야 하므로 분사펌프와 노즐의 수명이 짧다. ② 사용연료 변화에 매우 민감하다. ③ 노크발생이 쉽다. ④ 기관의 회전속도 및 부하의 변화에 민감하다.

2) 예연소실식 연소실

예연소실식 연소실은 실린더 헤드와 피스톤 사이에 형성되는 주 연소실 위쪽에 예연소실을 둔 것이며, 먼저 분사된 연료가 예 연소실에서 착화하여 고온·고압의 가스를 발생시키며 이것에 의해 나머지 연료가 주 연소실에 분출됨으로써 공기와 잘 혼합하

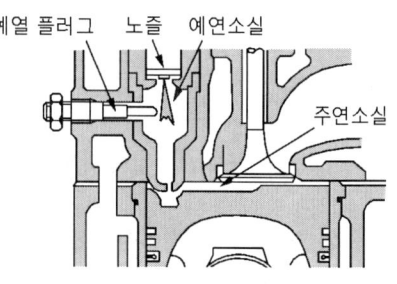

▲ 예연소실식 연소실의 구조

여 완전 연소하는 연소실이다.

예연소실식 연소실의 장점	예연소실식 연소실의 단점
① 분사압력이 낮아 연료 장치의 고장이 적고, 수명이 길다. ② 사용연료 변화에 둔감하므로 연료의 선택 범위가 넓다. ③ 운전상태가 조용하고, 노크발생이 적다. ④ 다른 형식의 연소실에 비해 유연성이 있으며, 제작하기 쉽다.	① 연소실 표면적에 대한 체적비가 크므로 냉각 손실이 크다. ② 실린더 헤드의 구조가 복잡하다. ③ 기관 시동보조 장치인 예열 플러그가 필요하다. ④ 연료 소비율이 비교적 크다.

3) 와류실식 연소실

와류실식 연소실은 실린더나 실린더 헤드에 와류실을 두고 압축 행정 중에 이 와류실에서 강한 와류가 발생하도록 한 형식이며, 와류실에 연료를 분사한다.

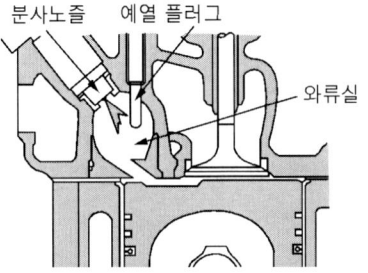

▲ 와류실식 연소실의 구조

와류실식 연소실의 장점	와류실식 연소실의 단점
① 압축행정에서 발생하는 강한 와류를 이용하므로 회전속도 및 평균유효압력이 높다. ② 분사압력이 낮아도 된다. ③ 기관 회전속도 범위가 넓고, 운전이 원활하다. ④ 연료 소비율이 비교적 적다.	① 실린더 헤드의 구조가 복잡하다. ② 분출구멍의 조임 작용, 연소실 표면적에 대한 체적비가 커 열효율이 낮다. ③ 저속에서 노크 발생이 크다. ④ 기관을 시동할 때 예열 플러그가 필요하다.

참고

1. 실린더 헤드볼트 풀고 조이기
- 헤드 볼트를 조일 때는 중앙에서 밖을 향하여 대각선으로 조이고, 풀 때는 밖에서 안쪽을 향하여 대각선으로 푼다.
- 헤드 볼트 최종 조임은 토크렌치를 사용하여 규정 값으로 조인다.

2. 헤드 가스킷이 파손되거나 헤드볼트를 일정하게 조이지 않았을 때 일어나는 현상
- 압축과 폭발압력이 저하되어 시동이 잘 안 된다.
- 라디에이터(방열기)에 기름이나 기포가 생긴다.
- 윤활유 희석 및 누출이 된다.
- 실린더가 마멸된다.

❷ 실린더 블록

기관의 기초 구조물이며 재질은 보통주철, 니켈-크롬 주철, 알루미늄 합금 등을 사용하며 실린더 주위에 물 통로와 위쪽에는 실린더 헤드, 아래쪽은 베어링을 통해 크랭크축이 설치되고 실린더 블록 일부의 가공된 구멍에 베어링을 통해 캠축이 설치된다. 또 아래쪽에는 오일 팬이 설치되어 하부 크랭크 케이스를 이룬다.

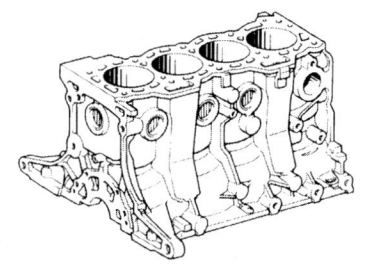

▲ 실린더 블록의 구조

(1) 실린더(cylinder)

피스톤 행정의 약 2배 길이의 진원통형으로 피스톤이 왕복운동하여 열에너지를 기계적 운동으로 바꾸어 동력을 발생시키는 일을 한다. 실린더에는 실린더 블록과 동일 재료로 만든 일체식 실린더와 블록과 별개의 재료로 만든 실린더 라이너를 끼운 실린더 라이너식이 있다. 라이너의 종류에는 건식과 습식이 있으며 그 특징은 다음과 같다.

① **건식 라이너**(dry type) : 라이너가 냉각수와 직접 접촉하지 않고 실린더 블록을 거쳐 냉각되며, 라이너를 끼울 때 필요한 압력이 2~3톤이고, 두께는 2~3mm 정도이다.

② **습식 라이너**(wet type) : 라이너의 바깥 둘레가 냉각수와 직접 접촉하게 되어 있으며, 두께는 5~8mm이다. 라이너 윗부분의 플랜지(Flange)는 실린더 블록 홈에 끼워져 실린더 위치가 정해진다.

그리고 라이너의 윗면이 실린더 블록 윗변보다 약간 높게 되어 있는 것은 실린더 헤드와의 기밀유지를 위함이며 라이너 아랫부분에 2~3개의 실링(sealing, 고무제품)이 끼워져 있는 것은 열팽창에 의한 변형을 방지하고 냉각수가 크랭크 케이스 안으로 누출되는 것을 방지한다. 라이너를 슬리브라고도 한다.

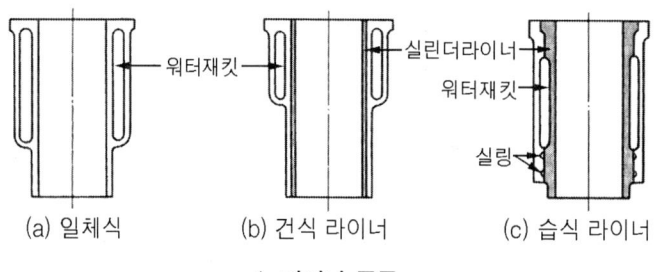

▲ 라이너 종류

실린더 벽의 마멸 경향

실린더 벽의 마멸 경향은 실린더 윗부분(상사점 부근)에서 가장 크며, 하사점 부근에서도 그 마멸이 현저하다. 그러나 하사점(BDC) 아랫부분은 거의 마멸되지 않는다.

또 실린더 벽이 마모되면 다음과 같은 현상이 발생한다.
- 크랭크 케이스 내의 윤활유 오손
- 연료의 불완전 연소로 출력감소
- 압축 및 폭발압력 저하
- 기관의 회전속도 감소
- 윤활유 소모량 증가

(2) 실린더 안지름과 행정비율에 의한 분류

① **장행정 기관**(under square engine) : 장행정 기관은 실린더 안지름보다 피스톤 행정이 큰 것이다.

② **정방형 기관**(square engine) : 정방형 기관은 실린더 안지름과 피스톤 행정의 크기가 똑같은 형식이다.

③ **단행정 기관**(over square engine) : 단행정 기관은 실린더 안지름이 피스톤 행정보다 큰 것이다.
이 기관은 다음과 같은 특징이 있다.

▲ 실린더 안지름 / 행정비율에 의한 분류

단행정 기관의 장점	단행정 기관의 단점
㉮ 피스톤 평균속도를 올리지 않고도 회전속도를 높일 수 있으므로 단위 실린더 체적 당 출력을 크게 할 수 있다. ㉯ 흡·배기 밸브의 지름을 크게 할 수 있어 체적 효율을 높일 수 있다. ㉰ 직렬형에서는 기관의 높이가 낮아지고, V형에서는 기관의 폭이 좁아진다.	㉮ 피스톤이 과열하기 쉽다. ㉯ 폭발압력이 커 기관베어링의 폭이 넓어야 한다. ㉰ 회전속도가 증가하면 관성력의 불평형으로 회전부분의 진동이 커진다. ㉱ 실린더 안지름이 커 기관의 길이가 길어진다.

측압

- 측압이란 피스톤이 행정을 바꿀 때 실린더 벽에 압력을 가하는 것을 말한다.

(3) 오일 팬

오일 팬은 기관 윤활유가 담겨져 있는 부분으로 냉각작용도 하며 오일 팬 안의 섬프(sump)는 기관이 기울어 졌을 때 오일이 충분히 고여 있게 하며, 여기에 오일펌프 흡입구의 스트레이너(strainer)가 들어 있다.

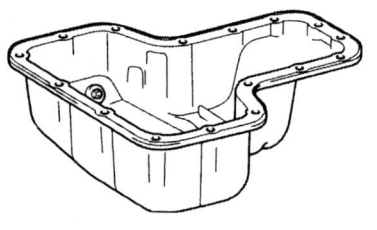

▲ 오일 팬의 구조

❸ 피스톤 – 커넥팅 로드 어셈블리

(1) 피스톤

피스톤은 실린더 내를 왕복 운동하며 폭발행정에서 발생한 고온·고압의 가스로부터 받은 압력으로 커넥팅 로드를 거쳐 크랭크축에 회전력을 발생시키고 흡입, 압축 및 배기 행정에서는 크랭크축으로부터 동력을 받아 각각 작용한다.

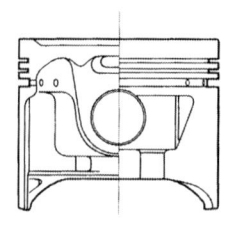 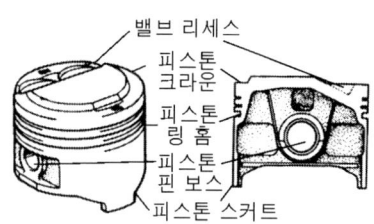

▲ 피스톤 구조

1) 피스톤의 구조

① **피스톤 헤드** : 연소실의 일부가 되는 부분으로 안쪽에 리브를 설치하여 피스톤 헤드의 열을 피스톤 링이나 스커트 부에 신속히 전달하고 동시에 피스톤을 보강한다.

② **링 홈** : 피스톤 링을 끼우기 위한 홈으로 피스톤 위쪽에 파져 있다. 이 홈에는 압축링과 오일링이 설치되는데 오일링이 끼워지는 홈에는 과잉의 오일을 피스톤 안쪽으로 보내기 위한 오일구멍이 전체둘레에 걸쳐 일정한 간격으로 뚫려 있다.

③ **랜드** : 피스톤 링을 끼우기 위한 링 홈과 홈 사이를 말하며 위에서부터 차례로 제1랜드, 제2랜드, 제3랜드라 부른다.

④ **스커트** : 피스톤의 아래쪽 끝 부분으로 피스톤이 상하 왕복 운동할 때 측압을 받는 일을 한다. 피스톤 헤드는 열팽창이 많아 지름을 작게 하고 스커트는 열팽창이 적어 지름을 크게 한다. 그러므로 피스톤의 지름을 측정할 때는 외경 마이크로 미

터를 이용하여 스커트에서 약 10mm 상단을 측정한다.
⑤ **보스** : 비교적 두껍게 되어 있으며 피스톤 핀에 의해 피스톤과 커넥팅 로드의 소단부를 연결하는 부분으로 지름은 피스톤 핀의 마찰열에 의해 열팽창이 되므로 측압부보다 작다.
⑥ **히트 댐** : 피스톤 헤드와 제1링 홈 사이에 가느다란 홈을 만들어 피스톤 헤드의 열을 스커트에 전달되지 않도록 한다.

2) 피스톤의 구비조건

① 무게가 가벼울 것
② 고온·고압가스에 충분히 견딜 수 있을 것
③ 열전도율이 좋을 것
④ 열팽창률이 적을 것
⑤ 블로바이(blow by)가 없을 것
⑥ 피스톤 상호간의 무게 차이가 적을 것

3) 피스톤의 재질

피스톤의 재질로는 특수주철과 알루미늄 합금이 있으나 주로 알루미늄 합금을 사용한다. 알루미늄 합금은 주철보다 비중이 작고 열전도성이 좋아 고속 고압축비 기관에 적합하다.

① **특수주철 피스톤** : 알루미늄 합금에 비해 강도가 크다. 또한 열팽창이 적으며 블로바이 및 피스톤 슬랩을 감소시킬 수 있다. 또한 피스톤의 중량이 증대되어 관성력이 커지며 열전도성이 불량하다.
② **알루미늄 합금 피스톤** : 주철 피스톤에 비해 비중이 작고 열전도성이 양호하여 고속 고압축비 기관에 적합하며 강도가 낮고 열팽창 계수가 큰 결점이 있다.
 ㉮ **구리계 Y합금 피스톤** : 성분은 Cu 4%+Ni 2%+Mg 1.5%+Al이고 특징으로는 열전도성이 양호하고 내열성이 크며 로우엑스 피스톤에 비해 비중과 열팽창 계수가 크다.
 ㉯ **규소계 로우엑스 피스톤** : 성분은 Cu 1%+Ni 2.5%+Si 12~25%+Mg 1%+Fe 0.7%+Al으로 특징은 열팽창 계수가 작고 가벼우며 내열성, 내압성과 내마멸성 및 내식성이 우수하다.

4) 피스톤 간극

피스톤 간극은 피스톤의 재질 및 형상에 따라 다르나 피스톤과 실린더 벽 사이에는 피스톤의 열팽창을 고려하여 알맞은 간극이 있어야 한다. 따라서 경합금 피스톤의 경우 실린더 안지름의 0.05%를 간극으로 둔다.

피스톤 간극이 너무 크거나 작을 때 기관에 미치는 영향은 다음과 같다.

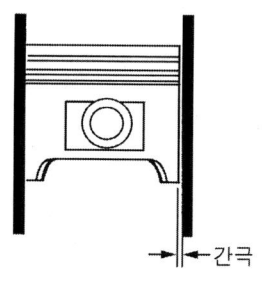

▲ 피스톤 간극

피스톤 간극이 작으면	피스톤 간극이 크면
피스톤 간극이 작으면 기관작동 중 열팽창으로 인해 실린더와 피스톤 사이에서 고착(융착, 소결)이 발생한다.	① 압축압력이 저하한다. ② 블로바이가 발생한다. ③ 연소실에 기관오일이 상승하여 연소된다. ④ 피스톤 슬랩이 발생한다. ⑤ 연료가 기관오일에 떨어져 희석되어 기관 오일의 수명을 단축시킨다. ⑥ 기관의 시동성능이 떨어진다. ⑦ 기관 출력이 감소한다.

> **피스톤 슬랩**
> - 사이드 노크라고도 하며, 피스톤 간극이 크면 피스톤이 행정을 바꿀 때마다 실린더 벽에 충격을 주는 현상이다. 피스톤 슬랩은 저온일 때 가장 많이 발생한다.

5) 알루미늄 합금 피스톤의 형상과 종류

피스톤은 고온·고압 및 관성력이 작용된다. 따라서 열전도, 열팽창, 무게 등을 고려한 구조 및 재료가 요구된다. 알루미늄 합금 피스톤은 열팽창을 고려하여 피스톤 간극을 크게 하여야 하나 피스톤 슬랩 및 오일소비가 증대가 되는 원인이 되기 때문에 스커트부분에 갖가지 대책을 강구해서 최소 간극을 유지하기 위한 목적이다.

① **캠연마 피스톤** : 피스톤 측압부분의 지름을 보스부분 보다 긴지름(장경)으로 하기 때문에 타원형 피스톤이라고도 하며 기관이 정상운전 온도에 이르면 진원에 가깝게 되어 전면 접촉하여 작동한다. 알루미늄 합금 피스톤은 거의 이 형식이다.

② **스플릿 피스톤** : 스커트부분에 열이 전도되는 것을 억제하기 위하여 측압이 적은 쪽의 스커트 윗부분에 세로 홈을 두어 피스톤에 탄성으로 주고 동시에 열팽창하

여 스커트부가 실린더 지름보다 크게 되어도 홈에 의한 탄성으로 실린더 벽에 무리하게 압착되지 않게 한다. 또한 피스톤의 강도는 좋지 않으나 피스톤 간극을 적게 하므로 슬랩이 적으며 제작이 용이하고 오일제어가 잘된다.

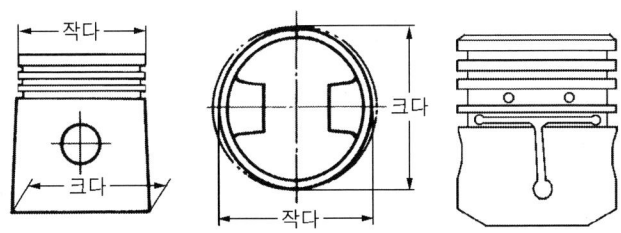

▲ 캠연마 피스톤, 스플릿 피스톤

③ **솔리드 피스톤** : 기계적 강도가 높은 재질로서 제작한 피스톤으로 상, 중, 하 지름이 동일하고 스커트부분에는 보상 장치가 없으며 가혹한 운전차량에 사용된다.

④ **인바 스트럿 피스톤** : 피스톤 보스부분 또는 스커트 윗부분에 열팽창 계수가 적은 니켈합금의 인바 스트럿(기둥)이나 인바제의 링을 넣고 일체 주조한 것이다. 피스톤의 열팽창을 억제하여 항상 일정한 피스톤 간극을 유지할 수 있어 운전이 조용하고 열팽창에 의한 변형이 적으나 제작하기가 어렵다.

⑤ **오토더믹 피스톤** : 알루미늄과 인바의 열팽창 차이에 의한 바이메탈작용을 이용하여 스커트부분의 스러스트 방향의 팽창을 억제하기 위하여 피스톤 보스부분에 인바제의 강철 조각을 넣고 일체 주조한 피스톤이다.

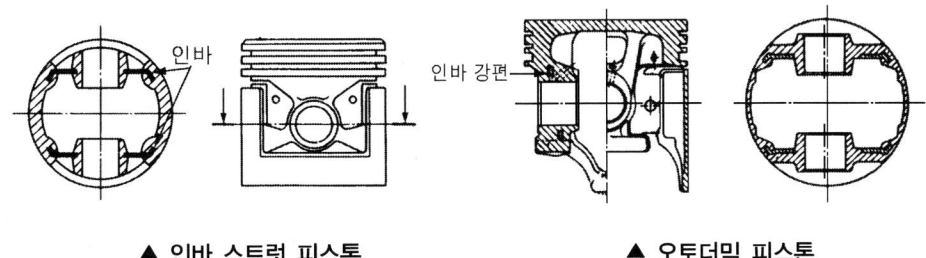

▲ 인바 스트럿 피스톤　　　　▲ 오토더믹 피스톤

⑥ **슬리퍼 피스톤** : 측압을 받지 않는 스커트부분을 떼어내어 무게를 가볍게 하고 측압부분에 접촉면적을 크게 하여 피스톤 슬랩을 감소시킬 수 있으며, 스커트를 떼어낸 부분에 오일이 고이게 되어 오일제어가 불량하나 피스톤의 무게를 가볍게 할 수 있어 고속기관에 많이 사용된다.

⑦ **오프셋 피스톤** : 피스톤 슬랩을 피할 목적으로 피스톤의 중심과 피스톤 핀의 중심을 오프셋(off-set)하여 상사점에서 피스톤의 경사 변환시기를 늦어지게 한 것이다. 오프셋량은 피스톤 중심에서 약 1.5mm 정도이며 압축 측압쪽 또는 동력 측압쪽에 둔다.

⑧ **링 캐리어 삽입 피스톤** : 주철제의 링 캐리어를 제1링과 제2링 홈에 주입하여 피스톤 링 홈의 마멸을 방지하기 위한 피스톤이다.

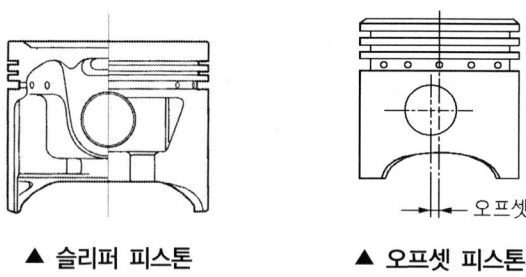

▲ 슬리퍼 피스톤   ▲ 오프셋 피스톤

6) 피스톤 헤드의 모양

피스톤 헤드는 연소실과 알맞게 조합되는 모양으로 되어 있으며 종류는 다음과 같다.

① **편평형** : 일반적으로 많이 사용되는 형식이다.
② **돔(볼록)형** : 연소실 체적을 적게 할 수 있어 고압축을 얻기에 좋다.
③ **쐐기형** : 도움형과 같이 고압축을 얻기에 좋다.
④ **불규칙형** : 2행정 사이클 기관에 사용하며 잔류가스의 배출이나 미연소 가스의 와류를 돕고 압축비를 높일 수 있다.
⑤ **밸브 노치형** : 밸브의 양정을 충분히 하기 위한 형식이다.
⑥ **오목형** : 혼합가스의 열손실이 적으며 온도분포가 균일하나 와류가 적다.

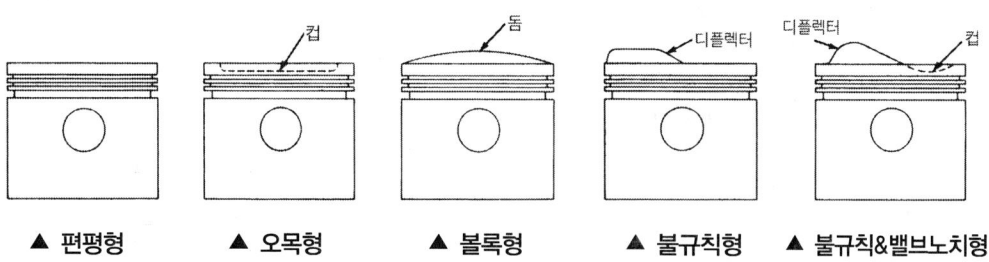

▲ 편평형   ▲ 오목형   ▲ 볼록형   ▲ 불규칙형   ▲ 불규칙&밸브노치형

(2) 피스톤 링

압축행정과 폭발행정에서 혼합가스의 누출을 방지하도록 링의 일부를 잘라 적당한 탄성이 있도록 한 금속제의 링으로 피스톤 링 홈에 3~5개를 설치한다. 피스톤 링은 피스톤과 함께 실린더 내를 상하 왕복운동을 하면서 실린더 벽과 접촉되어 기밀작용, 오일제어작용, 열전도 작용 등 3대 작용을 한다.

1) 압축링

압축링은 피스톤 헤드에 가까운 쪽의 링 홈에 2~3개가 끼워져 피스톤과 실린더 벽 사이에서 압축행정을 할 때 혼합가스의 누출방지 및 동력행정에서 연소가스의 누출을 방지하며 동시에 실린더 벽의 오일도 긁어내리는 작용을 한다.

따라서 피스톤 링의 장력은 매우 중요하다. 링의 장력이 작으면 블로바이 현상이 발생되고 열전도가 감소되어 피스톤이 과열되며, 장력이 크면 실린더 벽과 마찰에 의한 동력의 손실 및 마멸이 증대된다. 압축링의 종류는 테이퍼형, 챔퍼형, 카운터보어형, 스크레이퍼형, 플레인형, 홈형이 있으나 1번 압축링은 챔퍼 및 카운터 보어형을, 2번 압축링은 스크레이퍼형 또는 플레인형을 많이 사용한다.

2) 오일 링

오일 링은 압축링의 밑의 링 홈에 1~2개가 기워져 실린더 벽을 윤활하고 과잉의 오일을 긁어내려 실린더 벽의 유막을 조절한다. 링의 전 둘레에 걸쳐 홈이 있기 때문에 긁어내린 오일을 피스톤 안쪽으로 보내게 되어 피스톤 핀의 윤활도 한다.

또한 기관의 회전속도가 증가됨에 따라 링의 유연성 및 장력을 유지하기 위해 오일 링 안쪽에 익스펜더를 넣은 것도 있다. 종류로는 드릴형, 슬롯형, 레디어스 슬롯형, 웨지 슬롯형, U 플레스형이 있다.

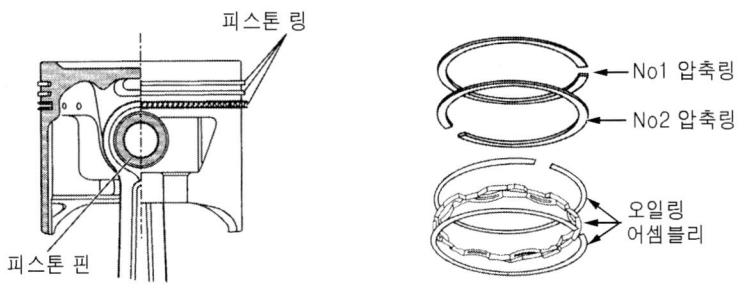

▲ 피스톤 링의 종류

3) 피스톤 링 이음(절개부)의 종류

피스톤 링 이음의 종류에는 버트이음(종절형), 랩이음(단절형, 계단형), 각이음(경사절형), 실(seal)이음 등이 있다.

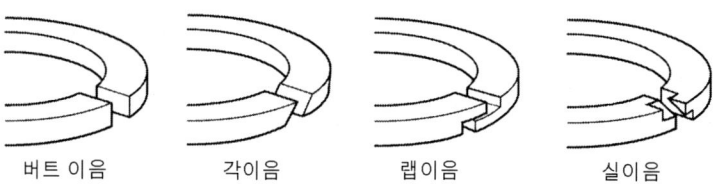

▲ 링 이음의 종류

4) 링 이음 간극을 두는 목적

피스톤 링의 열팽창을 고려해서 냉각상태에서 미리 간극을 둔다.
① **간극이 크면** : 블로바이 및 오일이 연소실에 유입(오일소비증대)된다.
② **간극이 작으면** : 열팽창으로 파손 및 스틱(stick)현상이 발생한다.

5) 피스톤 링의 형상

① **동심형** : 면압이 전체둘레에 일정하지 않다.
② **편심형** : 링 이음 부분의 폭이 좁으며, 그 반대 방향은 넓고 실린더 벽에 가해지는 압력이 일정하다.

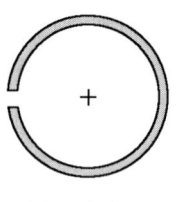 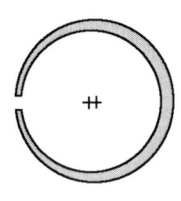

(a) 동심형 링   (b) 편심형 링

▲ 피스톤 링의 형상

6) 피스톤 링의 구비조건

① 내열 및 내마멸성이 클 것.   ② 제작이 용이할 것.
③ 실린더에 일정한 면압을 줄일 것.   ④ 실린더 벽보다 약한 재질일 것.

> **참고**
> - 1번 링(톱 링)의 절개부 간극이 가장 크다.
> - 피스톤 링이 마모되면 오일 긁어내리기 작용이 원활하게 이루어지지 못해 윤활유 연소실로 올라온다.
> - 피스톤 링 또는 실린더 간극이 커지면 윤활유가 연소실에서 연소하며, 이때 배기가스 색이 회백색이 된다.
> - 기관의 피스톤이 고착되는 원인
>   - 피스톤 간극이 적을 때   - 기관오일이 부족하였을 때   - 기관이 과열되었을 때

(3) 피스톤 핀

피스톤과 커넥팅로드를 연결하는 핀으로 피스톤 보스와 커넥팅 로드의 소단부에 끼워져 피스톤에서 받은 압력을 커넥팅로드에 전달한다. 피스톤 핀은 피스톤과 함께 실린더 내를 고속으로 왕복 운동하기 때문에 가벼워야 하고, 또 변화되는 큰 하중에 견딜 수 있도록 강도가 커야 한다. 재질은 저탄소강이나 크롬 강으로 표면을 경화하여 내마멸성을 높이고 내부는 그대로 두어 인성을 유지하도록 한다.

피스톤 핀의 설치방식에는 다음과 같은 것들이 있다.

1) 고정식(stationary type)

피스톤 핀을 보스부에 고정 볼트로 고정하는 형식이다. 커넥팅 로드 소단부에 구리합금의 부싱을 끼워 커넥팅 로드가 각 운동을 할 때 피스톤 핀은 고정되어 있다.

2) 반부동식(semi-floating type) **또는 요동식**(oscillating type)

커넥팅 로드 소단부에 크램프를 만들어 피스톤 핀을 끼우고 클램프 볼트로 고정하는 형식이다. 피스톤 핀은 피스톤 보스부분에서 요동하고 커넥팅 로드와 연결되는 중앙은 홈을 만들어 클램프 볼트에 의해 고정되므로 커넥팅 로드와 피스톤 핀은 일체로 작용한다.

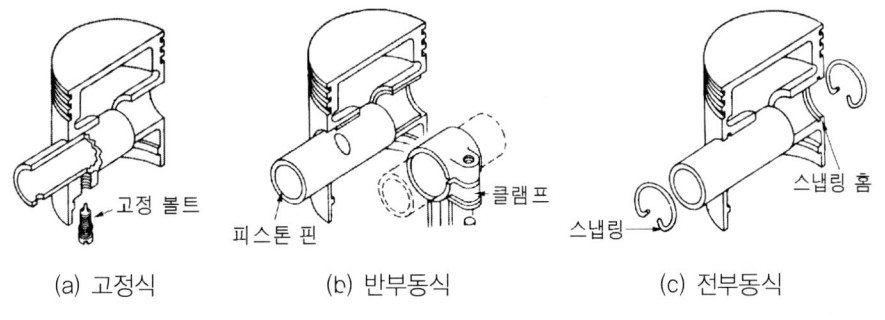

▲ 피스톤 핀의 설치방법

3) 전 부동식(full floating type)

피스톤 핀이 피스톤과 커넥팅 로드 어느 곳에도 고정되지 않고 자유롭게 움직일 수 있는 형식. 피스톤 보스에 홈을 파고 스냅 링을 끼워 핀이 이탈되는 것을 방지한다.

(4) 커넥팅 로드

커넥팅 로드는 피스톤의 왕복 운동을 크랭크축에 전달하며 피스톤 핀과 연결되는 소단부와 크랭크 핀에 연결되는 대단부로 되어 있다. 커넥팅 로드는 흡입행정에서는 인장하중을 압축 및 폭발행정에서 압축하중과 굽힘하중을 반복하여 받기 때문에 충분히 견딜 수 있는 강도와 강성이 있어야 한다.

* 기관의 커넥팅로드가 부러질 경우 직접 영향을 받는 곳은 **실린더**이다.

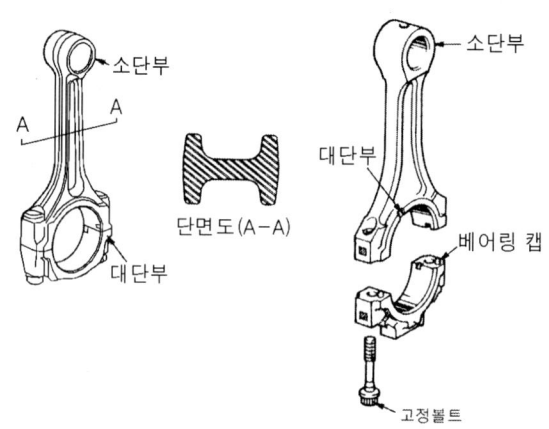

▲ 커넥팅로드의 구조

① **커넥팅 로드 길이** : 피스톤 행정의 1.5~2.3배이다.
② **커넥팅 로드가 길면**
 ㉮ 측압이 적어 실린더 마멸이 감소된다. ㉯ 강성이 적고 무게가 무거워진다.
 ㉰ 기관의 높이가 높아진다.
③ **길이가 짧으면**
 ㉮ 측압이 커서 마멸이 증대된다. ㉯ 기관 높이가 낮아진다.
 ㉰ 강성이 크다.

> **용어 설명**
> - **내열성** : 고온에서 강도 및 경도의 변화가 적은 것
> - **내압성** : 맥동적인 압력에 견딜 수 있는 성질
> - **내마멸성(내마모성)** : 미끄럼 운동(섭동)면의 마찰에 의한 마멸에 견디는 성질
> - **내식성(내부식성)** : 열과 산에 대한 부식에 잘 견딜 수 있는 성질
> - **열전도성** : 열을 잘 전달하는 성질
> - **블로바이** : 혼합가스가 실린더와 피스톤 사이에서 미연소가스로 크랭크케이스 내에 누출되는 것
> - **소결(고착)** : 열팽창에 의해 눌어붙는 현상

④ 크랭크축

(1) 크랭크축의 역할

크랭크축은 크랭크 케이스 내의 메인 저널 베어링에 지지되어 각 실린더의 폭발행정에서 얻어진 피스톤의 직선운동을 회전운동으로 바꾸어 기관의 출력으로서 외부에 전달하고 동시에 흡입, 압축, 배기의 각 행정에서는 역으로 피스톤에 운동을 전달하는 회전축이다.

(2) 크랭크축의 재질

고 탄소강, 크롬-몰리브덴강, 니켈-크롬강 등으로 형타 단조법에 의해 제작하여 표면강화(2~3mm)시켰다.

(3) 크랭크축의 구조

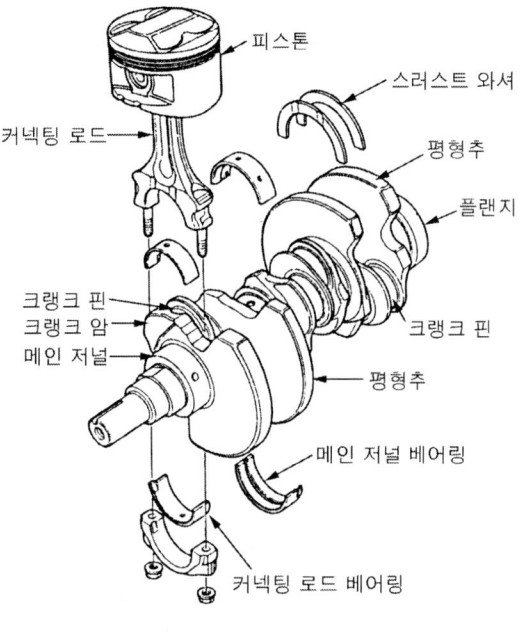

▲ 크랭크축

① **메인 저널** : 크랭크 케이스 내에 지지되는 부분으로 크랭크축의 하중을 지지하는 부분이다.
② **크랭크 핀** : 커넥팅 로드 대단부와 연결되어 피스톤의 힘을 받아 회전운동으로 바꾼다.
③ **크랭크 암** : 메인 저널과 크랭크 핀의 연결하는 부분이다.
④ **평형추** : 회전 평형을 유지하기 위한 부분이다.

(4) 크랭크축의 형식과 폭발순서

1) 폭발시기를 정하는데 고려할 사항

① 폭발이 같은 간격으로 일어나게 한다.
② 크랭크축에 비틀림 진동이 일어나지 않게 한다.
③ 혼합가스가 각 실린더에 균일하게 분배되도록 한다.
④ 인접한 실린더에 연이어 점화되지 않도록 한다.

2) 4실린더 기관의 폭발순서

어느 것이나 1번과 4번, 2번과 3번의 크랭크 핀이 동일 평면에 있으며, 크랭크축은 180°의 위상차를 두고 있다. 폭발순서는 1-3-4-2, 1-2-4-3의 2가지가 주로 사용된다.

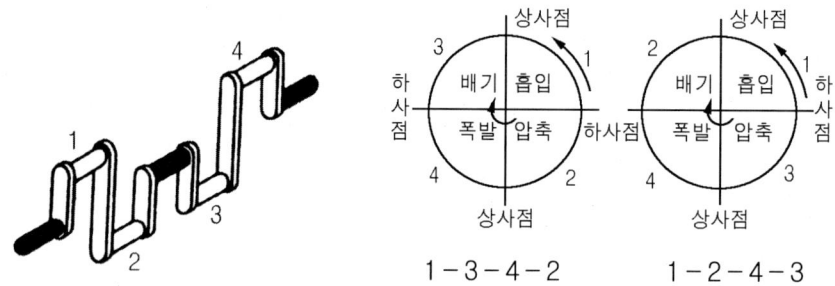

▲ 4실린더 기관의 크랭크축과 폭발순서

● 4실린더 기관의 폭발순서

크랭크축의 회전각	1회전		2회전	
실린더 번호	0~180°	180~360°	360~540°	540~720°
1	폭발	배기	흡입	압축
2	배기	흡입	압축	폭발
3	압축	폭발	배기	흡입
4	흡입	압축	폭발	배기

3) 6실린더 기관의 크랭크축과 폭발순서

크랭크축 위상차는 직렬형이나 V형 모두 120°이며 크랭크 핀은 1번과 6번, 2번과 5번, 3번과 4번이 동일 평면에 있고 우수식 크랭크축의 폭발순서는 1-5-3-6-2-4이고 좌수식 크랭크축은 1-4-2-6-3-5이다. 1행정은 180°이기 때문에 위상차의 행정각도 차이는 60°(중복도)이다.

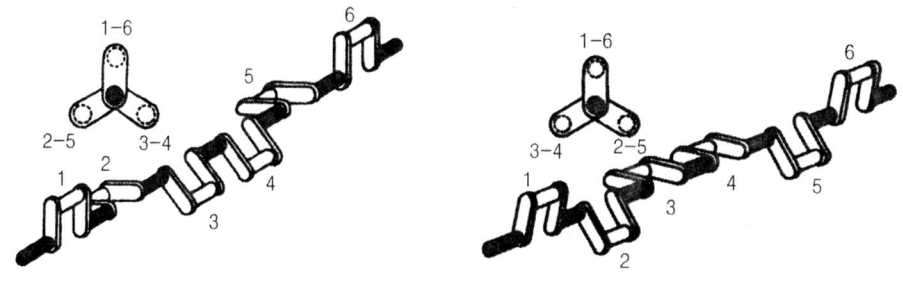

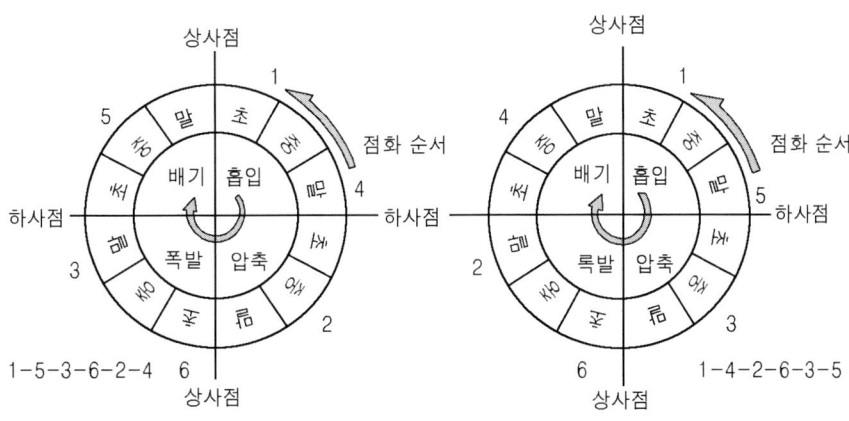

▲ 6실린더 기관의 크랭크축과 폭발순서

4) 8실린더

① **직렬 8실린더** : 크랭크축은 90°의 위상차를 두고 연결한 것이며, 기관이 길어지기 때문에 현재는 거의 사용하지 않는다. 폭발순서는 1-6-2-5-8-3-7-4와 1-5-7-3-8-4-2-6이 있다.

② **V-8실린더** : 좌우 실린더 중심선이 90°를 이루는 90°V형이 가장 많으며 각 크랭크 핀에 2개의 커넥팅 로드가 설치되어 있다. 크랭크 핀의 각도는 180° 방향의 것과 4방향의 것이 있는데 90°의 것이 실용화되고 있다.

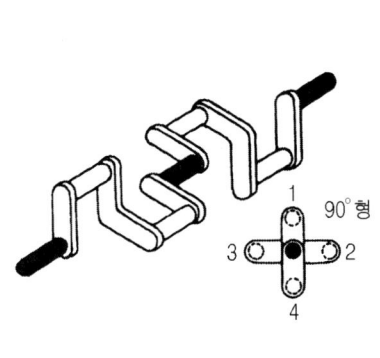

(a) V-8 크랭크축(90°형)

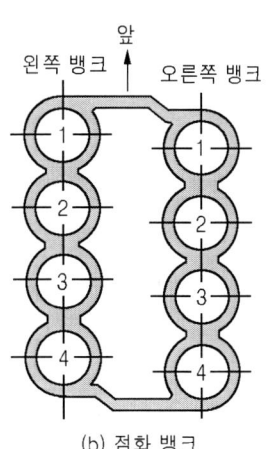

(b) 점화 뱅크

▲ V-8기관 크랭크축 (90°형)

(5) 비틀림 방지기

크랭크축이 긴 기관에서는 비틀림 진동 방지기를 크랭크 축 앞 끝에 크랭크 축 풀리와 일체로 설치하여 진동을 흡수시킨다.

크랭크축에 비틀림 진동이 일어나면 댐퍼 플라이 휠이 계속해서 일정한 속도로 회전하려고 하기 때문에 풀리와 댐퍼 플라이 휠 사이에 미끄럼이 생겨 진동의 감쇠작용을 하게 된다. 또한 크랭크축의 비틀림 진동은 크랭크축의 회전력이 클수록, 속도가 빠를수록 크다.

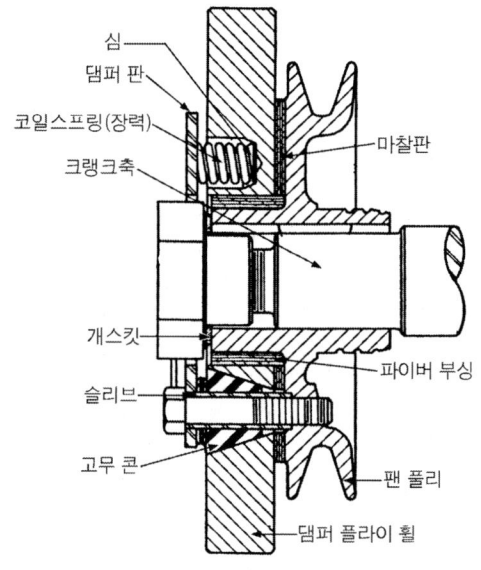

▲ 비틀림 진동 방지기

크랭크축에 의해 구동되는 것

- 크랭크축에 의해 구동되는 부품은 제네레이터(발전기), 캠축(cam shaft), 물펌프, 에어컨 압축기, 파워 스티어링 오일펌프, 공기압축기 등이다.

⑤ 기관 베어링

피스톤 핀과 커넥팅 로드, 커넥팅 로드와 크랭크 핀 및 크랭크축 메인 저널 사이에는 서로 관계운동을 하므로 베어링을 설치하여 부품을 지지하고 회전시켜 마찰을 감소시키기 위하여 사용한다. 기관 베어링은 평면 분할형과 부시형이 있다.

(1) 크랭크축(저널) 베어링의 종류

1) 배빗 메탈(babbit metal)

표준 조성으로는 주석(Sn) 80~90%, 안티몬(Sb) 3~12%, 구리(Cu) 3~7%이고, 납(Pb), 아연(Zn) 등이 포함된 것도 있다. 특징은 취급이 용이하고 매입성, 길들임성, 내식성이 크나 기계적 강도, 고온 강도, 피로 강도, 열전도율이 불량하여 현재는 켈밋 메탈 또는 트리 메탈이 코팅용으로 사용하고 있다.

2) 켈밋 메탈(kelmet metal)

켈밋 메탈은 구리(Cu) 60~70%, 납(Pb) 30~40%가 표준 조성으로 최고 허용온도가 250℃, 부하 능력이 200~300kg/cm², 주속도가 10~12m/sec이고 열전도성, 반융착성, 고속, 고온, 고하중에 잘 견디나 경도가 크기 때문에 매입성, 길들임성, 내식성이 적기 때문에 표면에 주석(Sn) 또는 납(Pb)을 코팅시켜 사용한다.

3) 트리 메탈(tri metal)

트리 메탈은 강철제 셀(shell)에 연청동(Zn 10%+Sn 10%+Cu 80%)을 중간층으로 하고 표면에는 배빗을 0.02~0.03mm 코팅을 하여 표면은 배빗 메탈의 특성을 갖게 하고, 내면은 열적, 기계적 강도를 갖게 하여 현재 많이 사용하고 있다.

4) 알루미늄 합금(aluminium alloy)

Al과 Sn의 합금으로 길들임성과 매입성은 배빗과 켈밋 메탈의 중간 정도이며 내 피로성은 켈밋 메탈보다 우수하다. 실제 사용에 있어 길들임성이나 매입성은 배빗 메탈을 코팅하여 개선하였으므로 배빗 메탈과 켈밋 메탈이 가지는 각각의 장점을 구비한 베어링이다.

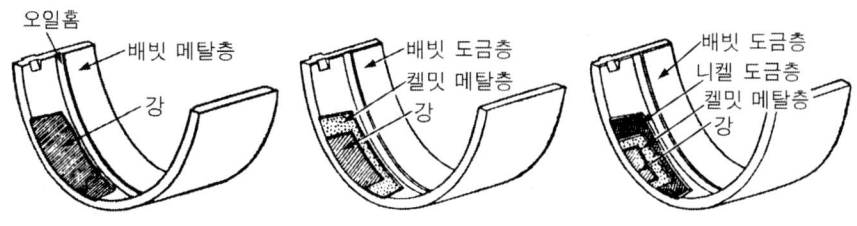

▲ 베어링의 재질의 종류

(2) 베어링 크러시

베어링 바깥둘레와 하우징 안 둘레와의 차이를 말하며, 베어링이 하우징에서 움직이지 못하도록 베어링의 바깥둘레를 하우징의 안 둘레보다 0.025~0.075mm 크게 조립되었을 때 완전히 접촉되어 열전도가 잘 되도록 한다.

① **크러시를 두는 이유** : 베어링을 고정시키고 열전도성을 좋게 하기 위해서이다.
② **크러시가 적으면** : 기관의 작동 온도에 의한 변화로 헐겁게 되어 베어링이 움직인다.
③ **크러시가 크면** : 베어링을 조립할 때 찌그러져 유막이 파괴되므로 소결이 된다.

(3) 베어링 스프레드

베어링 하우징의 지름과 베어링을 끼우지 않았을 때의 베어링 바깥쪽 지름과의 차이를 스프레드라 한다.

1) 스프레드를 두는 이유

① 작은 힘으로 눌러 끼워 베어링이 제자리에 밀착되도록 한다.
② 베어링을 조립할 때 베어링이 캡에 끼워진 채로 있어 작업하기에 편하다.
③ 베어링 조립에서 크러시가 압축됨에 따라 안쪽으로 찌그러지는 것을 방지한다.

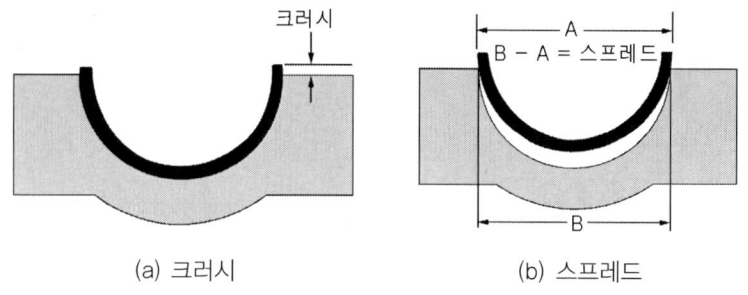

▲ 베어링의 크러시와 스프레드

(4) 베어링의 구비조건

① 하중 부담 능력이 있을 것
② 내피로성일 것
③ 매입성이 클 것
④ 추종 유동성일 것
⑤ 내식성일 것

⑥ 플라이 휠

(1) 플라이 휠의 역할

기관의 맥동적인 회전을 플라이 휠의 관성력을 이용하여 원활한 회전으로 바꾸어 주는 역할을 한다. 플라이 휠은 관성력이 크면서도 그 자체는 되도록 가벼워야 하므로 중앙부는 얇게 하고 바깥둘레는 두껍게 하였다. 플라이 휠의 무게는 실린더의 수나 회전속도가 증가됨에 따라 점차로 가벼워진다. 플라이 휠 바깥둘레에 기동 전동기의 피니언과 물리는 링 기어가 열박음되어 있으며, 플라이 휠면은 클러치의 디스크와 접촉되어 있다.

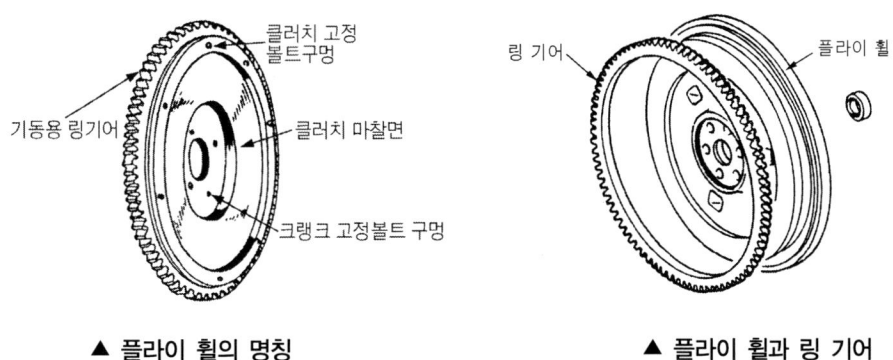

▲ 플라이 휠의 명칭　　　　　　　　　▲ 플라이 휠과 링 기어

기관의 동력전달계통 순서

- 피스톤 → 커넥팅로드 → 크랭크축 → 클러치(플라이 휠)

❼ 밸브기구

밸브기구는 실린더에 흡입·배기 되는 공기와 연소가스를 알맞은 시기에 개폐하는 밸브를 비롯하여 캠축, 밸브 리프터, 로커암 어셈블리로 구성되어 있다.

(1) 밸브기구의 분류

1) 오버헤드 밸브기구(O.H.V)-I헤드형 밸브기구

캠축, 밸브 리프터, 푸시로드, 로커암 어셈블리 및 밸브 등으로 구성되어 있으며, 푸시로드가 밸브 리프터에 의해 상하운동을 하면 로커암이 축을 중심으로 요동하여 밸브를 눌러 열리게 하고 밸브 스프링의 장력으로 밸브가 닫히게 된다.

2) 오버헤드 캠축 밸브기구(O.H.C 밸브기구)

캠축을 실린더 헤드 위에 설치하고 캠이 직접 로커암을 움직여 밸브를 열게 된 형식이다. 캠

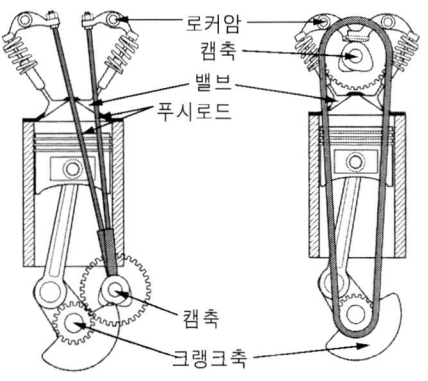

▲ 오버헤드 밸브 기구와 OHC 밸브기구

축 구동방식이 복잡하지만 밸브기구의 왕복부분 관성력이 작아지기 때문에 밸브의 가속도를 크게 할 수 있다. 또 고속에서도 밸브개폐가 안정되어 고속성능이 향상된다.

(2) 밸브기구의 구성부품과 그 작용

1) 캠축

밸브의 개폐, 밸브 개폐시기를 정하기 위한 캠을 밸브수 만큼 연결한 축이다. 밸브 개폐시기는 캠축의 단면형상(斷面形狀), 캠 로브에 따라 높은 곳에서 밸브가 밀려 열리고, 낮은 곳에서는 밸브 스프링의 힘으로 닫히게 된다. 4행정 사이클 기관의 캠축은 크랭크축이 2회전할 때 1회전되므로 크랭크축 회전의 1/2회전이다.

> 4행정 사이클 기관에서 크랭크축 기어와 캠축 기어와의 **지름의 비는 1 : 2**이고, **회전비는 2 : 1**이다.

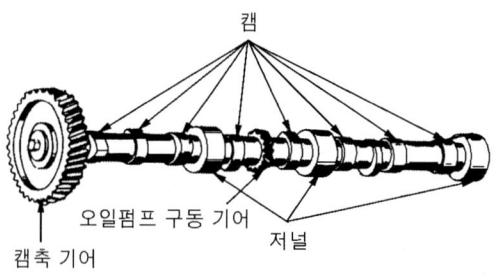

▲ 캠축

① 캠의 구성

㉮ 기초원 : 캠의 기초가 되는 원을 말한다.

㉯ 노스 : 캠의 뾰족한 부분으로 밸브가 완전히 열리는 점을 말한다.

㉰ 리프트(양정) : 캠의 기초원과 노스와의 거리를 말하며 양정이라고도 한다.

㉱ 플랭크 : 밸브 리프터나 로커암이 접촉되는 캠의 옆면을 말한다.

㉲ 로브 : 밸브가 열리기 시작하여 완전히 닫힐 때까지의 거리로서 캠의 둥근 돌출차를 말한다.

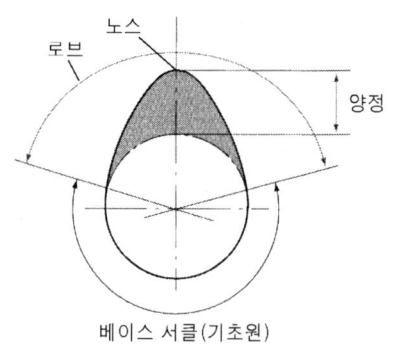

▲ 캠의 구성

② 캠의 구성
  ㉮ 저널 : 캠축을 지지(Journal)한다.
  ㉯ 캠 : 밸브를 개폐하기 위한 리프터를 작동시킨다.
③ 캠의 종류
  ㉮ 접선 캠 : 플랭크가 기초원과 노스원이 접선된 것으로 제작이 쉬우나 밸브 개폐가 급격히 이루어져 밸브운동이 캠의 속도를 따라가지 못하므로 장력이 큰 밸브 스프링을 사용하여야 한다(밸브 시트에 큰 충격). 밸브 리프터와 캠의 접촉면이 원호로 되어 있다.
  ㉯ 볼록 캠 또는 원호 캠 : 플랭크가 원호로 형성되어 있는 캠으로 제작이 비교적 쉽고 고속 기관에 많이 사용되며 평면 리프터와 조합 사용된다.
  ㉰ 오목 캠 또는 일정속도 캠 : 플랭크가 오목하게 된 것으로서 롤러 리프터와 조합 사용하며 밸브의 가속도를 일정하게 한다.
  ㉱ 비례 캠 : 일정 회전속도에서 밸브기구의 변형을 고려해 설계한 캠이며, 캠의 가속도 변화가 원활하여 밸브기구의 충격을 감소한다.

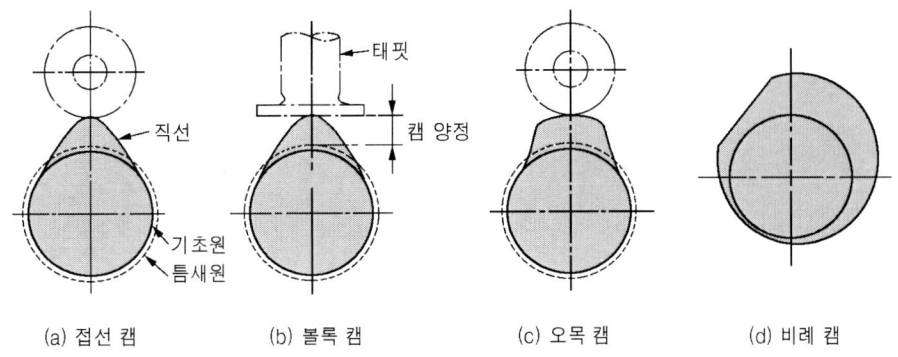

▲ 캠의 종류

④ 캠축의 구동방식
  캠축의 구동방식에는 기어 구동식, 체인 구동식, 벨트 구동식 등이 있다.
  ㉮ 기어 구동방식의 특징
    • 크랭크축 기어와 캠축 기어가 맞물고 회전한다.
    • 헬리컬 기어를 사용한다.
    • 미끄럼 접촉으로 소음이 적다.
    • 회전이 원활하다.

④ 체인 구동방식의 특징

캠축 구동을 체인으로 하며 기어 대신 체인 스프로킷을 사용하며, 스프로킷 기어 비율은 2 : 1이다. 또 체인의 유격을 자동으로 조절하는 텐셔너(tensioner)와 체인의 진동을 흡수하는 댐퍼(damper)를 두고 있다.

- 소음을 적게 할 수 있으며 캠축의 위치를 임의로 정할 수 있다.
- 동력 전달 효율이 높다.
- 체인이 늘어지면 밸브 개폐시기가 변화된다.

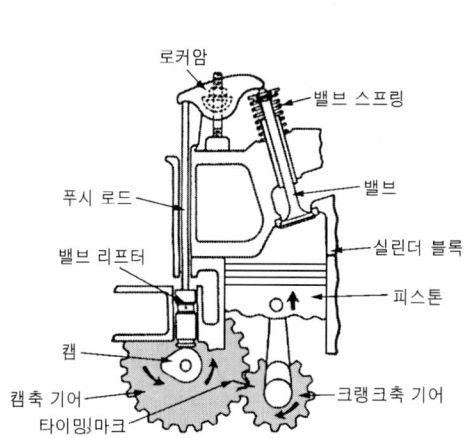

▲ 기어 구동방식

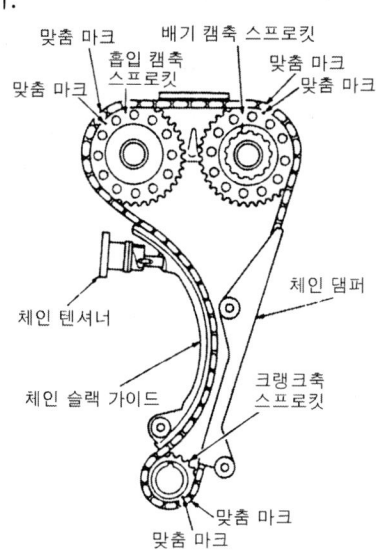

▲ 체인 구동 방식

⑤ 벨트 구동방식의 특징

- 체인 대신 벨트로 캠축을 구동한다.
- 탄성에 의한 진동 소음이 적다.
- 오일이 묻으면 수명이 단축된다.
- 벨트에 스프로킷과 접하는 돌기가 있다.

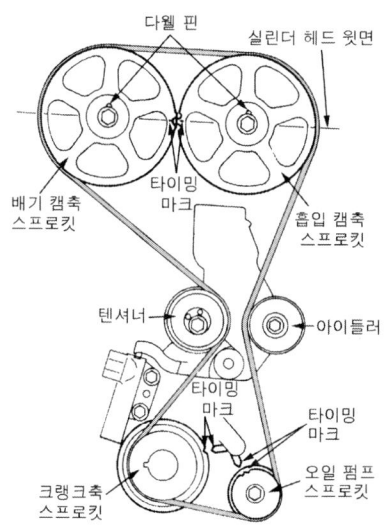

▲ 벨트 구동 방식

2) 밸브 리프터

캠축의 회전운동을 상하운동으로 푸시로드에 전달하는 역할을 하며 유압식과 기계식이 있다. 유압식 리프터는 기관 오일의 압력을 이용하여 온도변화에 관계없이 밸브간극을 항상 제로(0)가 되도록 하므로 밸브 개폐시기가 정확하게 유지되도록 한다.

① 기계식 리프터

캠의 접촉면 형상에 따라 블록면 리프터, 평면 리프터, 롤러 리프터 등으로 구분된다. 리프터의 밑면은 편마멸되지 않도록 하기 위해 리프터 중심과 캠의 중심을 오프셋시켜, 리프터가 회전되도록 하므로 접촉 부분이 계속해 바뀐다.

② 유압식 리프터

㉮ 유압식 리프터의 장점
  ㉠ 밸브간극 조정이 필요치 않다.
  ㉡ 밸브 개폐시기가 정확하게 되어 기관 성능이 향상된다.
  ㉢ 충격을 흡수하기 때문에 밸브기구의 내구성이 좋다.

㉯ 유압식 리프터의 단점
  ㉠ 오일펌프와 오일회로에 고장이 생기면 작동 불량하다.
  ㉡ 구조가 복잡하다.

3) 푸시로드

① 푸시로드의 기능

오버 헤드 밸브 기구의 리프터와 로커암을 연결하는 금속 봉으로 리프터의 상하 운동을 로커암에 전달한다.

② 푸시로드의 구비조건

㉮ 충분한 강성이 있을 것
㉯ 가벼울 것
㉰ 내마멸성이 클 것(접촉면 표면강화)

4) 로커암 축 어셈블리

① **로커암** : 로커암은 푸시로드 또는 캠과 접촉되어 밸브를 열어주는 작용을 한다. 로커암 축에 의해 중앙부분이 지지되어 실린더 헤드에 설치되며, 푸시로드 또는 캠에 의해 밀어 올려지면 다른 한끝은 밸브 스템을 눌러 밸브를 열게 된다. 다른 한 끝에는 밸브간극을 조정하는 조정나사가 설치되어 있고, 밸브 쪽을 푸시로드

쪽보다 1.2~1.6배정도 길게 한다.
② **로커암 스프링** : 로커암이 축을 기준으로 하여 원호 운동을 하기 때문에 축방향으로 이동하게 된다. 따라서 로커암과 로커암 사이에 스프링을 설치하여 로커암이 축방향으로 이동하는 것을 방지한다.

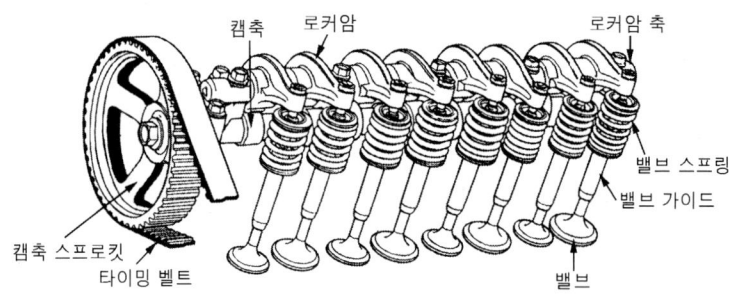

▲ 로커암 축 어셈블리

③ **로커암 축** : 로커암을 지지한다. 내부는 중공으로 하여 오일 펌프에서 오일을 공급받아 로커암의 윤활 작용을 한다.
④ **지지대** : 로커암 축을 실린더 헤드에 볼트로 지지(支持)한다.

5) 흡·배기 밸브

① **밸브의 역할**
　　밸브는 연소실에 마련된 흡입과 배기구멍을 각각 개폐하여 공기 또는 공기와 연료의 혼합가스를 들여보내고 연소가스를 내보내는 일을 한다.
② **밸브의 기능** : 연소실에 유입 유출되는 가스의 밀봉작용을 한다.
　㉮ **흡입밸브** : 혼합가스 또는 공기를 실린더에 넣기 위하여 열거나 압축하기 전에 밀폐하는 작용을 한다. 고속회전이 될수록 힘차게 작동하므로 정확하고 유연하게 운동하지 않으면 안 된다. 따라서 내열성이 우수한 특수강으로 제작한다.
　㉯ **배기밸브** : 흡입밸브와 모양도 거의 비슷하며 연소된 배기가스를 실린더에서 내보낼 때만 열리는 밸브이다. 항상 고온에 노출되기 때문에, 내열성이 우수한 것이어야 한다.
③ **밸브의 구비조건**
　㉮ 고온·고압에서 충분히 견딜 수 있는 강도가 있을 것.

㈏ 냉각(방열)이 좋을 것(열전도가 잘 될 것)
㈐ 충격과 부하에 견딜 것(큰 하중에 견디고 변형이 없을 것)
㈑ 부식되지 않으며 경량일 것.
㈒ 내구력이 클 것.

④ 밸브 주요부분의 작용

㈎ **밸브헤드**(valve head) : 밸브헤드는 고온·고압가스에 노출되어 높은 열적 부하를 받는다. 기관 작동 중에 흡입밸브는 450~500℃, 배기밸브는 700~800℃이며 흡입밸브 헤드의 지름은 흡입효율을 높이기 위해 배기밸브의 지름보다 크다.

㈏ **마진**(margin) : 마진은 가장자리, 변두리라는 뜻으로 기밀유지를 위한 보조 충격에 대해 지탱력을 가지며

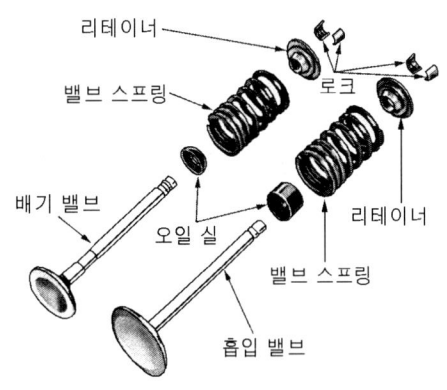

▲ 밸브의 구조

밸브의 재사용 여부를 결정한다. 두께가 얇으면 고온과 밸브 작동의 충격으로 위로 벌어지게 되어 기밀이 유지되지 않는다. 밸브 마진은 밸브 면을 수정함에 따라 얇아지므로 0.8mm이하는 교환하여야 한다.

㈐ **밸브 면**(valve face) : 밸브면은 밸브 시트에 접촉되어 기밀유지 및 밸브 헤드의 열을 시트에 전달한다. 밸브 시트와 접촉 폭은 1.5~2.0mm이며, 넓으면 냉각이 양호하고 기밀유지가 불량하지만, 반대로 좁으면 기밀유지는 양호하나 냉각이 불량하다. 밸브 면 각은 30°, 45°, 60°의 것이 있으나 시트와 밀착이 좋고 열전도가 양호하여 45°의 면 각이 많이 사용된다. 또 밸브헤드의 열을 75% 냉각한다.

㈑ **밸브 스템**(valve stem) : 밸브 스템은 밸브 가이드에 끼워져 밸브 운동을 보호하며 밸브 헤드의 열을 가이드를 통하여 25% 냉각한다. 밸브 스템의 지름은 흡입 밸브보다 배기 밸브가 굵다.

■ 밸브 스템의 구비조건
- 밸브 스템의 지름을 크게(열의 전달면적을 넓히기 위해)한다.
- 경도가 커야 한다(윤활이 충분히 되지 않아 마멸 고려).

- 헤드와 스템의 연결부분에 곡률반경을 둘 것(응력집중 방지와 가스의 흐름을 좋게).
- 경량일 것.

㉮ **밸브 스프링 리테이너 록 홈**(valve spring retainer lock groove) : 밸브 스프링을 지지하는 스프링 리테이너를 고정하기 위한 록이나 키를 끼우는 홈을 말한다.

㉯ **밸브 스템 엔드**(valve stem end) : 밸브에 운동을 전달하는 로커암과 충격적으로 접촉하는 곳으로 밸브 스템 엔드와 로커암 사이에 밸브 간극이 설정된다. 그러므로 평면으로 다듬질되어야 한다.

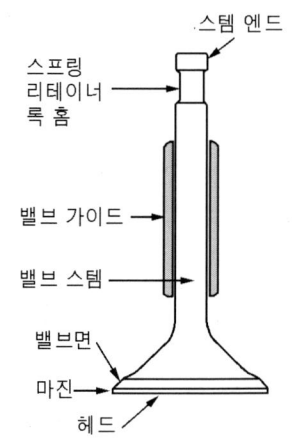

▲ 밸브 스템 엔드

⑤ **밸브헤드의 구비조건 및 형상**

㉮ 큰 하중에 견디고 변형을 일으키지 않을 것.

㉯ 흡입, 배기가스의 통과에 대한 저항이 적을 것.

㉰ 관성이 커지지 않도록 무게가 가벼울 것.

㉱ 밸브헤드의 형상에는 평면형(flat head), 튤립형(tulip head), 개량 튤립형(semi tulip head), 버섯형(mushroom head) 등이 있다.

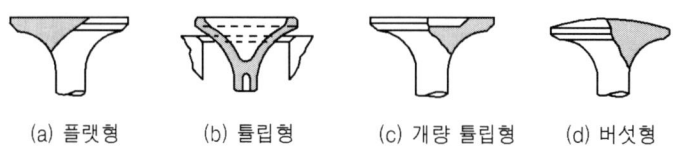

▲ 밸브헤드의 형상

⑥ **나트륨 밸브**(natrium valve)

밸브 스템을 중공으로 하고 열전도성이 좋은 금속 나트륨을 중공 체적의 40~60% 봉입하여 기관 작동 중 밸브 헤드의 열을 낮출 수 있다.

금속 나트륨의 융점은 97.5℃이며 비점은 882.9℃이다.

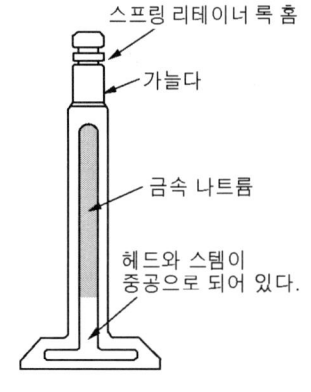

▲ 나트륨 밸브

⑦ 밸브 시트(valve seat)
  ㉮ 기능 : 밸브면과 밀착되어 연소실의 기밀 작용과 밸브 헤드의 열을 냉각한다.
  ㉯ 종류 : 실린더 헤드의 재질이 주철인 경우에는 일체식을 사용하고, 알루미늄 합금인 경우에는 삽입식을 사용한다.
  ㉰ 재질 : 내열강, 주철
  ㉱ 밸브 시트 각 : 30°, 45°, 60°
  ㉲ 밸브 시트 접촉폭 : 1.4~2.0mm

⑧ 밸브의 간섭각
  기관 작동 중에 열팽창을 고려하여 밸브 면과 시트 사이에 1/4~1° 정도의 차이를 두어 작동온도가 되면 밸브 면과 시트의 접촉이 완전하게 되도록 한다.

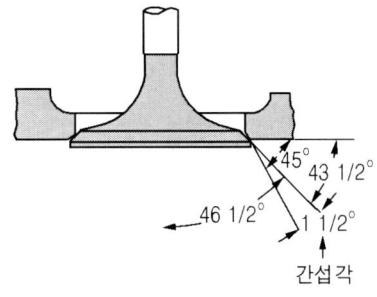

▲ 밸브의 간섭각

⑨ 밸브 가이드
  ㉮ 기능 : 밸브 가이드는 밸브 면과 시트의 밀착이 바르게 되도록 밸브 스템의 안내 역할을 하며, 밸브 가이드에는 직접식과 교환식이 있다. 밸브 스템에 고무제의 실(seal)을 설치하여 윤활유가 연소실에 유입되는 것을 방지한다.
  ㉯ 종류
    • 직접식 : 헤드나 블록과 일체로 된 것.
    • 교환식 : 별도 제작된 가이드를 삽입한 것.
  ㉰ 스템과 가이드 간극
    • 간극이 크면 : 윤활유가 연소실에 유입되며, 시트와 밀착불량
    • 간극이 적으면 : 소결현상이 발생된다.

6) 밸브간극

밸브간극은 밸브 스템 엔드와 로커암 사이의 간극이다. 밸브기구의 각 부품은 기관의 온도상승에 따라 열 팽창하므로 냉간 상태에서 간극을 두지 않으면, 밸브가 닫힐 때 밸브와 밸브 시트의 밀착이 불량하여 정상적인 작동을 할 수 없게 된다. 이것을 방지하기 위해 냉간 상태에서 간극을 두어 기관이 정상운전 온도에 이르렀을 때 알맞은 간극을 유지하도록 한다.

☞ 기관의 밸브간극이 너무 크면 정상온도에서 밸브가 완전히 개방되지 않는다.

▲ 밸브간극 측정

7) 밸브 스프링

① **밸브 스프링의 기능**

밸브 스프링은 밸브가 닫혀 있는 동안 시트에 밀착되어 기밀을 유지하며 캠의 형상대로 확실하게 작동되도록 하여야 한다. 밸브 스프링의 양부는 기관의 출력과 직접 관계되므로 블로바이가 일어나지 않을 정도의 장력이 있어야 하며, 회전속도에서 장시간 운전하여도 충분히 견딜 수 있는 내구성이 있어야 한다. 또 밸브 스프링이 서징을 일으키지 않아야 한다.

② **밸브 스프링의 구비조건**

㉮ 규정장력을 가질 것 – 장력이 너무 크면 밀봉 및 냉각은 양호하지만, 시트의 침하가 증대되며, 적으면 밀봉 및 냉각이 불량하다.

㉯ 관성력을 이겨내고 캠의 형상대로 움직이게 할 수 있을 것.

㉰ 내구성이 클 것(최고 회전속도에도 견딜 것)

㉱ 서징(surging)현상을 일으키지 않을 것.

③ **밸브 스프링 점검**

㉮ **장력** : 자유길이에서 설치길이까지의 장력을 말하며 규정 장력에서 15%이상 감소한 것은 교환한다.

㉯ **자유길이** : 스프링을 설치하지 않았을 때 길이로서 3%이상, 감소한 것 교환.

㉰ **직각도** : 스프링 자유길이 3%(약 1.5mm)이상인 것 교환.

④ **밸브 스프링 서징**

밸브가 캠에 의하여 작동하는 것과는 관계없이 심하게 움직이는 현상. 밸브의 시간당 개폐 횟수가 밸브 스프링의 고유 진동수와 같거나 그 정수배(整數倍)가 됐을 때, 스프링의 고유 진동과 밸브의 개폐 운동(진동)이 공진(共振)하여 일어나며, 심한 경우에는 관련되는 부품이 파손된다.

㉮ 서징 현상을 방지하려면
- 부등 피치의 원뿔형 스프링 사용(코니컬 스프링)
- 2중 스프링 사용

8) 밸브 리테이너 록

① **밸브 리테이너 록의 기능**

밸브 스프링 리테이너는 밸브 스프링을 보호·지지하며 스프링 상단에 리테이너 록을 밸브 스템에 고정된다.

② **밸브 리테이너 록의 종류**

밸브 리테이너 록의 종류에는 말굽형, 핀형, 원뿔형 등이 있다.

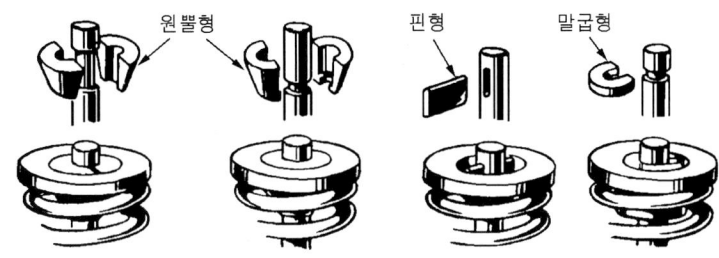

▲ 밸브 리테이너 록의 종류

9) 밸브의 회전기구

① **밸브의 회전기구의 종류**

㉮ 릴리스 형식(Release type) : 밸브가 열렸을 때 기관의 진동으로 회전하는 형식. 스프링 리테이너, 와셔형 록, 팁컵으로 구분되며 밸브 리프터가 팁컵을 밀면 록과 리테이너에 운동이 전달되어 밸브 스프링이 압축되면 밸브를 열게 된다. 이때 밸브는 스프링의 장력을 받지 않게 되어 밸브는 기관의 진동으로 회전하게 된다.

㉯ 포지티브 형식(Positive type) : 밸브가 열릴 때 강제로 회전되는 형식. 시프팅 칼라, 스프링 리테이너, 볼, 플렉시블 와셔로 구성되며 로커암이 밸브를 열 때 시프팅 칼라에 큰 압력이 작용하여 플렉시블 와셔가 편평하게 된다. 이때 볼이

경사면으로 굴러 내려가기 때문에 리테이너가 조금 회전하면서 스프링 리테이너 록과 밸브 스템에 운동이 전달되어 밸브가 회전한다.

② **밸브 회전기구를 두는 이유**
㉮ 밸브 면이나 시트에 쌓이는 카본 제거한다.
㉯ 밸브 스틱(stick)을 방지한다.
㉰ 밸브 면과 시트 밸브 스템과 가이드의 편마멸을 방지한다.
㉱ 밸브 온도가 균일하게 된다.

10) 밸브 오버랩

피스톤이 상사점(TDC)에 있을 때 흡입 및 배기 밸브가 동시에 열려 있는 것(즉, 배기가 끝나면서 흡입밸브가 열리기 시작함)으로 공기나 혼합가스가 관성이 있기 때문에 관성을 유효하게 이용하여 흡입효율 증대와 배기가스를 완전히 방출하기 위함이다.

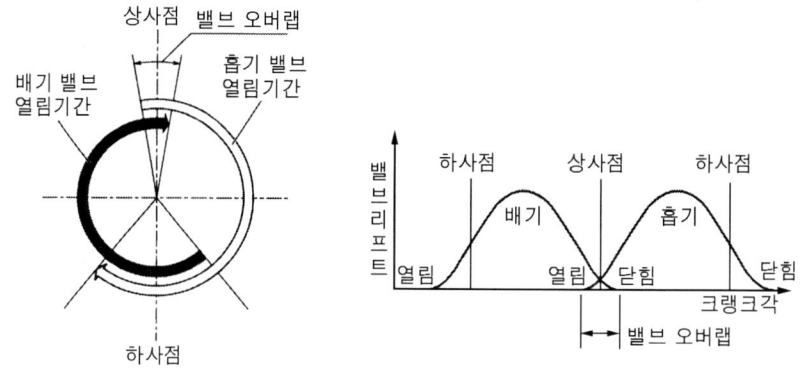

▲ 밸브 개폐시기 선도

11) 감압장치(de-compression device)

감압 장치는 디젤 기관을 시동할 때 운전실에서 감압 레버를 잡아당겨 캠축의 운동과 관계없이 흡입밸브나 배기밸브를 열어 실린더 내의 압력을 감압시켜 기관의 회전을 쉽도록 한다. 따라서 기관의 시동이 쉽도록 하는 시동보조 장치이며, 기관을 정지시킬 때도 사용된다.

① **감압장치의 종류**
㉮ 홈 형식 : 감압 캠축에 단계의 홈이 파져 있으며 보통 상태에서는 홈의 깊은 위치에 로커암의 조정 볼트가 위치하여 감압작용을 하지 않는다. 그러나 레버

를 움직이면 축이 회전하여 홈의 깊이가 낮은 위치에 조정 볼트가 위치하게 되어 로커암의 조정 볼트 끝을 밀어내어 밸브를 연다.

㉯ **조정 스크루 형식** : 감압 캠축에 조정 스크루가 설치되어 레버를 조작하면 축이 조금 회전하여 조정 스크루의 앞 끝이 로커암에 작용하여 밸브를 열어 감압한다.

② **감압장치의 기능**

㉮ 한랭시 시동할 때 원활한 회전으로 시동이 잘 될 수 있도록 하는 역할을 하는 장치이다.

㉯ 기관의 시동을 정지할 때 사용될 수 있다.

㉰ 기동전동기에 무리가 가는 것을 예방하는 효과가 있다.

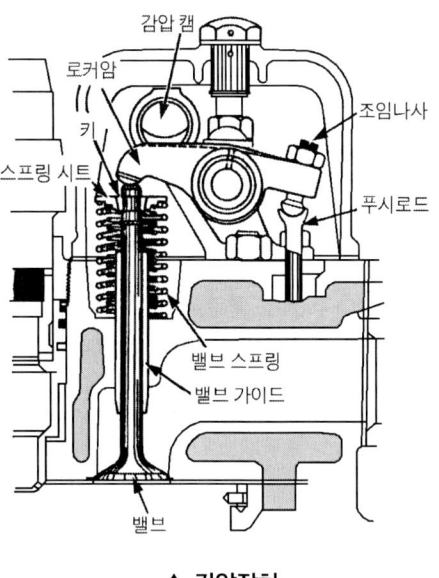

▲ 감압장치

윤활 장치

❶ 윤활의 목적

기관 출력의 일부가 마찰로 인하여 베어링 소결 등을 일으킨다. 이것을 방지하기 위해 미끄럼 운동 면 사이에 유막을 형성하여 마찰 손실과 부품의 마멸을 최소로 하여 기계효율을 향상시킨다.

(1) 윤활유의 기능

① **마멸방지 및 마찰감소 작용** : 윤활유의 본래의 작용이며, 기관 미끄럼 운동 부분에 유막을 형성하여 마찰 운동부분 및 베어링에 오일을 공급하여 표면마찰을 감소시켜 마멸을 감소시키는 작용이다.

마찰이란

마찰이란 미끄럼 운동을 하는 두 물체 사이에 작용하는 저항력을 말하며 고체마찰, 경계마찰, 유체마찰 등으로 구분된다.

- **경계마찰** : 얇은 유막으로 씌워진 두 물체간의 마찰이며 건설기계 기관을 시동할 때 피스톤 링과 실린더 벽 사이에 일으키는 마찰이다.
- **고체마찰** : 상대 운동하는 고체 사이의 마찰이며 미끄럼 운동 면에 하중을 걸고 운동시키면 마찰 때문에 급속히 마멸되어 금속의 입자가 탈락된다.
- **유체마찰** : 상대 운동하는 2개의 고체 사이에 충분한 오일량이 존재할 때 오일층 사이의 점성에 기인하는 저항을 말하며 마찰저항이 가장 적고 마멸도 최소가 된다.

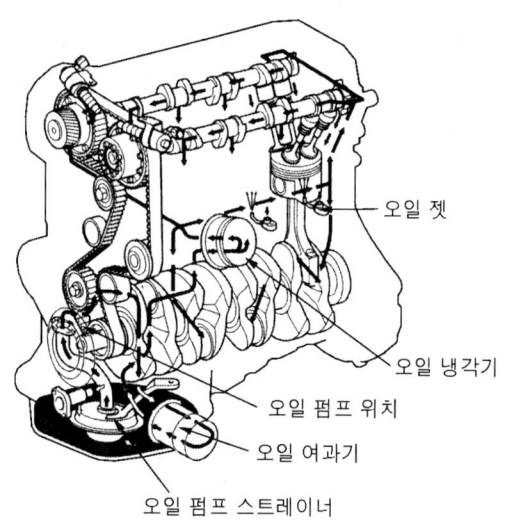

▲ 오일 공급계통

② **밀봉작용**(sealing up action) – **기밀작용** : 압축 및 폭발행정에서 혼합가스 또는 연소가스의 누출을 방지하는 작용이며, 밀봉작용은 점도지수, 점도, 유막의 형성력 등이 관계된다.

③ **냉각작용**(cooling action) : 미끄럼 운동부분에서 발생된 열을 오일이 흡수하여 오일 팬에서 열을 방출한다. 마찰열을 냉각시키지 않으면 윤활부분이 국부적으로 고온이 되어 소결된다.

④ **세척작용**(washing action) : 오일은 윤활부분에서 들어온 먼지, 수분, 금속분말 등을 그 유동 과정에서 흡수하여 윤활부분을 깨끗이 하는 작용이다. 세척작용이 되지 않으면 윤활부분에서 마멸이 현저하게 촉진된다.

⑤ **응력 분산작용**(stress break – up action) : 윤활유는 액체의 성질로서 국부압력을 액

체 전체에 분산시켜 평균화시키는 작용이다. 기관과 같이 진동과 충격 하중이 작용하는 윤활에서는 매우 중요한 성질이다.

⑥ **방청작용** : 미끄럼 운동 면에 유막을 형성하여 수분 및 부식성 가스의 침투를 방지하고 침투한 것을 치환하는 작용. 방청 작용이 불량하면 미끄럼 운동 면에 부식이 발행한다.

(2) 윤활유의 구비조건

① 점도가 적당할 것.
② 청정력이 클 것.
③ 열과 산의 저항력이 클 것.
④ 비중이 적당할 것.
⑤ 인화점과 발화점이 높을 것.
⑥ 응고점이 낮을 것.
⑦ 기포발생이 적을 것.
⑧ 점도지수가 클 것

> **점도와 점도지수**
>
> - **점도**(viscosity) : 오일의 가장 중요한 성질이다.
> - **점도지수** : 오일점도는 온도가 상승하면 점도가 낮아지고, 온도가 낮아지면 점도가 높아지는 성질이 있는데 이 변화정도를 표시하는 것이며, 점도지수가 높은 오일일수록 점도 변화가 작다.

(3) 윤활 방식

① **비산식** : 1실린더나 2실린더 기관에서 커넥팅 로드 대단부에 주걱(dipper)을 설치하여 윤활부분에 뿌려서 윤활 작용하는 방식이다.
② **압력식** : 캠축으로 구동되는 오일 펌프로 오일을 흡입·가압하여 각 윤활부분으로 보내는 방식이다.
③ **비산 압력식** : 비산식과 압력식을 조합하여 윤활 작용하는 방식이며, 크랭크축, 캠축, 밸브기구 등의 압력식에 의해 윤활되고 실린더 벽, 피스톤 핀 등은 비산식에 의해 윤활된다.

❷ 윤활장치의 주요부 작용

윤활 장치는 오일펌프, 오일 스트레이너, 유압 조정기, 오일 여과기, 오일냉각기, 유압계 또는 유압경고 램프 등으로 구성되어 있다.

(1) 오일펌프

크랭크축 또는 캠축에 의해 구동되어 오일 팬 내의 오일을 흡입·가압하여 각 윤활 부분으로 공급한다. 펌프의 능력은 송유량과 송유 압력으로 표시한다. 유압은 가솔린 기관이 2~3kg/cm² 디젤기관이 3~4kg/cm² 이다.

1) 기어펌프

구동기어와 피동기어로 구성되어 있으며, 구동기어가 회전하면 펌프실 내에 진공이 생겨 흡입되면 기어 사이에 오일이 실려 출구 쪽으로 운반되어 배출하며 외접 기어식 펌프와 내접 기어식 펌프가 있다.

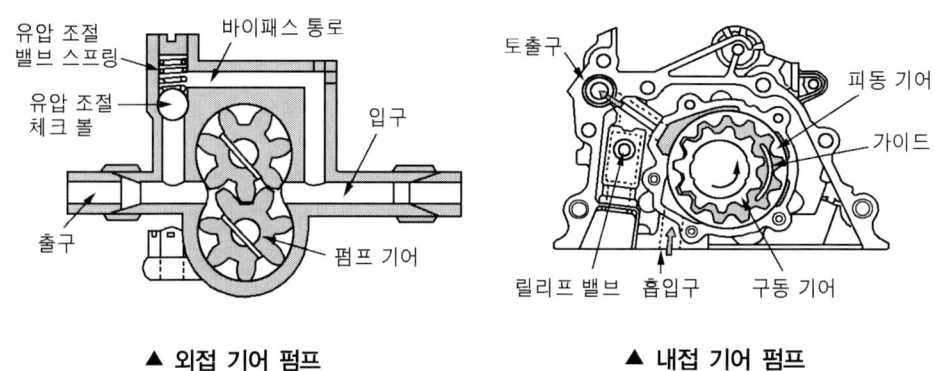

▲ 외접 기어 펌프   ▲ 내접 기어 펌프

2) 로터리 펌프

바깥쪽 로터와 안쪽 로터로 구성되어 있으며, 안쪽 로터는 편심으로 설치되어 회전하여 체적이 넓은 쪽에 진공이 생기면 흡입되어 체적을 점차로 좁게 하여 오일을 밀어내는 방법으로 공급한다. 안쪽 로터와 바깥쪽 로터는 5 : 4의 비율로 회전하여 체적을 변화한다.

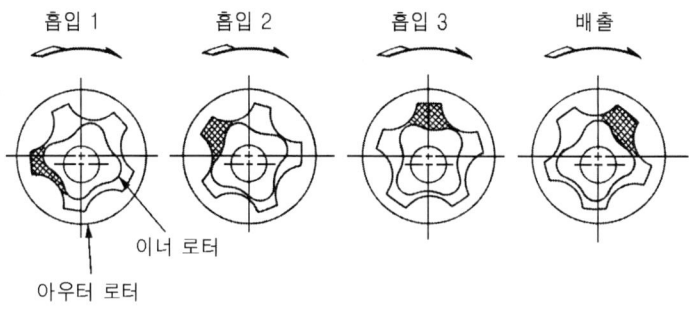

▲ 로터리 펌프

3) 베인 펌프

편심 설치된 로터와 베인으로 구성되어 있으며 베인의 움직임을 따라 체적의 변화가 생겨 진공이 발생되면 흡입하여 다음에 오는 날개에 의해 출구 쪽으로 배출한다.

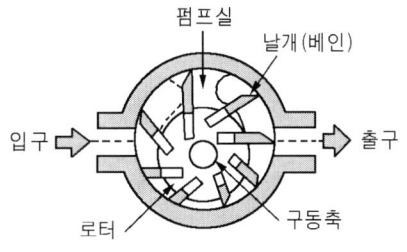

▲ 베인 펌프

4) 플런저 펌프

캠축에 의해 플런저를 상하 왕복 운동시키고 플런저 스프링에 의해 플런저가 상승되면 진공이 발생되어 오일을 흡입하고 플런저를 밀면 오일의 압력이 생겨 체크 볼을 밀고 통로를 열어 오일을 송출한다.

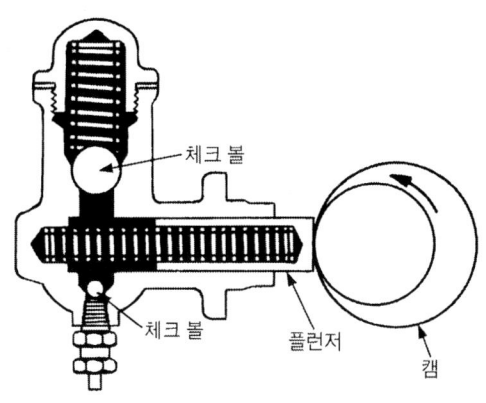

▲ 플런저 펌프

(2) 오일 스트레이너

고운 스크린으로 되어 있으므로 오일 팬 섬프 내의 오일을 흡입할 때 입자가 큰 불순물을 제거하여 오일펌프에 유도하는 작용을 한다. 스크린이 불순물에 의해 막히면 바이패스 통로를 통하여 순환 할 수 있도록 한다.

(3) 유압 조절밸브

유압회로 내에 압력이 과도하게 상승하는 것을 방지하는 역할을 한다. 밸브는 스프링의 장력이 유압보다 크면 닫혀 있다가 유압이 장력보다 높아지면 열려 과잉 압력의 오일이 흡입 쪽으로 바이패스된다. 기관의 회전이 고속 또는 저속에 관계없이 항상 일정한 압력이 되도록 조절한다.

유압이 높아지는 원인 및 낮아지는 원인

유압이 높아지는 원인	유압이 낮아지는 원인
ⓐ 기관의 온도가 낮아 오일의 점도가 높다. ⓑ 윤활회로의 일부가 막혔다(특히 오일 여과기가 막히면 유압이 상승하는 원인이 된다.) ⓒ 유압 조절밸브 스프링의 장력이 과다하다.	ⓐ 크랭크축 베어링의 과다마멸로 오일간극이 커졌다. ⓑ 오일펌프의 마멸 또는 윤활회로에서 오일이 누출된다. ⓒ 오일 팬의 오일 양이 부족하다. ⓓ 유압 조절밸브 스프링 장력이 약하거나 파손되었다. ⓔ 기관오일이 연료 등으로 현저하게 희석되었다. ⓕ 기관오일의 점도가 낮다

(4) 오일 여과기

오일 속의 수분, 연소 생성물, 금속분말, 슬러지 등의 미세한 불순물을 제거하는 세정작용을 한다. 엘리먼트로는 여과지나 여과포를 사용하며, 오일여과기 교환시기는 건설기계는 일반적으로 200~250 시간이며, 먼지가 많은 곳에서는 100~125 시간마다 교환한다.

오일여과기의 점검사항은 다음과 같다.
① 여과기가 막히면 유압이 높아진다.
② 오일 여과기는 정기적으로 교환하여야 한다.
③ 여과능력이 불량하면 부품의 마모가 빠르다.
④ 작업조건이 나쁘면 교환시기를 빨리 한다.
⑤ 기관의 오일여과기는 윤활유를 1회 교환할 때 1회 교환한다.

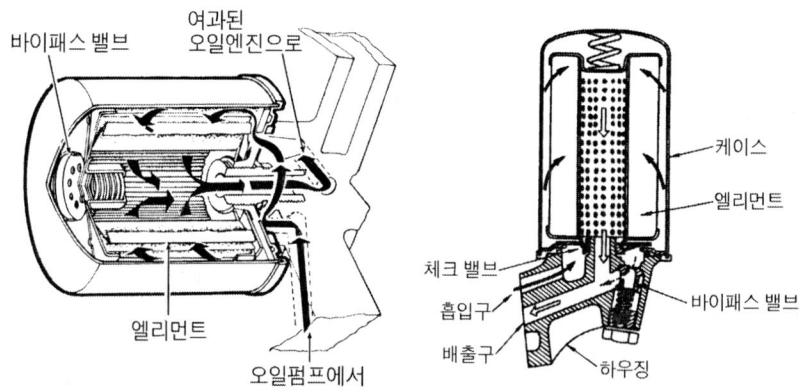

▲ 오일여과기의 구조

(5) 유면 표시기(오일 레벨 게이지)

유면 표시기는 오일 팬 내의 유면 높이를 측정할 때 사용하는 금속 막대이며, 오일량은 오일게이지 Low와 Full 표시 사이에서 Full에 가까이 있으면 좋다.

① **오일의 색깔**
㉮ 검정색 : 심하게 오염
㉰ 우유색 : 냉각수 유입

(6) 오일 냉각기

오일의 온도가 125~130℃ 이상이 되면 오일의 성능이 급격히 저하되어 유막이 형성되지 않으므로 미끄럼 운동부분이 소결된다. 따라서 오일의 높은 온도를 냉각시켜 70~80℃ 정도로 유지하여야 하므로 오일 냉각기를 설치한다. 오일 냉각기는 소형 라디에이터와 같은 모양으로 만들어져 있다.

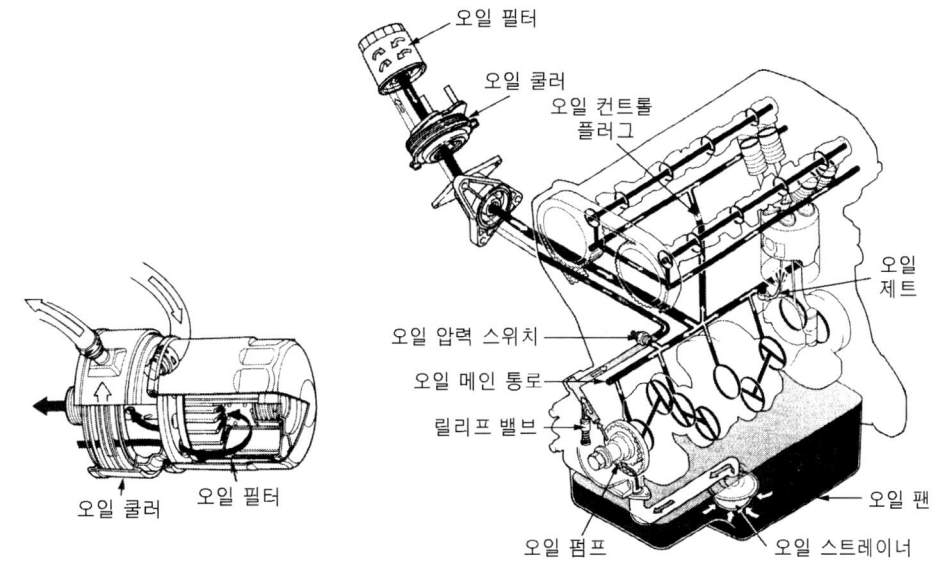

▲ 오일 냉각기

(7) 오일 여과방식

① **분류식** : 오일펌프에서 송출된 오일의 일부만 여과하여 오일 팬으로 바이패스시키고, 나머지 여과되지 않은 오일을 윤활부분에 공급하여 윤활 작용을 하는 방식으로 베어링이 손상될 우려가 있다.

② **전류식** : 오일펌프에서 송출된 오일 모두를 여과하여 윤활부분으로 공급하는 방식이며, 깨끗한 오일로 윤활 작용을 하므로 베어링 손상이 없는 장점이 있다. 그러나 엘리먼트가 막혔을 때 공급 부족 현상을 방지하기 위한 바이패스 밸브가 설치되어 있다.

③ **샨트식** : 오일펌프에서 송출된 오일 일부만을 여과하여 오일 팬으로 바이패스되지 않고 윤활부분으로 공급하며, 여과되지 않은 나머지 오일도 윤활부분에 공급하여 혼합되어 윤활 작용을 한다.

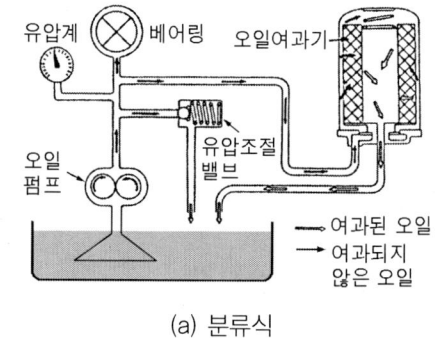

(a) 분류식

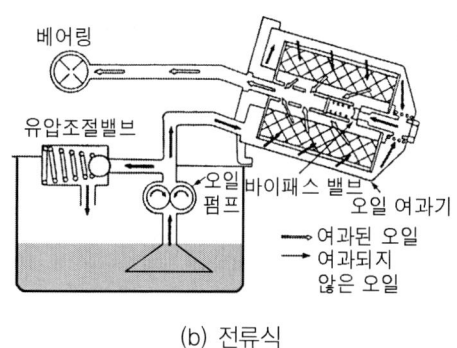

(b) 전류식　　　　　　　　(c) 샨트식

▲ 오일 여과방식

(8) 기관오일의 분류

기관오일은 점도에 의하여 분류하는 SAE분류와 운전상태에 따라 분류하는 API 분류가 있다.

1) SAE 분류

미국 자동차기술협회에서 오일의 점도에 의해 분류한 것이며, SAE 번호로 표시하며 번호가 클수록 점도가 높다. 즉 여름에는 겨울보다 SAE 번호가 큰 기관오일(점도가 높은)을 사용하며, 겨울에는 점도가 낮아야 한다. 따라서 **봄·가을**에는 SAE30, **여름**에는 SAE40, **겨울**에는 SAE20을 사용하였으나 최근에는 전 계절용 오일로서 **가솔린 기관오일 10W-30, 디젤 기관오일 20W-40** 등이 사용된다.

☞ 윤활유 점도가 기준보다 높은 것을 사용하면 윤활유 공급이 원활하지 못하게 되며, 기관을 시동할 때 필요 이상의 동력이 소모된다.

2) API 분류

미국 석유 협회에서 기관의 운전조건에 의해 분류한 것으로서 가솔린 기관과 디젤 기관으로 분류된다.

기관 \ 운전요건	좋은 조건	중간 조건	가혹한 조건
가솔린 기관	ML	MM	MS
디젤 기관	DG	DM	DS

3) SAE 신분류

미국 자동차기술협회(SAE), 석유협회(API), 재료시험협회(ASTM)가 협력하여 기관오일의 품질 분류 및 신규격품 보급, 기술적 분류, 기술용어 발전과 시장에서의 서비스 분류를 기본 취지를 두고 분류하였다.

● 가솔린 기관 오일의 품질 분류

API분류	성능 시험	내 용	비 고
SA		첨가제를 필요로 하지 않는 완만한 조건하의 기관에 적용 현재는 거의 사용하고 있지 않음	
SB	L-4, L-386 SeqIV	1930년대 이후에 추천된 첨가유로 최소의 산화방지제 및 내마모 방지제를 첨가 무리 없는 완만한 조건의 기관에 적용	
SC	L-1, L-38C Seq IIA, IIIA Seq IVA, VA	1964~1967년형의 가솔린 승용차 및 가솔린 트럭에 적용. SB보다 우수한 고온, 저온퇴적물, 마모 등의 방지성이 개선된 것.	MIL-L-2104B Ford ESE M2C-101A
SD	L-38C, L-1 또는 SeqIIB, IIIB Seq IVB, VB	1968~1971년형의 가솔린 승용차 및 가솔린 트럭에 적용. SB보다 우수하고 고온, 저온퇴적물, 마모, 녹, 부식에 대한 방지성능이 개선된 것.	MIL-L-2104B Ford ESE M2C-101A
SE	L-38C, SeqIIC, IIIC Seq VC	1972~1980년형의 승용차 및 트럭용 가솔린기관에 적용. SD보다 우수한 산화방지성능, 고온, 저온퇴적물, 녹 및 부식 방지성능이 개선된 것	Ford ESE M2C-101C GM 6136M MIL-L-46152A
SF	L-38C, SeqIID, IIID VD	1980년 이후 생산된 가솔린 승용차 및 트럭에 적용. SE보다 우수한 고온, 저온퇴적물, 마모, 녹, 부식 방지성이 개선되고 공해문제를 개선시킨 오일	GM 6048M Ford ESE M2C-153B MIL-L-46152B

API분류	성능 시험	내 용	비 고
SG	L-38C Seq ⅡD, ⅢE VE, CAT 1H2	1989년 이후 생산된 가솔린 승용차 및 Light VAN, 경트럭에 적용. SF보다 우수한 고온 및 저온 퇴적물, 마모, 녹, 부식에 대한 방지성능을 가지고 있을 것.	GM 6094M Ford ESE M2C-153-E MIL-L-46152D
SH, SI, SJ, SL			

● 디젤기관 오일의 품질 분류

API분류	성능 시험	내 용	비 고
CA	L-4, L-38b, L-1	1940년대 후반에서 1950년대에 걸쳐 사용된 완만한 조건의 고급 경유를 사용하는 경하중 디젤 기관에 사용.	MIL-L-L-2104A
CB	L-4 or L-38b, L-1	저품질 경유를 사용하는 마모 및 부착물 형성 방지 및 베어링 부식 방지 성능을 가지는 보통 운전조건의 디젤기관에 사용	Supplement Ⅰ
CC	L-38 1-H or 1-H2 Seq ⅡA, ⅡB, ⅡC, ⅡD LTD	1961년 처음 소개되어 보통 내지 격렬한 조건의 디젤기관 및 고부하 가솔린 기관용의 차량에 사용 고온퇴적물, 가솔린 기관에서의 녹 및 부식, 저온 슬러지 방지성능이 있다.	MIL-L-46152 MIL-L-2104B GM 6042-M Ford ESE M2-101B
CD	1-D or 1-G2 L-38C	가혹한 운전조건의 디젤 기관용 베어링 부식, 고온 퇴적물에 대한 방지성을 가지며 마모 방지성이 CC급보다 우수한 오일	MIL-L-2104C, Caterpillar eries3
CE	L-38C, TC-400 1-G2, Mack T-6,7	CD급 및 Mack Truck사의 과급 기관에 적합한 품질을 갖는 오일	MIL-L-2140D
CF-4	L-38C, NTC-400 1K, MACK T-6,7	1990년 12월에 제정 발표된 오일로 CE급 보다 피스톤 퇴적물, 오일소모량, 슬러지 등에 대한 요구 성능이 훨씬 강화된 최고의 성능을 나타내는 오일	MIL-L-2140E
CG CH			

(9) 크랭크 케이스의 환기

기관이 작동할 때 크랭크 케이스 안에서는 피스톤과 실린더 사이에서 새어나오는 미연소 가스인 블로 바이 가스가 체류하게 되어 기관 내부의 부식, 오일의 열화 등을 초래하므로 이것을 방지하기 위해 환기를 시켜야 한다. 환기 방법에는 자연 환기방식과 강제 환기방식이 있다.

☞ 크랭크케이스를 환기하는 목적은 오일의 슬러지(sludge)형성을 방지하기 위함이다.

① 자연 환기방식

크랭크축의 회전에 의한 공기의 와류나 냉각 팬과 건설기계의 주행에 따른 공기의 이동을 응용하여 환기시키는 방식. 기관 및 윗부분에 설치된 필러 캡을 통하여 공기가 도입되어 기관 내부를 순환한 다음 브리더 파이프를 통하여 대기 중에 방출한다. 자연환기 방식은 대기를 오염시키므로 현재는 사용하지 않는다.

② 강제 환기방식

크랭크 케이스 내에 있는 블로바이 가스를 흡기 다기관에서 발생되는 진공을 이용하여 실린더에 공급되어 연소시키므로 대기의 오염방지와 오일의 슬러지 형성을 방지한다.

(10) 기관오일 교환방법

① 기관에 알맞은 오일을 선택한다.
② 주유할 때 사용지침서 및 주유표에 의한다.
③ 오일교환 시기를 맞춘다.
④ 재생오일은 사용하지 않는다.

기관오일이 많이 소비되는 원인

- 피스톤 링의 마모가 심할 때
- 실린더의 마모가 심할 때
- 밸브가이드의 마모가 심할 때
- 기관오일의 소비가 증대되는 2가지 원인은 **"연소와 누설"** 이다.
- 피스톤 링 마멸되면 연소실로 오일이 상승하여 연소되므로 기관오일 소비량이 과대해 진다.

냉각장치

❶ 냉각장치의 목적

작동 중인 기관의 폭발행정에서 발생되는 열(1500~2000℃)을 냉각시켜 온도를 알맞게 유지시키는 장치이며, 실린더 헤드 물재킷 내의 온도로서 약 75~95℃가 정상이다.

❷ 냉각장치의 종류

기관을 냉각시키는 방법에는 공랭식과 수랭식이 있다.

(1) 공랭식

기관을 직접 대기와 접촉시켜 냉각하는 방식으로 냉각수의 보충, 동결, 냉각수의 누수 등이 없는 장점이 있으나 기관의 온도가 변화되기 쉽고 냉각이 불균일하여 과열되기 쉬운 단점이 있다. 공랭식에는 자연 통풍식과 강제 통풍식이 있다.

1) 자연 통풍식

실린더 및 실린더 헤드와 같이 과열되기 쉬운 부분에 냉각 핀을 설치하고 주행할 때 받는 공기로서 냉각시키는 방식이다.

2) 강제 통풍식

냉각효과를 높이기 위해 덮개(shroud)와 냉각 팬을 설치하여 냉각시키는 방식이다.

(2) 수랭식

실린더 블록과 실린더 헤드에 냉각수 통로를 설치하여 이곳에 냉각수를 순환시켜 냉각하는 방식이며, 수랭식에는 자연 순환식, 강제 순환식, 압력순환식, 밀봉압력식 등이 있다.
① **자연 순환식** : 냉각수를 대류에 의해 순환시키는 방식이다.
② **강제 순환식** : 물펌프로 실린더 헤드와 블록에 설치된 물재킷 내에 냉각수를 순환시켜 냉각시키는 방식이다.

③ **압력 순환식** : 압력의 조절을 라디에이터 캡의 압력밸브로 하며, 특징은 라디에이터(방열기)를 작게 할 수 있고, 냉각수의 비등점을 높일 수 있으며, 냉각수 손실이 적어 기관의 열효율이 향상된다.

④ **밀봉 압력식** : 팽창된 냉각수가 배출되는 결점을 보완하여 라디에이터 캡을 밀봉하고 냉각수의 팽창과 맞먹는 크기의 보조 물탱크를 설치하고 냉각수가 팽창하였을 때 외부로 배출되지 않도록 한 방식이다.

> **기관 과열시 일어나는 현상**
> - 금속이 빨리 산화되고 변형되기 쉽다.
> - 윤활유 점도 저하로 유막이 파괴된다.
> - 각 작동부분이 열팽창으로 고착된다.

❸ 냉각장치 주요부의 작용

(1) 물재킷(물통로)

실린더 블록과 실린더 헤드에 설치된 냉각수 통로로 실린더 벽, 밸브 시트, 밸브 가이드, 연소실 등과 접촉되어 혼합가스가 연소할 때 발생된 고온을 흡수하여 적정온도로 낮추어 정상 기능을 할 수 있도록 한다.

(2) 물펌프

냉각수를 순환시키는 기능을 하며 벨트에 의해 구동되어 냉각수를 강제적으로 순환하는 원심력 펌프를 사용한다. 물펌프는 기관 회전속도의 1.2~1.6배로 회전하며 효율은 냉각수 온도에 반비례하고 압력에는 비례한다.

(3) 팬벨트(또는 구동벨트)

크랭크축, 발전기, 물펌프, 풀리를 연결 구동하며, 내구성 향상을 위해 섬유질과 고무로 짠 이음이 없는 V형을 사용한다. 벨트의 중앙을 엄지손가락으로 10kg의 힘으로 눌러 13~20mm 정도의 헐거움이 있어야 한다. 그리고 팬 벨트는 풀리의 양쪽 경사진 부분에 접촉되어야 미끄러지지 않는다.

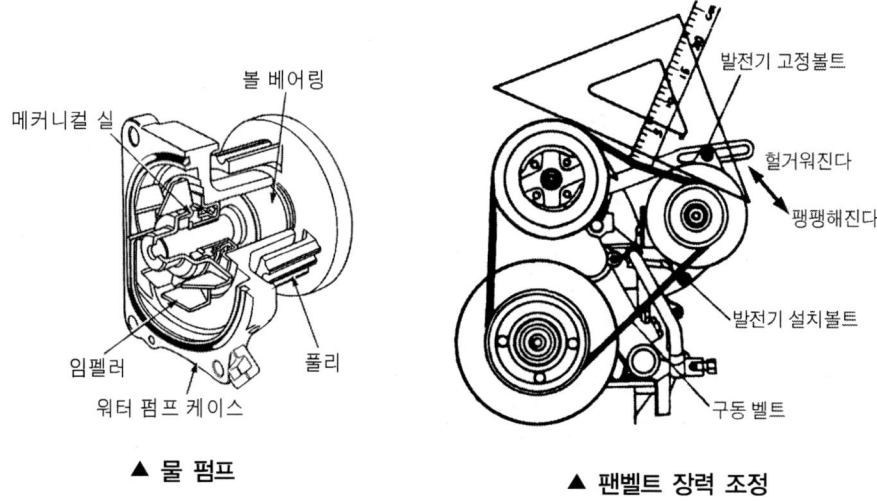

▲ 물 펌프　　　　　　▲ 팬벨트 장력 조정

팬벨트 장력이 너무 크거나 작으면

팬벨트 장력이 너무 크면(팽팽하면)	팬벨트 장력이 너무 작으면(헐거우면)
① 각 풀리의 베어링 마멸이 촉진된다. ② 물펌프의 고속회전으로 기관이 과냉할 염려가 있다.	① 물펌프 회전속도가 느려 기관이 과열되기 쉽다. ② 발전기의 출력이 저하된다. ③ 소음이 발생하며, 팬벨트의 손상이 촉진된다.

(4) 냉각 팬

기관과 라디에이터 사이에 설치되어 팬벨트 또는 전동기에 의해 구동되며, 라디에이터로 냉각수가 순환할 때 공기를 빨아들여 냉각효과를 증대시키고, 배기 다기관의 과열도 방지한다. 냉각 팬의 비틀림 각도는 20~30°이다. 최근에는 유체 커플링 팬이나 전동 팬을 주로 사용한다.

1) 유체 커플링 팬

유체 마찰을 이용하여 2000rpm 이상에서 냉각 팬과 물펌프를 분리 회전시키는 방식이다. 고속으로 주행할 때 필요한 이상의 회전을 제한하여 팬의 소음과 소비 마력의 감소 및 벨트의 내구성 향상을 위해 실리콘 오일을 사용한다. 2000rpm 이하일 때는 물펌프와 냉각 팬이 일체로 되어 회전한다.

2) 전동 팬

축전지 전원으로 구동되는 냉각 팬이다. 작동은 수온센서가 냉각수 온도를 감지하여 약 90℃ 정도가 되면 전동기에 축전지 전원을 연결하여 회전한다.

최근에 많이 사용하는 전동 팬(Motor type fan)의 특징은 다음과 같다.
① 냉각수 온도에 따라 작동한다.
② 형식에 따라 차이가 있을 수 있으나, 약 85~100℃에서 간헐적으로 작동한다.
③ 팬벨트가 필요 없다.

(5) 라디에이터(방열기)

1) 라디에이터의 기능

라디에이터는 실린더 헤드 및 블록에서 뜨거워진 냉각수가 라디에이터 위 탱크로 들어오면 수관(튜브)를 통하여 아래탱크로 흐르는 동안 차량의 주행속도와 냉각 팬에 의하여 유입되는 대기와의 열 교환이 냉각 핀(cooling fin)에서 이루어져 냉각된다. 냉각효과는 라디에이터와 함께 냉각 팬, 물 펌프의 성능에 따라 좌우된다.

그리고 라디에이터의 구비조건은 다음과 같다.
① 단위 면적 당 방열량이 클 것
② 가볍고 작으며, 강도가 클 것
③ 냉각수 흐름 저항이 적을 것
④ 공기 흐름 저항이 적을 것

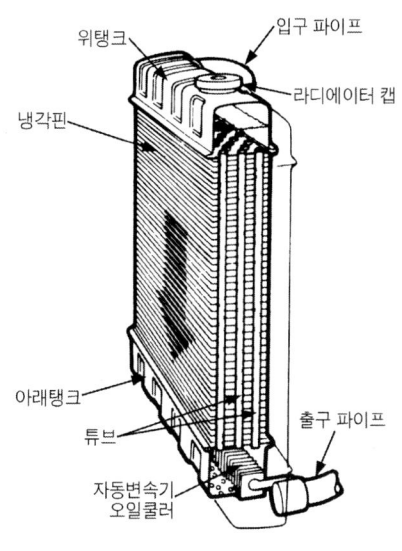

▲ 라디에이터의 구조

2) 라디에이터의 구조

라디에이터는 위쪽에 위 탱크, 라디에이터 캡, 오버플로 파이프, 입구 파이프 등이 있고, 중간에는 코어(수관과 냉각 핀)가 있으며 아래쪽에는 출구 파이프와 냉각수 배출용 드레인 플러그가 설치되어 있다.

① **라디에이터 코어의 재질 및 구조**

라디에이터 코어는 냉각수가 흐르는 수관과 냉각 핀으로 구성되어 있으며, 재질은 열전도성이 큰 얇은 판재의 구리나 황동이다.

② **라디에이터 캡(radiator cap)**

라디에이터 캡은 냉각수 주입구 뚜껑이며, 냉각장치 내의 비등점(비점)을 높이고, 냉각범위를 넓히기 위하여 압력식 캡을 사용한다. 압력식 캡의 압력은 게이지 압력으로 0.2~0.9kgf/cm²정도이며 이때 냉각수 비등점은 112℃ 정도이다.

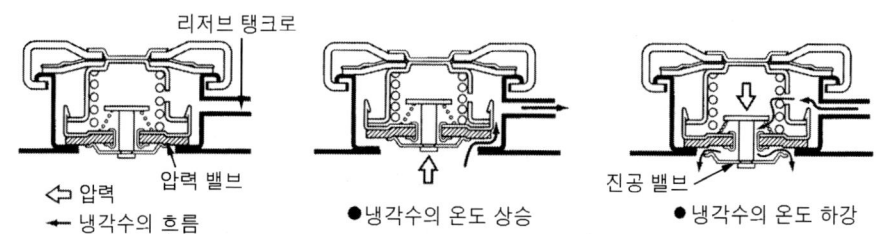

▲ 라디에이터 캡의 구조와 작동

㉮ 압력식 캡의 작용
- 압력이 낮을 때 : 압력이 낮을 때(냉각수가 냉각된 상태)압력 밸브와 진공(부압)밸브는 밸브 스프링의 장력으로 각각 시트에 밀착되어 냉각장치의 기밀을 유지한다.
- 압력밸브의 작동 : 냉각장치 내의 압력이 규정 값 이상이 되면 압력 밸브가 스프링 장력을 이기고 열려 통로를 연다. 이에 따라 냉각장치 내의 과잉 압력의 수증기가 오버플로 파이프(over flow pipe)를 거쳐 배출된다. 압력밸브의 주작용은 냉각수의 비등점을 상승시키는 것이므로 압력밸브 스프링이 파손되거나 장력이 약해지면 비등점이 낮아진다.
- 진공밸브의 작동 : 냉각수가 냉각되어 냉각장치 내의 압력이 부압(負壓)으로 되면 대기압력으로 인하여 진공밸브가 그 스프링을 누르고 열려 압력순환식의 경우에는 라디에이터 내로 공기가 유입되고, 밀봉압력식의 경우에는 보조 물탱크 내의 냉각수가 들어가 라디에이터 수관의 파손을 방지한다. 즉 냉각장치 내부압력이 부압이 되면(내부압력이 규정보다 낮을 때) 진공밸브가 열린다.

> **참고사항**
>
> 1. **라디에이터 코어 막힘 점검** : 사용 중인 라디에이터의 주수량과 신품 라디에이터의 주수량을 비교하여 신품보다 주수량이 적을 경우에는 세척하고, 세척한 후의 주수량이 20% 이상 적을 경우에는 라디에이터를 교환하여야 한다.
> 2. **라디에이터 냉각 핀 청소** : 라디에이터 냉각 핀은 압축공기를 이용하여 기관 쪽에서 불어내어 청소한다.

> **참고사항**
>
> 1. **라디에이터 캡을 열었을 때 기포나 기름이 떠있는 경우**
>   - 실린더 헤드 개스킷이 파손된 경우
>   - 실린더 헤드 볼트가 풀림 또는 파손된 경우
>   - 수랭식 오일 냉각기에서 기관 오일이 누출될 때
> 2. **실린더헤드에 균열이 발생하면** 기관이 작동 중 라디에이터 캡 쪽으로 물이 상승하면서 연소가스가 누출되며, 실린더헤드 개스킷이 불량하면 냉각계통으로 배기가스가 누설된다.

(6) 수온 조절기

실린더 헤드의 냉각수 통로 출구에 설치되어 기관 내부의 냉각수 온도 변화에 따라 자동적으로 통로를 개폐하여 냉각수 온도를 75~95℃가 되도록 조절한다. 냉각수의 온도가 정상 이하이면 밸브를 닫아 냉각수가 라디에이터 쪽으로 흐르지 않도록 하고 냉각수는 바이패스 통로를 통하여 순환하도록 한다. 냉각수 온도가 65℃가 되면 서서히 열리기 시작하여 라디에이터 쪽으로 흐르게 하며 85℃가 되면 완전히 열린다. 종류로는 벨로즈형과 펠릿형이 있으나 현재는 펠릿형이 사용된다.

1) 벨로즈형(bellows type)

얇은 금속판을 주름잡아 만든 벨로즈 내에 에테르이나 알코올을 봉입하여 냉각수의 온도에 따라 팽창이나 수축 작용으로 밸브가 개폐되는 형식. 휘발성이 크고 팽창력이 작아 현재는 사용치 않는다.

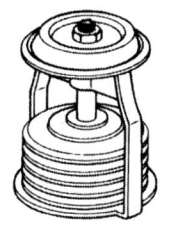

▲ 벨로즈형

2) 펠릿형(pellet type)

실린더, 밸브, 스프링으로 구성되어 있다. 실린더에는 왁스와 합성고무가 봉입되어 냉각수의 온도에 의해 왁스가 녹아서 팽창하여 합성 고무를 수축할 때 실린더가 스프링을 누르고 밸브를 여는 형식이다. 내구성이 우수하고 압력에 의한 영향이 작아 가장 많이 사용한다.

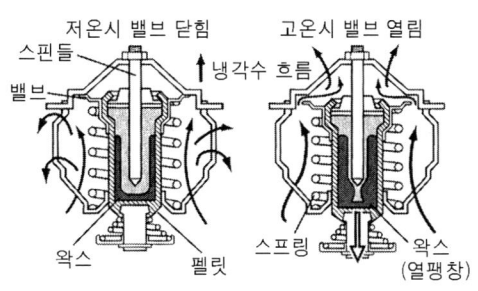

▲ 펠릿형

☞ 수온조절기가 완전히 열리는 온도가 낮으면 워밍업 시간이 길어지기 쉽다.

(7) 부동액

냉각수가 동결되는 것을 방지하기 위하여 냉각수와 혼합하여 사용하는 액체이며, 그 종류에는 에틸렌글리콜, 메탄올, 글리세린 등이 있으며 현재는 에틸렌글리콜을 주로 사용한다.

에틸렌글리콜의 특징은 다음과 같다.
① 비등점이 197.2℃, 응고점이 최고 -50℃이다.
② 도료(페인트)를 침식하지 않는다.
③ 냄새가 없고 휘발하지 않으며, 불연성이다.
④ 기관 내부에 누출되면 교질 상태의 침전물이 생긴다.
⑤ 금속 부식성이 있으며, 팽창계수가 크다.

1) 부동액의 구비조건

① 비등점이 물보다 높아야 하며 빙점(응고점)은 물보다 낮을 것
② 물과 혼합이 잘 될 것
③ 휘발성이 없고, 순환이 잘 될 것
④ 내부식성이 크고, 팽창계수가 적을 것
⑤ 침전물이 없을 것

2) 부동액 혼합비율

부동액의 혼합비율은 그 지방 최저온도보다 5~10℃ 더 낮은 기준으로 사용하며, 부동액의 세기(농도)는 비중계로 측정한다.

● 영구 부동액 혼합비율

물(%)	부동액 원액(%)	동결온도(℃)
80~77	20~23	-10
65	35	-20
65	45	-30
50~45	50~55	-40

3) 부동액 넣기

① 부동액 원액과 연수를 혼합한다.
② 냉각계통의 냉각수를 완전히 배출시키고, 세척제로 냉각장치를 세척한다.
③ 라디에이터 호스, 호스 클램프, 물펌프, 헤드 개스킷, 드레인 플러그 등에서 누출 여부를 점검한다.
④ 부동액 주입은 냉각수 용량의 80%정도 넣고, 기관을 시동하여 난기운전(웜업) 후 수온 조절기가 열린 후 나머지를 규정 위치까지 채운다.
⑤ 보충은 에틸렌글리콜을 사용하는 경우에는 물만 보충해 준다.
⑥ 부동액이 녹 등으로 변색이 된 경우에는 다시 한번 더 냉각계통을 세척하고, 새 부동액을 주입한다.

(8) 온도계

온도계는 실린더 헤드 물재킷 내의 냉각수 온도를 표시하는 것이며, 종류에는 부든튜브 방식(압력팽창방식 ; bourdon tube type)과 밸런싱 코일방식(balancing coil type)이 있다. 밸런싱 코일방식은 계기와 기관 유닛으로 구성되어 있으며, 기관 유닛에는 서미스터를 두고 있다. 서미스터는 전기저항이 저온에서는 크고, 온도가 상승함에 따라 감소하는 성질이 있다. 작동은 기관 냉각수 온도가 낮을 때에는 코일 L2의 흡입력이 약하기 때문에 온도계의 지침이 C(Cool)쪽에 머문다. 반대로 냉각수의 온도가 상승하면 코일 L2의 흡입력이 커지므로 지침이 H(High)쪽으로 움직여 머물게 된다.

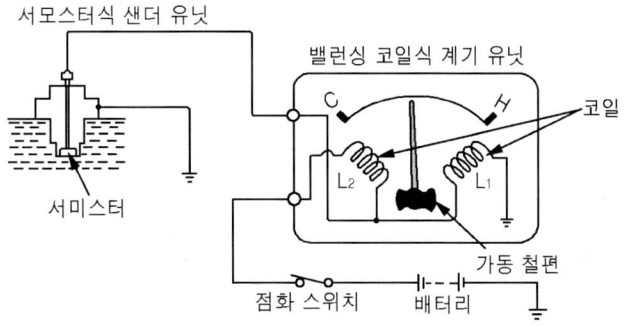

▲ 밸런싱 코일방식 온도계

(9) 수랭식 기관의 과열원인

① 팬벨트의 장력이 적거나 파손되었다.
② 냉각 팬이 파손되었다.
③ 라디에이터 코어가 20%이상 막혔다.
④ 라디에이터 코어가 파손되었거나 오손되었다.
⑤ 물 펌프의 작동이 불량하거나 라디에이터 호스가 파손되었다.
⑥ 수온조절기가 닫힌 채 고장이 났다.
⑦ 수온조절기가 열리는 온도가 너무 높다.
⑧ 물 재킷 내에 스케일이 많이 쌓여 있다.
⑨ 냉각수의 양이 부족하다.

디젤기관의 특징 및 연료장치 05

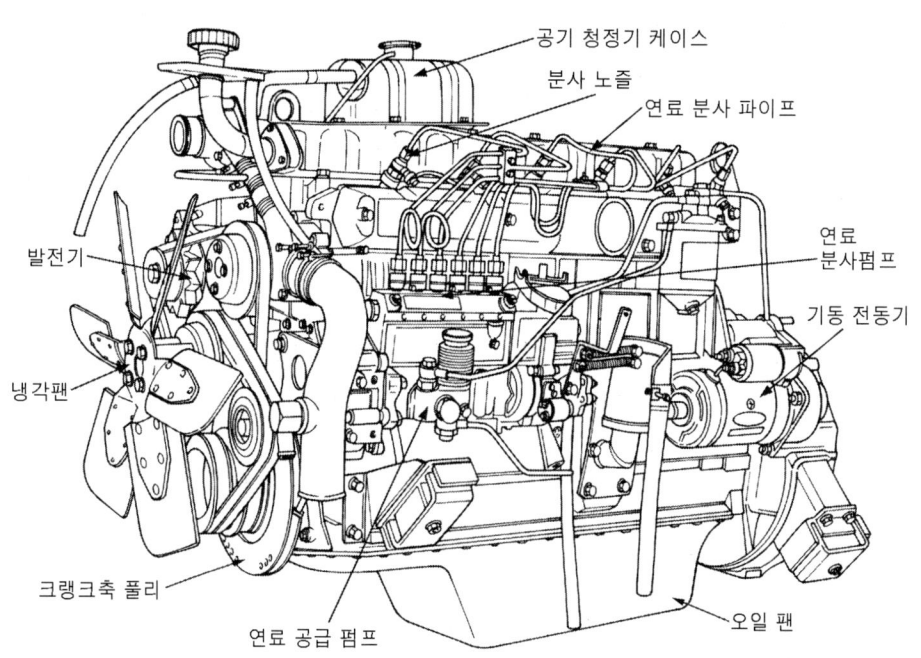

▲ 디젤기관의 외형도

❶ 디젤기관의 특징

디젤기관은 실린더 내에 공기만을 흡입하여 압축하면 500~550℃의 압축열이 발생되며 이때 분사노즐을 통하여 연료를 분사하면 압축열에 의해 자기착화(압축착화) 연소한다.

(1) 디젤기관의 장점과 단점

1) 디젤기관의 장점

① 열효율이 높고, 연료 소비율이 적다.
② 인화점이 높은 경유를 연료로 사용하므로 그 취급이나 저장에 위험이 적다.
③ 대형기관 제작이 가능하다.
④ 경부하일 때 효율이 그다지 나쁘지 않다.(저속에서 큰 회전력이 발생한다.)
⑤ 배기가스가 가솔린기관보다 덜 유독하다.
⑥ 점화장치가 없어 이에 따른 고장이 적다.
⑦ 2행정 사이클 기관이 비교적 유리하다.

2) 디젤기관의 단점

① 연소압력이 커 기관 각부를 튼튼하게 하여야 한다.
② 기관의 출력 당 무게와 형체가 크다.
③ 운전 중 진동과 소음이 크다.
④ 연료 분사장치가 매우 정밀하고 복잡하며, 제작비가 비싸다.
⑤ 압축비가 높아 큰 출력의 기동 전동기가 필요하다.

> ☞ 기관에서 열효율이 높다는 것은 일정한 연료소비로서 큰 출력을 얻는 것을 말한다.
> 디젤기관의 순환운동 순서는 **공기흡입** → **공기압축** → **연료분사** → **착화연소** → **배기**이다.

❷ 디젤기관의 연소과정

1) 착화지연 기간(연소준비 기간 A~B)

착화지연 기간은 연소실에 연료가 분사되어 연소를 일으킬 때까지의 시간을 말한다. 연료의 입자가 압축 열을 받아 증기로 변화되어 자기착화를 일으킬 때까지 시간적으로는 1/1000~4/1000초 정도의 짧은 기간이다. 착화지연의 원인은 연료의 착화성, 실린더 내의 압력 및 온도, 연료의 미립도, 분사상태, 공기의 와류 등에 의해 좌우된다.

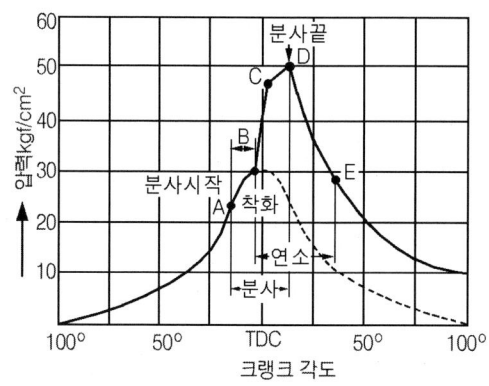

▲ 디젤기관의 연소과정

2) 화염전파 기간(폭발연소 기간 : B~C)

화염전파 기간은 연료가 착화되어 폭발적으로 연소하는 기간으로서 폭발연소 기간이라고도 한다. 분사된 모든 연료가 동시에 연소하여 실린더 내의 온도와 압력이 상승하며, 실린더 내에서의 연료의 성질, 혼합 상태, 공기의 와류에 의해 연소속도가 변화되고 압력 상승에도 영향을 받는다.

3) 직접연소 기간(제어연소 기간 : C~D)

직접연소 기간은 화염전파 기간에 생긴 화염 때문에 분사된 연료가 분사와 거의 동시에 연소하는 기간으로서 연료분사가 계속되어도 정압 상태로 연소된다. 직접연소 기간에서 압력의 변화는 연료의 분사량을 조절하여 어느 정도 조절할 수 있으므로 제어연소 기간이라고도 부른다.

4) 후기연소 기간(후연소 기간 : D~E)

후기연소 기간은 연료의 분사가 끝나는 점에서 연소되지 못한 연료가 연소하는 기간으로서 직접 연소 기간에서 연소하지 못한 연료가 연소·팽창하는 기간이다. 이 기간에 연소된 열은 유효하게 이용되지 못하고 배기 온도와 배압이 상승하며 열효율이 저하된다.

❸ 디젤기관의 연료장치

☞ 디젤기관의 연료공급 순서는 **연료탱크 → 연료 공급펌프 → 연료필터 → 분사펌프 → 분사 노즐**이다.

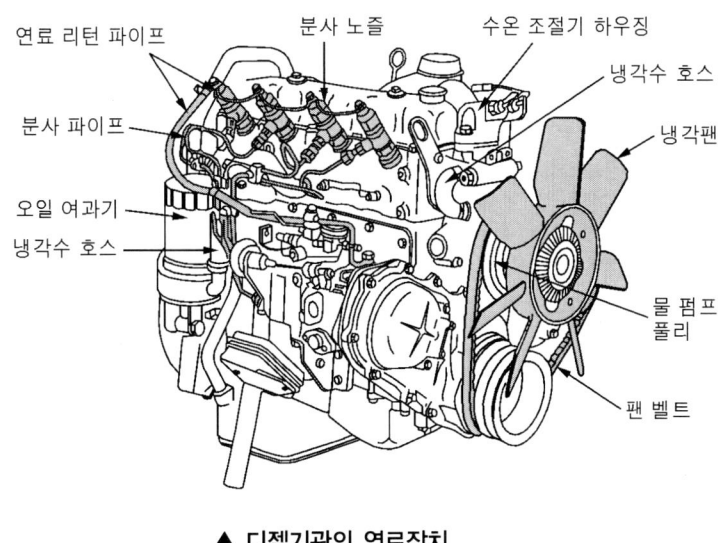

▲ 디젤기관의 연료장치

(1) 디젤기관 연료공급 방식

1) 공기(유기) 분사식

공기 분사식은 혼합가스를 형성하는데 이상적인 것으로 착화지연 시간이 짧고 질이 낮은 연료도 사용할 수 있으며, 정압에 가깝게 연소시킬 수 있는 장점은 있으나 높은 압력을 내는 공기 압축기가 있어야 하고 부하속도에 의한 조정이 복잡하므로 현재는 거의 쓰이지 않고 있다.

2) 무기 분사식

분사펌프를 이용하여 연료에 압력을 가하여 분사노즐을 거쳐 연소실에 분사시키므로서 고속 회전에 적합하여 무게가 가벼워질 뿐 아니라 기계효율도 높다. 또 부하나 회전속도에 따른 조정은 분사량만 가감하게 되므로 조정이 쉽다. 그러나 무화 및 연료의 혼합이 공기 분사식처럼 완전하지 못하므로 착화지연이 길어 정적과 정압을 복합한 사바테 사이클에 가까운 연소를 한다. 현재 자동차용 기관, 건설기계 기관, 농업용 기관에 널리 사용된다.

3) 무기 분사식 연료분배 방식

① **분배식**(distributor system) : 기관의 실린더 수에 관계없이 한 개의 분사펌프를 사용하며, 분사펌프에 분배밸브를 조합하여 각 실린더에 고압의 연료를 분배하는 형식이다. 소형 고속 디젤기관에서 사용하며, 연료를 하나의 펌프 엘리먼트로 각 실린더에 공급하기 때문에 구조가 간단하고 조정하기가 쉬우나 실린더 수가 많은 기관에는 적합지 않은 단점이 있다.

② **공동식**(common rail system) : 공동식은 1개의 분사펌프와 공동레일에 연결되어 있는 어큐뮬레이터를 이용하여 분사하는 형식으로서 어큐뮬레이터에 고압의 연료를 저장하였다가 공동레일을 거쳐 각 실린더에 설치된 분사노즐에 공급하여 분사하도록 되어 있다. 구조가 간단하고 조정하기 쉬운 장점이 있으나 실린더 수가 많은 기관에는 부적합한 단점이 있다.

③ **독립식** : 각 분사 노즐마다 한 개씩의 펌프 엘리먼트가 설치되어 연료를 분사하게 되어 있는 형식으로서 펌프 엘리먼트와 분사노즐은 고압 파이프로 연결된다. 펌프 엘리먼트는 하나의 보디에 일렬로 설치되어 있어 구조가 복잡하고 조정하기가 어려운 단점이 있으나, 실린더 실린더 수가 많은 기관에 적합하며 고속회전에 알맞은 장점이 있다.

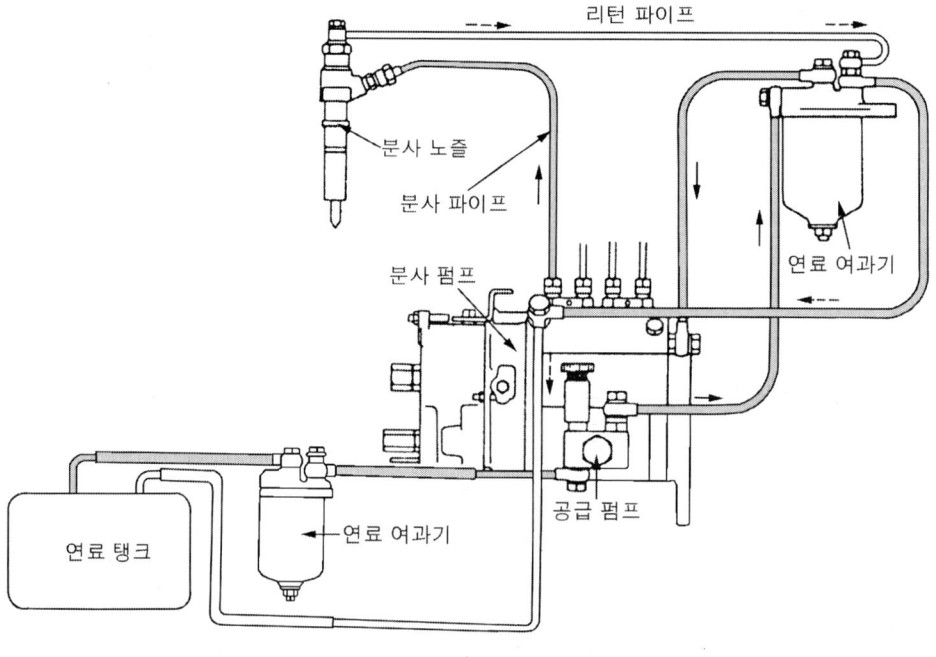

▲ 독립식 분사장치

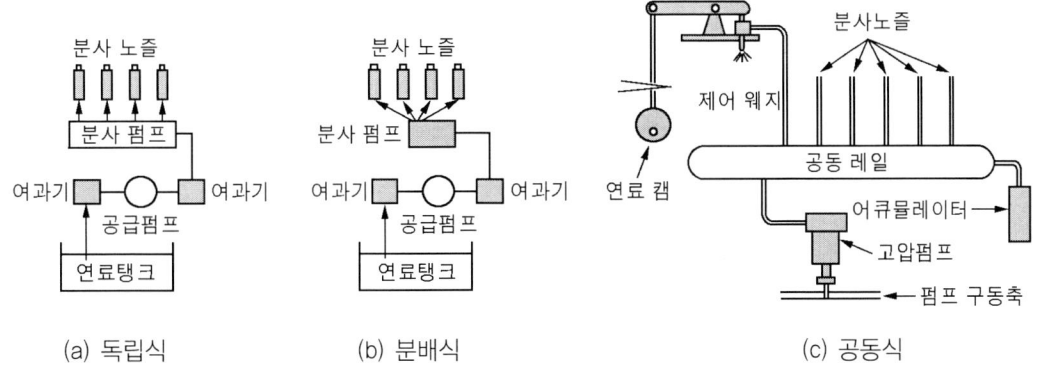

▲ 분사펌프의 종류

(2) 디젤기관의 연료장치의 구조와 작용

1) 연료탱크

연료탱크는 건설기계가 작업을 하거나 주행에 필요한 연료를 저장하는 것이며, 작업 후 탱크에 연료를 가득 채워주는 이유는 다음과 같다.

① 연료의 기포방지를 위함이다.
② 내일의 작업을 위해서이다.
③ 연료탱크에 수분이 생기는 것을 방지하기 위함이다.

그리고 겨울철 연료탱크 내에 연료를 가득 채워두는 이유는 공기 중의 수증기가 응축되어 물이 생기는 것을 방지하기 위함이며, 드럼통으로 연료를 운반했을 경우에는 불순물을 침전시킨 후 침전물이 혼합되지 않도록 주입한다.

2) 공급펌프

공급펌프는 연료를 일정압력(약 3kg/cm^2)으로 가압하여 분사펌프에 연료를 공급하는 것으로 분사펌프 캠축에 의해 구동되며, 연료장치 내의 공기빼기 작용에 사용되는 수동용 프라이밍 펌프(priming pump)를 갖추고 있다. 공급펌프의 작용은 캠(플런저)이 내려오면 흡입 체크밸브가

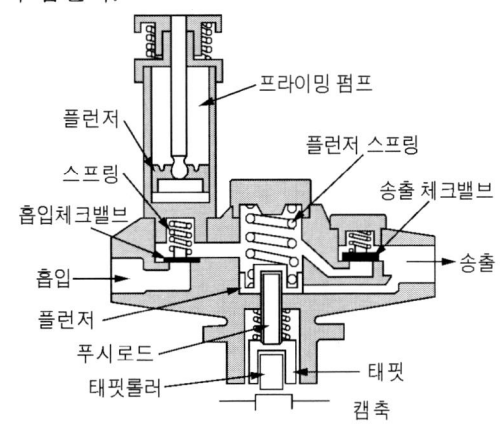

▲ 공급펌프의 명칭

열려 펌프 실에 연료가 들어오고, 캠(플런저)이 상승하면 송출 체크밸브가 열려 연료가 배출된다. 또 플런저 스프링 장력과 유압이 같으면 펌핑작용은 중지된다.

> **연료장치의 공기빼기**
>
> - 디젤기관 연료 중에 공기가 흡입되면 기관회전이 불량해진다. 즉 기관 부조현상이 발생하며, 디젤기관의 연료장치 공기빼기 순서는 **공급펌프 → 연료여과기 → 분사펌프**이다. 연료계통의 공기 빼기작업은 연료만 배출되면 작동하고 있던 프라이밍 펌프를 누른 상태에서 벤트 플러그를 조인다.

3) 연료 여과기

연료 속에 미세한 모래나 이물질이 혼합되면 펌프 엘리먼트에 손상을 입혀 분무의 기능에 큰 장애를 미치게 된다. 이를 여과하는 기구이다.

(여과정도 : 5μ 정도)

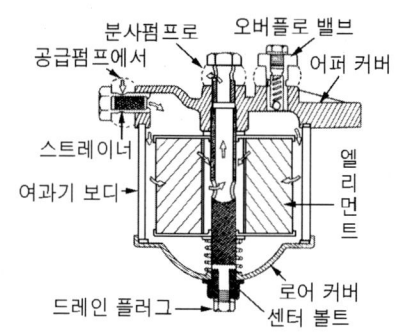

▲ 연료 여과기 각부 명칭

> **연료여과기에 장착되어 있는 오버플로 밸브의 역할**
>
> - 연료계통의 공기를 배출한다.
> - 공급펌프의 소음 발생을 방지한다.
> - 연료 여과기 엘리먼트를 보호한다.

4) 분사펌프

분사펌프는 공급펌프와 여과기로부터 공급받은 연료를 고압으로 압축하여 폭발순서에 따라서 각 실린더의 분사노즐로 압송하는 펌프이다. 분사펌프에는 분사량을 조정하는 조속기와 분사시기를 조정하기 위한 타이머가 부착되어 있다.

① 분사펌프 캠축

분사펌프의 캠축은 기관의 크랭크축에 의해 구동되며, 플런저를 작동시키는 캠과 공급펌프를 구동하는 편심 캠이 설치되어 있다. 플런저를 작동시키는 캠의 수는 실린더 수와 같으며, 캠축의 구동 쪽에는 타이머가 설치되고 다른 한쪽에는 연료 분사량을 조절하는 조속기가 설치된다. 또 4행정 사이클 기관에서 크랭크축이 2회전하면 캠축은 1회전이다.

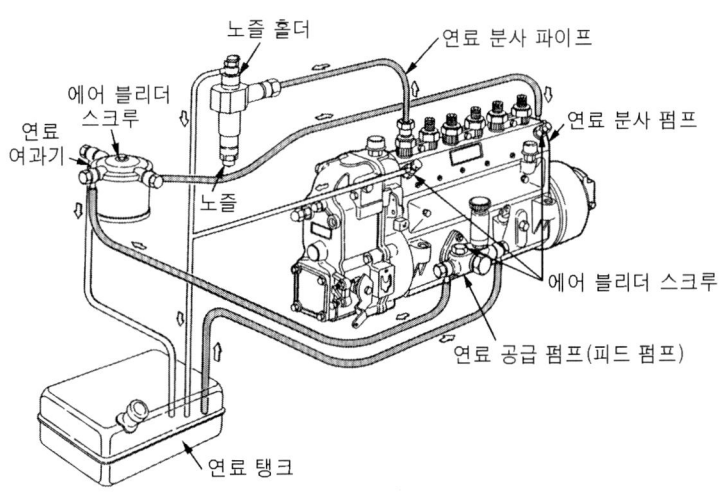

▲ 디젤기관 연료장치

② **태핏(tappet)**

태핏은 캠의 회전운동을 상하 직선운동으로 바꾸어 펌프 엘리먼트의 플런저를 작동시켜 연료를 분사노즐에 공급한다. 캠과 접촉되는 부분은 롤러가 설치되어 있고 플런저와 접촉되는 헤드부분은 태핏 간극을 조정하기 위한 조정나사가 설치되어 있다. 또 태핏의 가이드는 펌프 하우징의 가이드 홈에 설치되어 있어 회전하지 않으면서 캠에 의해 상하 왕복 운동하여 플런저를 작동시킨다.

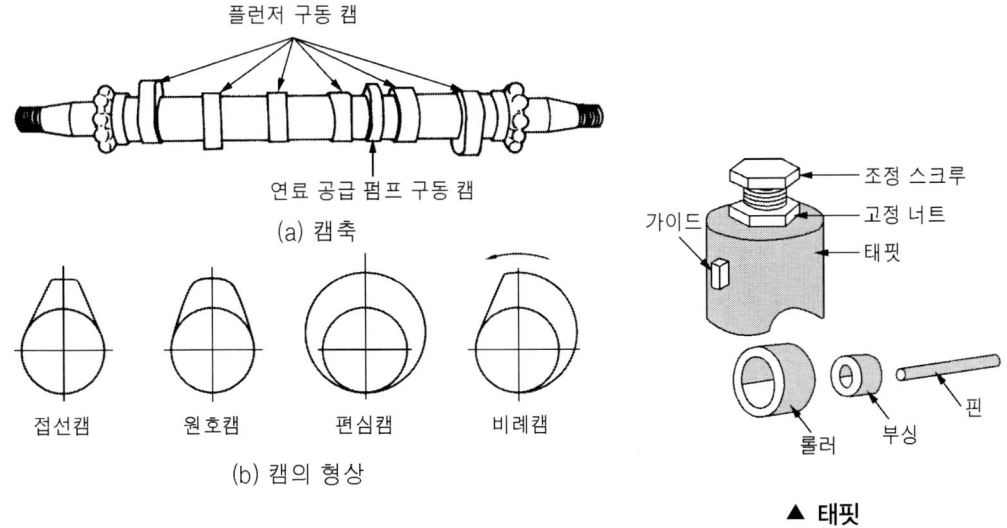

▲ 캠축

▲ 태핏

③ **펌프 엘리먼트**

플런저와 플런저 배럴로 구성되어 있다. 분사펌프 하우징에 고정되어 있는 플런저 배럴 내에 플런저가 캠에 의해 미끄럼 운동을 하며 상하 왕복 운동을 하여 연료를 100kg/cm² 이상으로 압축하여 분사노즐로 연료를 압송한다.

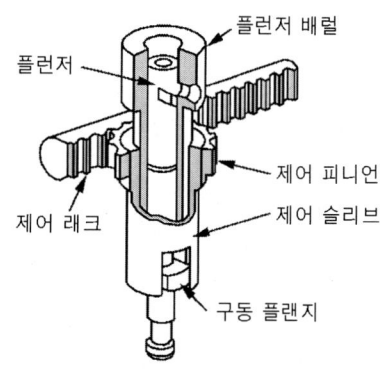

▲ 플런저의 구조

㉮ 플런저 배럴 : 공급펌프에서 공급된 연료를 받아들이는 원통이다. 분사펌프 하우징의 상단에 끼워져 회전하지 못하도록 고정 핀 또는 나사로 고정되어 있으며, 배럴의 위쪽 면은 딜리버리 밸브 홀더에 의해 고정된다. 또 배럴에는 연료의 공급구멍과 리턴구멍이 별도로 설치되어 있는 것과 공급과 리턴구멍이 공통으로 되어 있는 것이 있다.

㉯ 플런저 : 플런저 상단 중심부에 바이패스 홈과 몸체 측면에 분사량을 가감하기 위한 바이패스 구멍이 서로 연결되어 있어 가속페달을 밟는 양에 따라 플런저 배럴의 연료 공급구멍과 바이패스 구멍의 위치를 변화시켜 연료 분사량이 조절된다. 플런저는 태핏에 의해 상승 행정을 하며 스프링의 탄성으로 하강 행정을 한다.

> ☞ 분사펌프에서 조정할 수 있는 것은 분사시기, 분사량, 플런저 행정이며, 플런저와 배럴 사이의 윤활은 경유로 한다. 그리고 분사펌프의 기능이 불량하면 기관이 잘 시동되지 않거나 시동되더라도 출력이 약해진다.

㉰ 플런저의 유효행정 및 예비행정
- 유효 행정 : 플런저의 윗면이 흡·배출 구멍을 닫는 때부터 플런저의 바이패스 홈이 흡·배출 구멍에 이를 때까지를 말하며 이 행정이 길면 연료의 분사량이 많고 짧으면 적다.
- 예비 행정 : 플런저가 하사점에서 플런저 윗면이 흡·배출 구멍을 닫을 때까지의 행정을 말하며 이 행정은 태핏 조정나사로 조정한다.

㉱ 플런저 리드의 종류 : 리드는 오른쪽 리드와 왼쪽 리드가 있으며, 오른쪽 리드는 오른쪽으로 돌리면 연료 분사량이 많아지고 왼쪽 리드는 왼쪽으로 돌리면 연료 분사량이 많아진다.
- 정리드 플런저(normal lead plunger) : 정리드 플런저는 윗면이 편평하여 연

료의 분사시기가 분사초기는 일정하고 말기가 변화되는 플런저이다.
- 역리드 플런저(reverse lead plunger) : 역리드 플런저는 윗면 한쪽에도 리드 홈이 파져 있어 연료의 분사시기가 분사초기에는 변화되고 말기는 일정한 플런저이다.
- 양리드 플런저 : 양리드 플런저 위·아래에 리드 홈을 만들고 측면에서 위·아래를 연결하는 리드를 추가로 만들어 연료의 분사시기가 분사초기와 말기가 변화되도록 한 플런저이다.

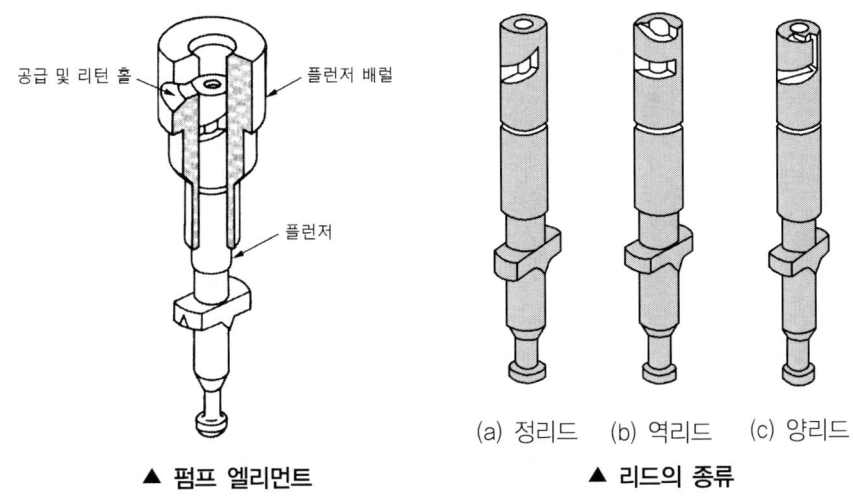

▲ 펌프 엘리먼트   ▲ 리드의 종류

(a) 정리드 (b) 역리드 (c) 양리드

5) 딜리버리 밸브

딜리버리 밸브 홀더에 설치되어 플런저의 상승행정으로 연료의 압력이 10kg/cm²에 이르면 밸브가 열려 분사파이프로 송출하고 유효행정이 완료되어 배럴 내의 압력이 낮아지면 딜리버리 밸브 스프링 장력으로 신속히 닫혀 연료가 역류되는 것을 방지한다. 또 밸브가 시트에 밀착될 때까지 내려가므로 분사파이프 내의 압력을 저하시켜 분사노즐에서 후적이 발생되는 것을 방지하고 분사파이프 내에 잔압을 형성한다.

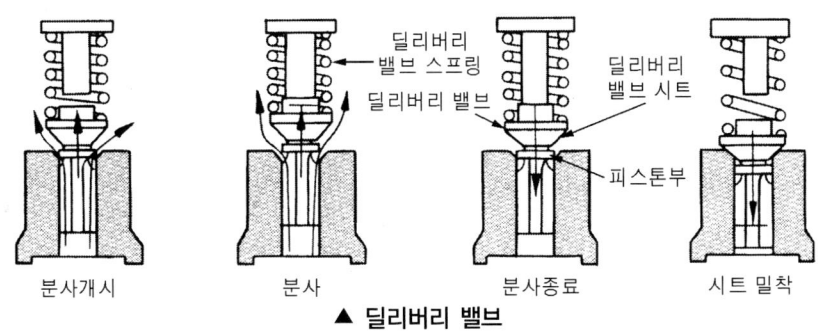

▲ 딜리버리 밸브

6) 연료 제어기구

연료 분사량을 조정하는 가속페달이나 조속기의 움직임을 플런저에 전달하는 기구이며, 가속페달에 연결된 제어래크(control rack), 제어 피니언, 제어 슬리브 등으로 구성되어 있다.

① 제어래크

제어래크의 한 끝은 링크나 핀으로 조속기의 막이나 레버에 연결되어 있고 조속기는 가속페달의 모든 조작을 래크에 전달한다.

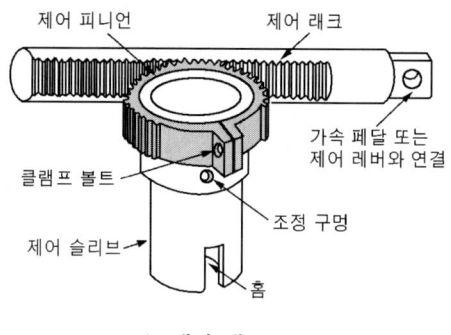

▲ 제어 래크

② 제어 피니언

제어래크의 수평 직선운동을 회전운동으로 바꾸어 제어 슬리브를 회전시키며, 제어 피니언과 제어래크의 상대위치를 변화시킨다.

③ 제어 슬리브

제어 피니언의 회전운동을 펌프 엘리먼트의 플런저 구동 플랜지에 전달하여 플런저가 상하운동하면서 송출량을 증감한다.

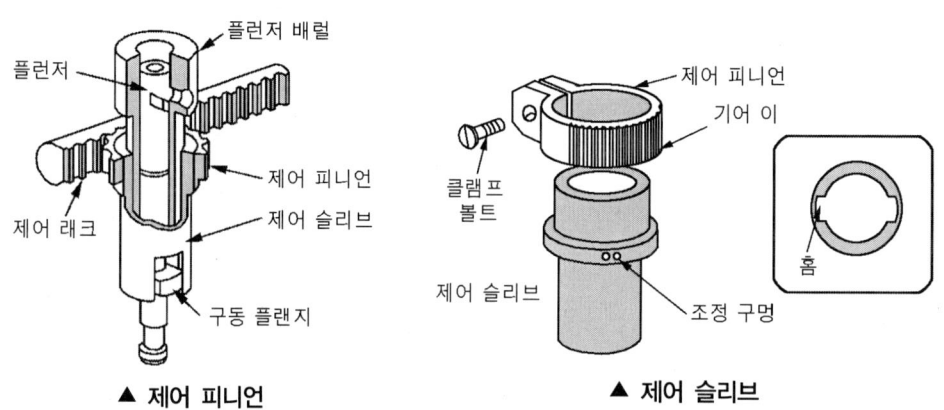

▲ 제어 피니언   ▲ 제어 슬리브

7) 타이머 – 분사시기 조절기

기관의 회전속도 및 부하에 따라 연료의 분사시기를 조정한다. 연료가 실린더 내에 분사되어 발화 연소하기까지 어느 정도 시간이 필요하므로 기관의 회전속도가 느릴 때에는 진각을 작게 하고, 회전속도가 빠를 때에는 진각을 크게 하여야 하는데 분사시기의 조절 범위는 크랭크 각도로 최대 24° 정도이다. 그러나 가솔린 기관과 같이 미세하게 조절할 필요가 없으므로 4행정 사이클 기관은 약 8°, 2행정 사이클 기관은 약 16° 정도 조절한다.

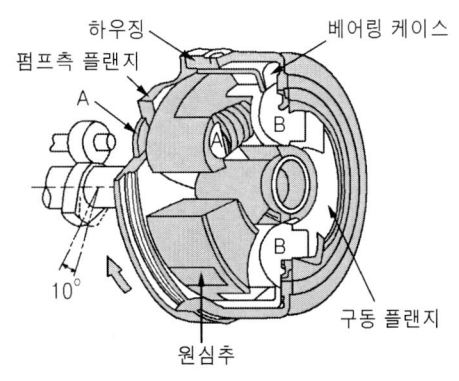

▲ 타이머의 구조(원심식)

기관의 회전속도가 증가하면 원심추에 작용하는 원심력이 증가되어 베어링 핀이 당겨지므로 분사펌프의 캠축을 어느 각도만큼 회전시켜 분사시기를 진각한다.

8) 조속기(거버너)

기관의 회전속도나 부하변동에 따라 자동적으로 제어래크를 움직여 분사량을 조절하는 것으로 최고 회전속도를 제어하고 동시에 전속 운동을 안정시키는 일을 한다. 조속기는 분사펌프 캠축에 설치된 원심추의 원심력에 의해 작동하는 기계식과 흡기 다기관의 진공에 의해 작용되는 공기식이 있다.

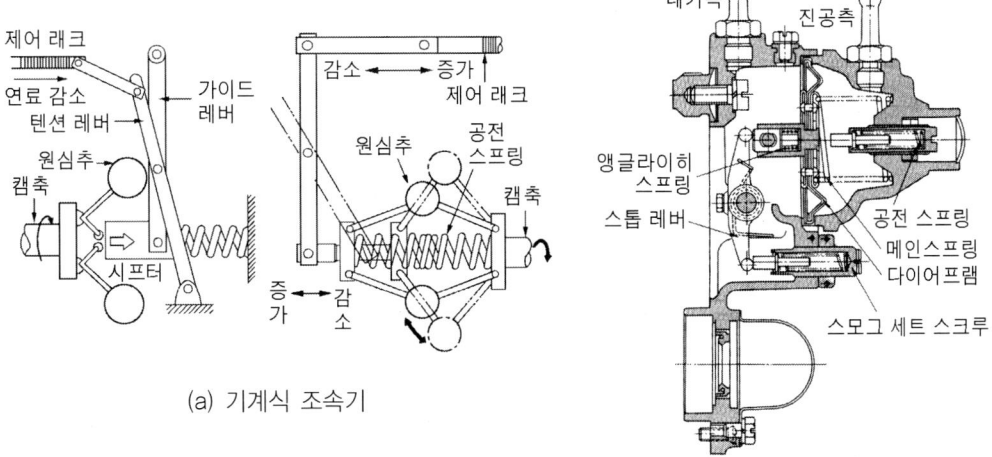

(a) 기계식 조속기

(b) 공기식 조속기

▲ 조속기의 종류

① 앵글라이히 장치

앵글라이히 장치는 제어래크가 동일한 위치에 있어도 모든 범위에서 공기와 연료의 비율을 균일하게 유지한다. 기계식 조속기의 앵글라이히 장치는 시프터가 접촉되는 부분에 앵글라이히 스프링을 설치하여 저속에서는 스프링이 제어래크를 최대 분사량 위치에 있도록 하고 고속에서는 원심추에 의해 시프터가 스프링을 압축하여 제어래크를 감소 방향으로 당겨 공기와 연료의 비율을 균일하게 유지한다.

또 공기식 조속기의 앵글라이히 장치는 대기실에 설치되어 저속에서는 주스프링에 의해 제어래크를 최대 분사량 위치에 있도록 하고 고속에서는 진공실의 진공에 의해 스프링이 팽창되어 제어래크를 감소방향으로 당겨 공기와 연료의 비율을 균일하게 유지한다.

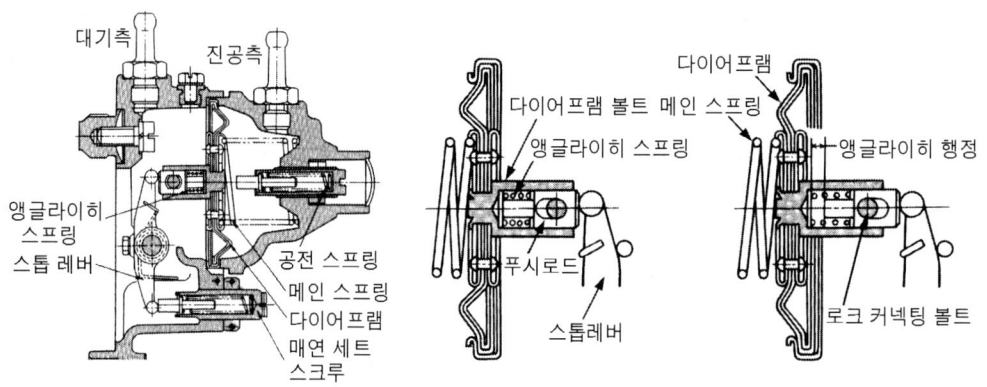

▲ 앵글라이히 장치

② 리미트 슬리브

분사량이 최대 송출량 이상으로 송출되는 것을 방지하는 역할을 하며 슬리브 내에 설치된 댐퍼 스프링(damper spring)으로 기관을 시동할 때 연료가 최대 송출량 이상으로 제어래크가 움직이는 것을 방지한다.

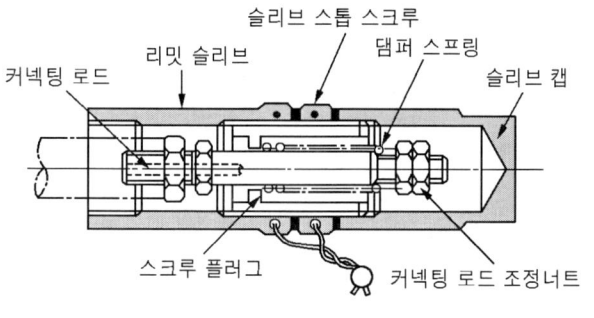

▲ 리미트 슬리브

③ 연료 송출량과 불균율

$$분사량 평균값 = \frac{각 \; 실린더 \; 분사량의 \; 합}{실린더 \; 수}$$

$$(+)불균율 = \frac{최대 \; 분사량 - 평균 \; 분사량}{평균 \; 분사량} \times 100(\%)$$

$$(-)불균율 = \frac{최소 \; 분사량 - 평균 \; 분사량}{평균 \; 분사량} \times 100(\%)$$

$$불균율 \; 수정값 = 분사량 \; 평균값 \times 0.03 (불균율 \; 한도 \pm 3\%)$$

9) 디젤기관의 연료

① 경유

경유는 원유로부터 가솔린 및 등유를 채취한 뒤에 얻어지는 것이므로 탄소와 수소의 화합물이다. 증류 온도는 200~350℃가 일반적이다. 비중은 0.82~0.88 무색 또는 담황색으로 자연 발화온도는 약 350℃(공기 중) 발열량은 평균 10,500 kcal/kg이다.

② 연료의 구비조건

㉮ 적당한 점도를 지닐 것.
㉯ 발화점(착화점)이 낮을 것.
㉰ 내폭성 및 내한성이 클 것.
㉱ 불순물이 섞이지 않을 것.
㉲ 연소 후 카본 생성이 적을 것.
㉳ 온도변화에 의한 점도변화가 적을 것.
㉴ 고형 미립물이나 유해성분이 적을 것.
㉵ 발열량이 클 것.

③ 연료의 점도

연료의 점도는 기관의 성능이나 분사펌프에 많은 영향을 주는 것으로 점도가 높으면 연료 파이프 내에 유동성이 나빠져 분사펌프의 기능을 저해하고 또 실린더 속에 분사할 때는 불안전 연소를 일으킨다.

점도가 낮으면 윤활성이 나쁘므로 플런저의 마멸을 빠르게 하여 심할 때는 타붙는다.

④ 연료 분사요건

㉮ 무화(atomization) : 무화는 연료의 입자를 미세화 시키는 것을 말한다. 연료의 증발은 연료입자의 표면에서부터 이루어지기 때문에 입자가 작을수록 착화가 빠르고 연소 속도도 신속하게 이루어진다. 따라서 분사노즐에서 연료를 분사

할 때 연료의 무화가 좋아야 한다. 무화의 정도는 크고 작은 연료입자의 지름을 평균으로 비교하며 분사노즐의 분사구멍의 지름 및 형상, 연소실 내의 온도, 공기의 와류 등에 의해 좌우된다.

㉯ **관통도**(degree of penetration) : 관통도는 연소실 내에서 분사된 연료입자가 압축된 공기 층을 통과하여 먼 곳까지 도달할 수 있는 힘으로 연료입자가 지나치게 작으면 관통도가 약하여 분사노즐 주위에 모이게 되므로 불완전 연소나 노크(knock)을 일으키는 원인이 된다. 또 연료의 입자가 크면 무화 작용이 불량하여 불완전한 연소가 이루어진다. 따라서 분사된 연료는 알맞은 관통도가 있어야 한다.

㉰ **분포**(distribution of drop size) : 연료의 입자가 연소실 구석구석까지 균일하게 분포되어서 연소실 어느 곳이나 적정한 혼합가스가 이루어져야 한다. 따라서 연료입자가 밀집된 부분은 공기가 부족하고 도달되지 않은 곳의 공기는 전혀 사용되지 못하여 불완전 연소를 일으키게 되므로 연료가 연소실에 분사되면 연소실 전체에 알맞게 분포되어야 한다. 분포에 영향을 주는 요소는 분사노즐의 형상, 분사노즐의 설치각도, 연소실의 형상, 공기의 와류 등이다.

㉱ **세탄가**(cetane number) : 세탄가는 디젤기관 연료의 착화성을 나타내는 값으로 세탄가가 클수록 연료의 착화성이 좋고 노크를 일으키지 않는다. 세탄가는 CFR 기관에 의해 측정되며, 착화성이 우수한 세탄을 세탄가 100으로 정하고 착화성이 나쁜 α-메탈 나프탈린을 세탄가 0으로 하여 적당한 비율로 혼합하고 시험 연료와의 착화성을 비교하여 세탄의 백분율을 그 연료의 세탄가로 한다. 경유의 세탄가는 45~70이다.

$$세탄가 = \frac{세탄}{세탄 + \alpha메탈나프탈린} \times 100$$

10) 분사노즐

① 분사노즐의 역할

분사펌프로부터 공급된 고압의 연료를 미세한 안개 모양으로 연소실에 분사한다. 디젤기관은 압축된 고온 고압의 공기 중에 연료를 분사하여 착화·연소시키므로 분사된 연료가 빠른 속도로 착화하여 연소하지 않으면 기관은 고속회전이 곤란하고 노크(knock) 현상을 일으킨다.

② **분사노즐의 구비조건**
㉮ 연료를 미세한 안개모양으로 하여 쉽게 착화할 것.
㉯ 분무를 연소실 구석구석까지 뿌려지게 할 것.
㉰ 후적이 일어나지 않게 할 것.
㉱ 내구성일 것.

③ **분사노즐의 종류**
㉮ 개방형(open type)노즐 : 분사노즐 끝에 밸브 없이 항상 열려 있는 노즐이며, 연료분사기 완료되었을 때 연료가 조금씩 흘러나와 기관의 회전속도에 약간의 변동을 일으키고 무화 작용이 나쁜 단점이 있어 사용하지 않는다. 이 분사노즐의 장점은 구조가 간단하고 가격이 싸며, 니들밸브 등이 없어 분사파이프 내 공기가 머물지 않는다.

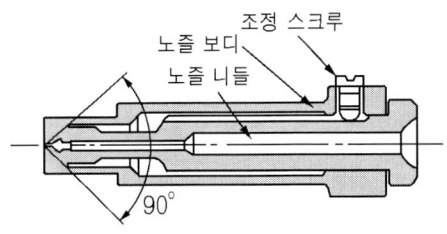
▲ 개방형 노즐

㉯ 폐지형 노즐(closed type nozzle) : 노즐에 니들밸브가 스프링으로 밀착되어 연료의 압력이 높아지면 자동적으로 열려 연료를 분사하는 노즐이다. 항상 고압에서 분사가 이루어지므로 연료의 무화가 양호하고 후적이 없으며, 노즐의 본체와 니들 밸브의 미끄럼 운동 면은 연료로 윤활된다. 폐지형 노즐에는 구멍형 노즐, 핀틀형 노즐, 스로틀형 노즐로 분류된다.

• 구멍형 노즐(hole type nozzle) : 니들밸브 끝이 원뿔형으로 되어 있고 니들밸브 보디에 노출되지 않으며, 연료의 분사구멍이 볼록하게 된 밸브 보디 앞 끝에 설치되어 있다. 니들밸브 보디 측면에 설치된 통로를 통하여 압력실에 공급된 고압의 연료에 의해 니들밸브가 밀어 올려져 연료가 분사

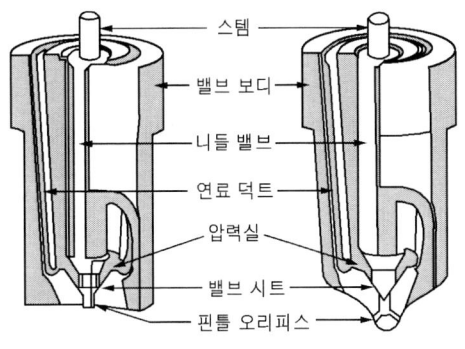
▲ 폐지(밀폐)형 노즐

된다. 연료의 분사개시 압력은 150~300kg/cm²이며, 분사구멍의 지름은 0.2~0.6mm이고 분사각도는 90~120°이다.

- 단공형 노즐(single hole nozzle) : 연료의 분사구멍이 1개인 노즐로서 관통력이 좋지만 분사된 연료가 연소실 내에서 분포상태가 나쁘다. 연료의 분사각도는 4~5°이다.
- 다공형 노즐(multiple hole nozzle) : 연료의 분사구멍이 2~10개가 설치된 노즐로서 분무의 미립화와 분산성을 향상시킨다. 소형기관에서는 2~4개의 분사구멍이 사용되고, 중대형 기관에서는 5~10개의 것이 사용된다.

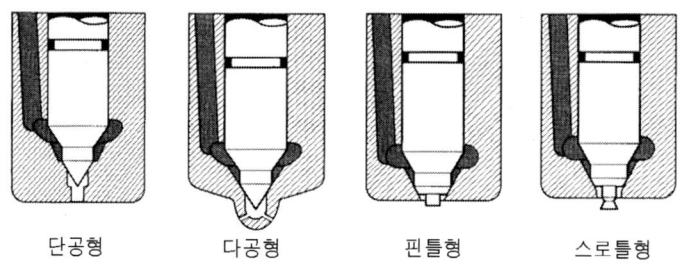

▲ 폐지형 노즐의 종류

- 핀틀형 노즐(pintle type nozzle) : 원기둥 모양의 니들밸브의 끝이 니들밸브 보디보다 약간 노출되어 있으며, 니들밸브가 연료의 압력에 의해 밀어 올려지면 니들밸브와의 틈새로 연료가 분출된다. 따라서 연료의 분사 개시 압력이 낮아도 무화 상태가 양호하다. 분사구멍의 지름이 1~2mm이며, 분사개시 압력은 100~150kg/cm²이고 분사각도는 4~5°이다.
- 스로틀형 노즐(throttle type nozzle) : 핀틀형 노즐을 개량한 것으로서 니들밸브의 끝이 길고 2단으로 되어 있으며, 니들밸브 끝은 나팔 모양을 하고 있다. 분사초기는 니들밸브와 시트와의 틈새가 작아 분무가 교축되어 작은 양의 연료만이 분사되므로 노크(knock)의 발생이 적고 착화 후에는 많은 양의 연료가 분사된다. 연료의 분사각도는 45~65° 정도이고 분사개시 압력은 100~140kg/cm²이다.
- 핀토 노즐(pintaux nozzle) : 초기의 착화를 향상시켜 시동을 용이하게 하고 노크를 경감시킬 목적으로 사용하는 하는 것으로 와류실식 기관에 주로 쓰인다.

● 분사노즐의 분사압력(kg/cm²)

구 분	구멍형	핀틀형	스로틀형
분사압력	150~300	100~150	100~140
분사구멍의 지름	0.2~0.6mm	1~2mm	1mm
분사각도	단공 4~5° 다공 90~120°	4~5°	45~65°

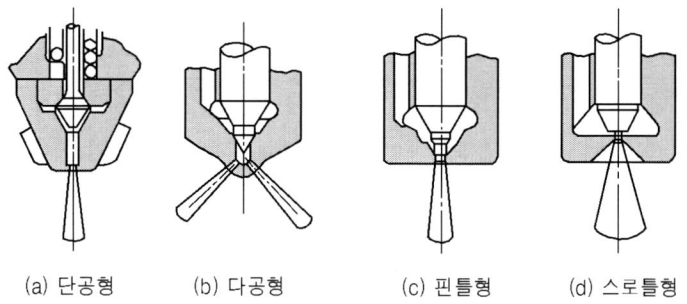

(a) 단공형   (b) 다공형   (c) 핀틀형   (d) 스로틀형

▲ 분사노즐의 분사상태

11) 과급기

기관의 흡입효율을 높이기 위해 흡입공기에 압력을 가하는 펌프이며, 기관의 출력, 회전력 증대 및 연료 소비율 향상과 착화지연을 짧게 한다. 배기터빈 과급기는 배기가스로 터빈을 회전시키고 같은 축으로 회전하는 원심 압축기로 공기를 1.5~2.0kg/cm²로 압축하여 실린더에 공급한다. 과급기의 윤활은 기관 윤활장치에서 보내준 오일이 직접 공급된다.

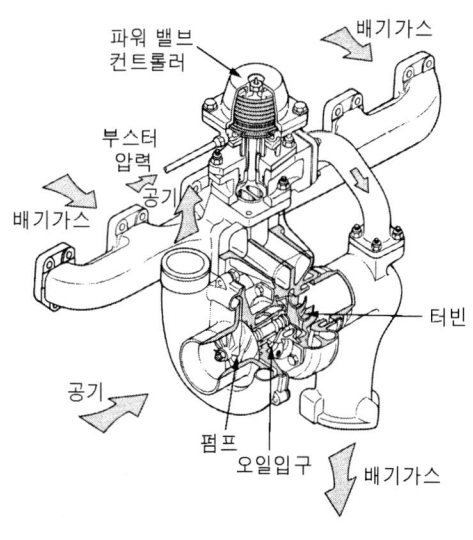

▲ 과급기

① 과급기의 종류

㉮ 기계식 과급기(크랭크축으로부터 기어나 체인으로 구동하는 것) : 루트형
㉯ 배기가스 과급기(배기가스로 구동하는 것) : 터빈 과급기(터보차저)
㉰ 전동기로 구동되는 것(원심식)

② 과급기의 장점

㉮ 연소가 양호하며, 연료 소비율이 3~5% 감소된다.

㉯ 기관 중량이 10~15% 증가하며, 기관의 출력을 35~45% 이상 증가시킨다.
㉰ 압축 초기의 압축압력이 높아 착화지연 기간을 짧게 한다.

12) 디젤기관 노크

착화지연 기간 중에 분사된 많은 양의 연료가 화염전파 기간 중에 연소되어 실린더 내의 압력이 급격히 상승되어 피스톤이 실린더 벽을 타격 하는 현상이다. 디젤기관에서 노크를 일으키는 원인은 연소실에 누적된 연료가 많아 일시에 연소되기 때문이다.

① **디젤기관 노킹(노크)의 원인**
  ㉮ 연료의 세탄가가 낮다.　　㉯ 연료의 분사압력이 낮다.
  ㉰ 연소실의 온도가 낮다.　　㉱ 착화지연 시간이 길다.
  ㉲ 분사노즐의 분무상태가 불량하다.　㉳ 기관이 과냉되었다.
  ㉴ 착화 지연기간 중 분사량이 많다.

② **디젤기관 노크 방지방법**
  ㉮ 착화성이 좋은(세탄가가 높은) 경유를 사용한다.
  ㉯ 압축비, 압축압력 및 압축온도를 높인다.
  ㉰ 실린더의 온도와 기관 회전속도를 높인다.
  ㉱ 분사개시 때 분사량을 감소시켜 착화지연 기간을 짧게 한다.
  ㉲ 분사시기를 알맞게 조정한다.
  ㉳ 흡입공기에 와류가 일어나도록 한다.
  ㉴ 흡입공기의 압력과 온도를 높게 한다.

③ **노크가 기관에 미치는 영향**
  ㉮ 기관 회전속도가 낮아진다.　㉯ 기관의 출력이 저하한다.
  ㉰ 기관이 과열한다.　　　　　㉱ 흡입효율이 저하한다.

디젤기관의 진동 원인

- 분사시기·분사간격이 다르다.
- 각 실린더의 분사압력과 분사량이 다르다.
- 크랭크축에 불균형이 있다.
- 각 피스톤의 중량차가 크다.
- 4실린더 기관에서 1개의 분사노즐이 막혔다.
- 피스톤 및 커넥팅로드의 중량 차이가 있다.

☞ **제어유닛(ECU)**은 전자제어 디젤기관 분사장치에서 연료를 제어하기 위해 센서로부터 각종 정보를 입력받아 전기적 출력신호로 변환하는 것이다. 또 **자기진단**이란 고장진단 및 테스트용 출력단자를 갖추고 있으며, 항상 시스템을 감시하고, 필요하면 운전자에게 경고신호를 보내주는 기능을 말한다.

흡·배기 및 예열 장치

❶ 흡입 장치

공기를 실린더 내로 이끌어 들이는 장치를 말하는 것으로서 이것은 공기 청정기(Air Cleaner)와 흡기 다기관으로 구성된다.

(1) 공기 청정기

연소에 필요한 공기를 실린더로 흡입할 때, 먼지 등의 불순물을 여과하여 피스톤 등의 마모를 방지하는 역할을 하는 장치이며, 기능은 실린더에 흡입되는 공기의 여과 및 소음 방지, 실린더와 피스톤의 마멸, 오일의 오염, 베어링의 손상을 방지한다. 공기 청정기가 막히면 배기가스 색은 검은색이며, 출력은 저하된다.

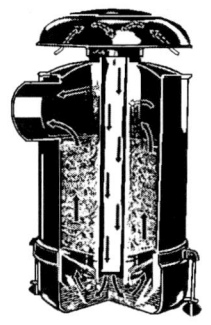
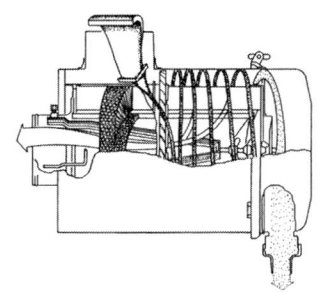

(a) 습식 공기 청정기   (b) 건식 공기 청정기

▲ 공기 청정기 종류

1) 건식 공기 청정기

케이스 안에 여과 엘리먼트를 넣은 것으로 엘리먼트는 여과지, 여과포 또는 여과성이 우수한 가공의 셀룰로스(cellulose fiber) 등을 접어 방사선상으로 한 것으로서 내구성이나 강도를 크게 하기 위하여 화학 처리되어 있다. 건식 공기 청정기 세척은 압축공기로 안에서 밖으로 불어낸다.

2) 습식 공기 청정기

공기 청정기 안에 엘리먼트와 기관오일을 넣은 것으로 엘리먼트는 스틸 울(steel wool)

이나 천(gauze)으로 되어 있으며 공기가 오일 면과 부딪칠 때의 비말로 언제나 오일이 묻어 있다.

건설기계는 그 작업 성질로 보아 대부분이 먼지가 대단히 많은 곳에서 사용되므로 공기가 공기 청정기로 유입되기 전에 프리 클리너(pre cleaner)를 통과하는 대부분의 먼지는 프리 클리너에서 여과되어 비교적 깨끗한 공기가 공기 청정기 본체에서 여과된다.

(2) 흡기 다기관

흡기 다기관은 공기를 각 실린더에 안내하는 통로이다. 실린더 헤드의 측면에 설치되어 있으며 각 실린더에 공기가 균일하게 분배되도록 하여야 하고, 연소가 촉진되도록 와류가 발생되어야 한다. 흡기 다기관의 지름은 클수록 흡입효율이 양호하나 공기의 흐름 속도가 느려져 희박해지므로 실린더의 지름의 25~35%가 적당하다.

(3) 배기관

기관의 실린더 내에서 연소한 배기가스를 대기 중으로 방출하는 장치이며 배기 파이프, 소음기 등으로 되어 있다. 기관에서 배출되는 배기가스는 약 3~4kg/cm²의 고압과 600~900℃의 고온이며 연소가스에서 방출되는 열의 35~39%를 포함한다.

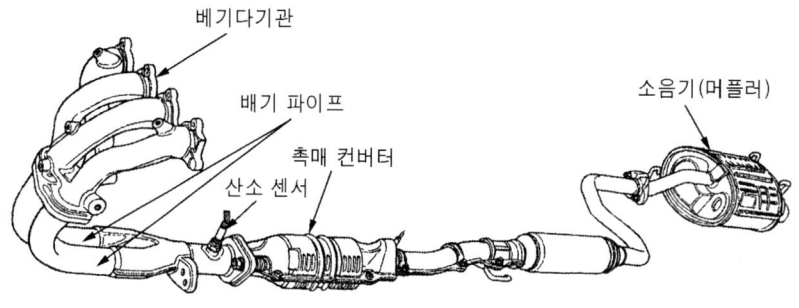

▲ 배기장치

> **배압이 높으면**
> - 기관이 과열하므로 냉각수 온도가 올라간다.
> - 기관의 출력이 감소된다.
> - 피스톤의 운동을 방해한다.

(4) 소음기

　소음기는 배기가스를 대기 중에 방출하기 전에 압력과 온도를 저하시켜 급격한 팽창과 폭음을 억제한다. 1mm 두께의 강판을 원통으로 하여 내부에 여러 개의 구멍이 뚫린 여러 개의 파이프와 칸막이를 설치하여 배가가스가 소음기로 들어가 칸막이와 작은 구멍을 통과할 때 서서히 팽창되고 압력과 온도가 저하되어 폭음을 방지한다. 배기가스의 온도는 600~700℃이며 흐름속도는 340m/sec가 되므로 소음기의 체적은 행정 체적의 12~20배 정도가 좋다. 소음기에 카본이 많이 끼면 기관이 과열하며, 출력이 떨어진다. 또 소음기 제거하면 배기 소음이 커진다.

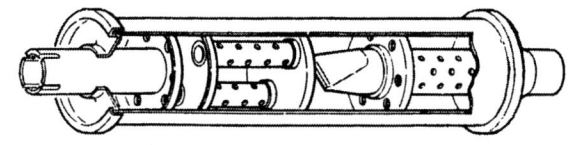

▲ 소음기의 구조

배기가스의 색과 기관의 상태

- **무색** – 정상
- **백색 또는 회색** – 윤활유의 연소
- **검은색** – 농후한 혼합비

❷ 예열 장치

(1) 예열 장치의 목적

　예열 장치는 디젤기관에만 설치되어 있으며, 겨울철에 흡입공기를 가열하여 시동이 쉽도록 하는 장치이다. 디젤기관은 흡입된 공기를 압축할 때 발생한 열로 착화 연소하기 때문에 시동이 쉽게 되도록 예열 장치를 설치하여야 하며, 예열 장치는 연소실 내에 압축공기를 직접 예열하는 예열 플러그식과 실린더에 흡입되는 공기를 미리 예열하여 예열된 공기를 실린더에 공급 되도록 한 흡기 가열식이 있다.

(2) 예열 플러그식

　① 연소실 내의 압축공기를 직접 예열한다.
　② 구성은 예열 플러그, 예열 플러그 파일럿, 예열 플러그 저항 등으로 되어 있다.

③ 예연소실 및 와류실식 기관에서 사용된다.
  ㉮ 예열 플러그(glow plug)
   • 코일형 예열 플러그
   - 직렬로 결선 되어 있다.
   - 히트코일이 연소실에 직접 노출되어 있다.
   - 기계적 강도 및 가스에 의한 부식에 약하다.
   - 굵은 히트코일로 만들어져 있다.
   - 히트코일에 과대전류가 흘러 파손됨을 방지하기 위해 회로 내에 저항을 둔다.
   • 실드형 예열 예열 플러그
   - 병렬로 결선 되어 있다.
   - 금속튜브 속에 열선이 들어 있어 연소 열에 노출되지 않는다.
   - 발열부가 가는 열선으로 되어 있다.
   - 발열량이 크고 열용량도 크다.
   - 내구성이 향상된다.
   - 병렬로 연결된 실드형 예열(Grow)플러그에서 예열(Grow)플러그가 단선 되면 단선된 예열 플러그만 작동을 하지 못한다.

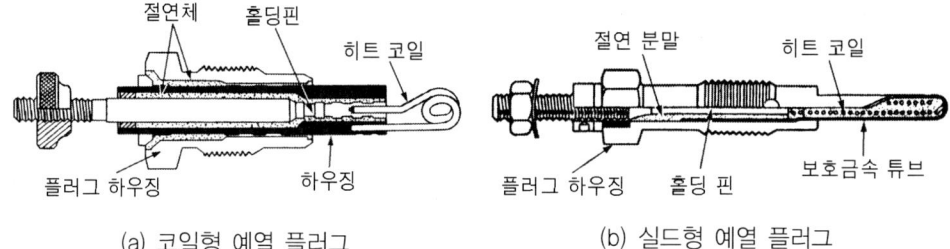

(a) 코일형 예열 플러그 (b) 실드형 예열 플러그

▲ 예열플러그의 종류

● 예열 플러그 명세

항 목	코 일 형	실 드 형
발 열 량	30~40W	60~100W
발열부 온도	950~1050℃	950~1050℃
전 압	0.9~1.4V	24V식 20~23V 12V식 9~11V
전 류	30~60A	24V식 5~6A 12V식 10~11A
회 로	직렬 접속	병렬 접속
예열기간	40~60초	60~90초

㈏ 예열 플러그 파일럿

운선석의 계기판에 부착되어 예열 회로에 전류가 흐르게 되면 예열 플러그와 동시에 적열되어 예열 플러그의 적열 상태를 나타낸다.

㈐ 예열 플러그 저항기

코일형 예열 플러그에서 사용하며, 예열 플러그에 규정의 전압이 가해지도록(규정 값의 전류가 흐르도록) 예열 회로에 직렬로 결선하여 축전지 전압과 예열 플러그 전압의 차이만큼 전압을 강하시킨다. 저항기는 예열 및 시동에 대응하는 2개의 저항이 설치되어, 예열에서는 2개 모두 작용하고 시동에서는 시동용 저항만이 작용한다.

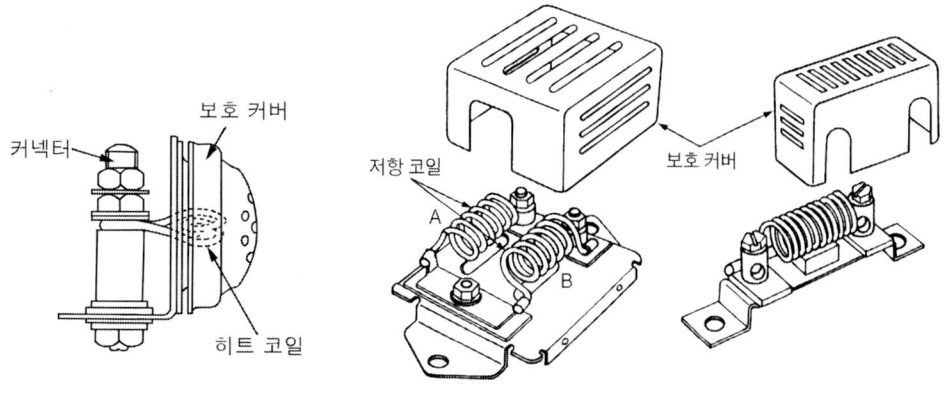

▲ 예열 플러그 파일럿　　　　　　　▲ 예열 플러그 저항기

㈑ 히트 릴레이(heat relay)

예열 회로에 전류가 많이 흐르기 때문에 시동 전동기 스위치의 손상을 방지하기 위해 사용된다. 히트 릴레이는 예열용과 시동용으로 독립된 릴레이가 하나의 케이스에 설치되어 예열 플러그의 예열과 기동 전동기를 작동할 때 양호한 적열 상태가 유지되도록 회로를 변환한다. 또한 시동 전동기 회로에는 예열장치에 공급되는 큰 전류가 흐르지 않으므로 시동 스위치의 접점이 보호된다.

㈒ 예열 플러그 성능
- 히트 코일은 니크롬선과 철-크롬 선이 사용된다.
- 겨울철 기관 시동에 1000℃와 약 50W이상이 요구된다.
- 1000℃에 달할 때 시간은 15~20초이다.

(3) 흡기 가열식

직접 분사실식에서 흡기 다기관에 히터나 히트 레인지를 설치하여 흡입되는 공기를 가열시켜 실린더에 공급하는 형식으로 흡기 히터, 히트 레인지로 구성되어 있다.

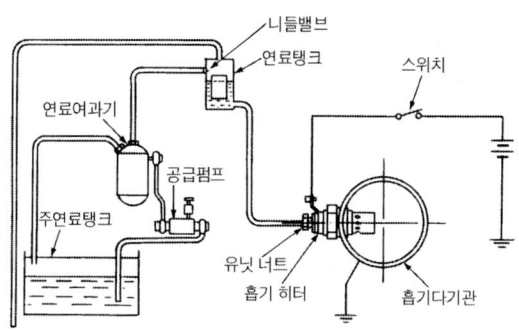

▲ 흡기 히터

1) 흡기 히터

흡기 다기관에 설치된 노즐 보디를 히트코일로 가열하면 노즐 보디와 밸브 스템의 열 팽창 차이로 볼 밸브가 열려 이그나이터로 유출되면 실드(shield)에 마련된 구멍으로 들어오는 공기와 혼합하여 이그나이터에 의해 착화 연소되어 흡기 다기관 내의 흡입공기를 가열한다. 시동이 된 후 스위치를 열면 흡기 다기관에 흡입되는 공기에 의해 밸브 보디가 냉각되므로 볼 밸브가 닫혀 연료가 차단된다.

2) 히트 레인지

흡기 다기관에 열선을 설치하여 축전지 전류를 공급하면 약 400~600W의 발열량에 의해 기관을 시동할 때 흡입되는 공기가 열선을 통과할 때 가열되어 흡입된다.

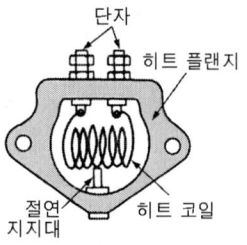

▲ 히트 레인지

Chapter 2 건설기계 전기

건\설\기\계\공\학

01 기초 전기

모든 물질은 분자로 되어 있고 분자는 원자(atom)의 집합체로 되어 있으나 전자론에 의하면 원자는 다시 양전기를 띤 **원자핵**과 음전기를 띤 **전자**로 구성된다. 원자는 가운데에 양전기를 띤 원자핵이 있고 그 주위를 음전기를 띤 전자가 특정 궤도를 돌고 있다. 일반적으로 원자는 중성이지만 원자 내의 전자와 원자핵이 평형을 이루지 않으면 전기의 성질을 나타낸다.

예를 들면 중성의 물질에서 전자가 튀어나오면 양전기가 많아서 (+)전기를 띠고 반대로 전자가 튀어 들어가면 음전기가 많게 되어 (−)전기를 띠게 된다.

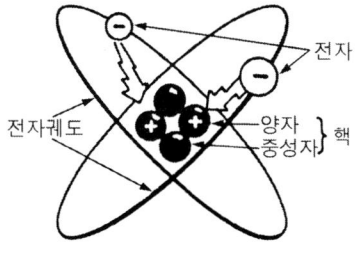

▲ 물질의 구성

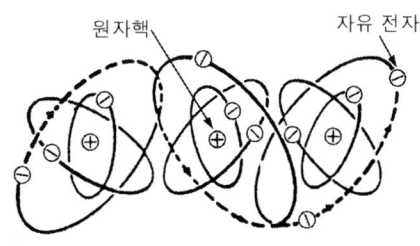

▲ 자유전자의 이동(전류)

원자를 형성하고 있는 전자 가운데에서 제일 바깥쪽의 궤도를 돌고 있는 전자는 원자핵에서 가장 멀고 핵으로부터 구속력이 약하기 때문에 궤도에서 벗어나기 쉽고 점차 다른 궤도로 이동

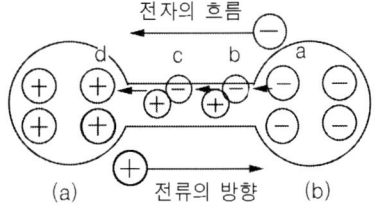

▲ 전자의 흐름과 전류의 방향

할 수 있다. 이와 같은 전자를 **자유전자**(free electron)라 하며 전기는 이 자유전자가 외부에서의 자극의 이동으로 전기가 발생한다.

❶ 전류

건전지의 양극과 음극 사이에 전구를 전선으로 접속하면 전구는 빛을 낸다. 이것은 건전지에서 생긴 (−)전자가 양극으로 이동할 때 일어나는 작용이다. 이와 같이 전자가 (−)쪽에서 (+)쪽으로 이동하는 것을 **전류**라 한다.

① 전류의 크기는 1초 동안에 도체를 이동하는 전하의 양으로 나타내며 그 단위는 **암페어**(Ampere), 기호는 A를 쓴다.
② 1A란 1초 동안에 1쿨롱 [Coulomb, 기호 (C)] 의 전하가 이동할 때 흐르는 전류의 크기를 말한다.
③ 전류의 3대 작용은 **발열작용**(전구, 예열플러그 등에서 이용), **화학작용**(축전지 및 전기도금에서 이용), **자기작용**(발전기와 전동기에서 이용)이다.

❷ 전압(전위차)

도체에 전류를 흐르게 하려면 마치 물이 높은 곳에서 낮은 곳으로 흐르는 것과 같이 전기적인 높이 차가 필요하다. 이 전기적인 높이를 **전위**(electric potential)라 하고 그 차이를 **전위차**(potential difference) 또는 **전압**이라 한다. 1V란 1(Ω)의 도체에 1A의 전류를 흐르게 할 수 있는 압력(전압)을 말한다.

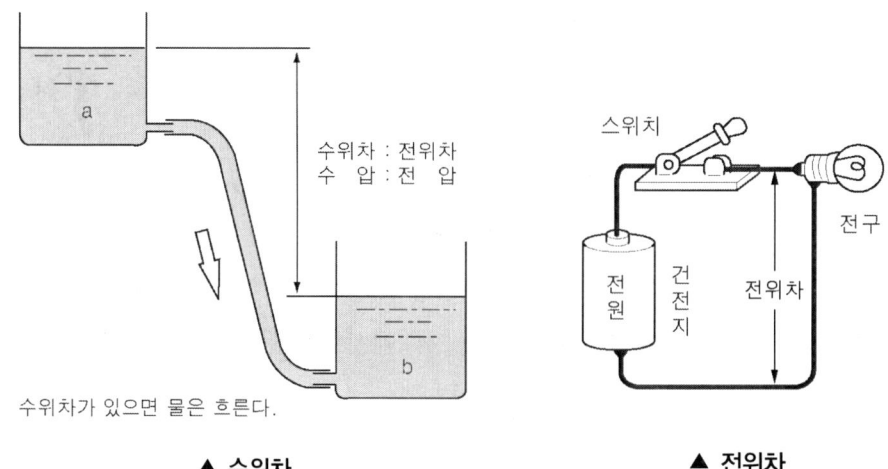

▲ 수위차 ▲ 전위차

❸ 저항

도선의 두 점 사이를 흐르는 전류는 도체의 종류, 크기, 성질, 모양 등에 따라 다르며 도체가 전기의 흐름을 다소나마 방해하는 성질을 **저항**이라 한다. 단위는 **옴**(ohm), 기호 (Ω)을 쓴다. 1Ω이란 1A의 전류를 흐르게 하는 1V의 전압을 필요로 하는 도체의 저항을 말한다.

(1) 옴의 법칙

전기회로의 도선에 흐르는 전류(I)는 도선에 가해진 전압(E)에 정비례하고 저항(R)에 반비례한다.

$$I = \frac{E}{R}, \quad R = \frac{E}{I}, \quad E = I \cdot R$$

I : 전류(A), E : 전압(V),
R : 도체의 저항(Ω)

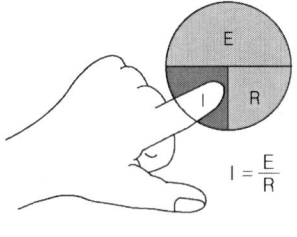

▲ 옴의 법칙

(2) 절연저항

절연체의 저항을 절연저항이라 하고, 전기선로 등에서는 절연의 정도를 나타낼 때, 누설전류(leakage current)를 쓰는 일이 있는데 누설전류란 절연물을 통해서 흐르는 전류를 말한다.

절연 저항은 다음 공식으로 구한다.

절연체의 고유 저항 값은 매우 크므로 단위로서는 옴의 10^6배인 메가 옴(Mega ohm, MΩ)을 쓴다.

$$R = \frac{E(인가 전압)}{I(측정 전류)} \times \frac{1}{10^6} (MΩ)$$

(3) 저항의 접속

1) 직렬접속

저항의 한쪽 리드에 다른 저항의 한쪽을 일렬로 연결하는 것으로서 전압을 이용하고자 할 때 연결한다. 직렬접속의 특징은 다음과 같다.

① 합성저항은 각 저항의 합과 같다.
② 각 저항에 흐르는 전류는 일정하다.
③ 각 저항에 걸리는 전압의 합은 전원의 합과 같다.
④ 동일한 전원을 연결하였을 때 전압은 개수의 배가되고 용량은 1개 때와 같다.
⑤ 서로 다른 전원을 연결하였을 때 전압은 각 전압의 합과 같고 용량은 평균값이 된다.
⑥ 큰 저항과 월등히 적은 저항을 연결하면 월등히 적은 저항은 무시된다.

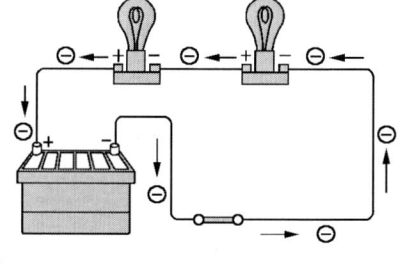

▲ 직렬 접속

$$R = R_1 + R_2 + R_3 + \cdots\cdots + R_n$$

2) 병렬접속

모든 저항을 두 단자에 공통으로 연결하는 것으로서 전류를 이용하고자 할 때 연결한다. 병렬접속의 특징은 다음과 같다.

① 합성저항은 그 회로에 사용하는 가장 적은 저항 값보다 작다.
② 각 회로에 흐르는 전류는 다른 회로의 저항에 영향을 받지 않으므로 양단에 걸리는 전류는 상승한다.

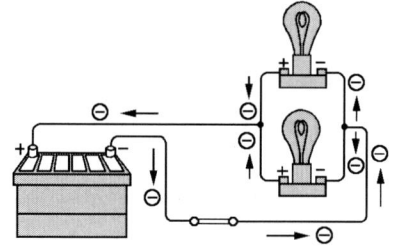

▲ 병렬 접속

③ 각 회로에 동일한 전압이 공급된다.
④ 병렬 연결을 하면 전압은 1개 때와 같으나 용량은 개수의 배가된다.
⑤ 월등히 큰 저항과 적은 저항을 연결하면 그 중 큰 저항은 무시된다.

$$R = \dfrac{1}{\dfrac{1}{R_1} + \dfrac{1}{R_2} + \dfrac{1}{R_3} + \cdots\cdots + \dfrac{1}{R_n}}$$

전구를 병렬로 규정 이상 더 많이 연결하여 사용하면

- 회로의 배선이 열을 받는다.
- 전류가 많이 소모된다.
- 퓨즈가 손상된다.

❹ 전압강하

전기회로에서 사용하고 있는 전선의 저항이나 회로 접속부분의 접촉저항 등에 의해 소비되는 전압을 전압 강하라 한다. 전압강하는 직렬 접속할 때 많이 일어나며 축전지 단자, 스위치 배선, 접속부분 등에서 발생되기 쉽다. 그러므로 전압강하가 증대되면 전장부품의 기능이 저하되기 때문에 사용하는 전선은 알맞은 굵기의 것을 사용하여야 한다. 저항이 있는 전기 회로에 전류가 흐르면 전원 측에서 공급하는 전압은 모두 부하 저항에서 강하되므로 부하 저항에 걸린 전압의 총합은 전원 전압과 같다.

❺ 키르히호프 법칙

복잡한 회로의 전압, 전류, 저항을 다룰 때 옴의 법칙을 더욱 발전시킨 키르히호프 법칙을 이용한다.

(1) 제1법칙

전하의 보전 법칙으로 복잡한 회로에서 한 점에 유입한 전류는 다른 통로를 거쳐 유출되므로 임의의 한 점으로 흘러 들어간 전류의 총합과 유출된 전류의 총합은 같다.

$$I_1 + I_3 + I_4 = I_2 + I_5$$
$$(I_1 + I_3 + I_4) - (I_2 + I_5) = 0$$
$$\therefore \sum I = 0$$

(2) 제2법칙

에너지 보존 법칙으로 임의의 폐회로에 있어서 한 방향으로 흐르는 전압 강하의 총합은 발생한 기전력의 총합과 같다. 즉 **기전력=전압 강하 총합**이다. 이것은 A에서 B-C-D를 통하고 A로 되돌아간 경우는 기전력과 전압 강하가 동등하게 된 전위차는 0 즉, **기전력-전압 강하=0**이다.

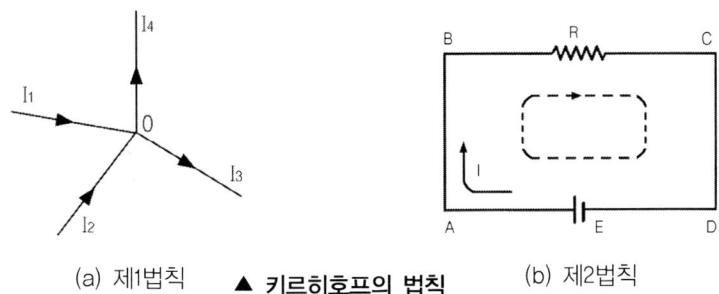

(a) 제1법칙　▲ 키르히호프의 법칙　(b) 제2법칙

6 전력과 전력량

전기가 하는 일의 크기를 전력(Power)이라 하며 전력은 전압이나 전류가 클수록 크게 된다.

(1) 전력(P)

전력의 단위는 와트(Wate, 기호 W)를 사용하며 큰 단위로서는 1,000W 즉 1킬로와트(kW)를 사용한다.

$$P = E \cdot I, \quad P = I^2 R, \quad P = \frac{E^2}{R}$$

여기서, P : 전력(W), I : 전류(A), E : 전압(V), R : 도체의 저항(Ω)

1) 와트와 마력

1초 동안에 75kg-m의 일을 하였을 때의 비율을 동력 또는 1ps(마력)라 하며 와트와 마력과의 관계는 다음과 같다.

- 1불 마력 = 1ps = 75kg-m/s = 736W = 0.736kW
- 1영 마력 = 1HP = 550lb ft/s = 746W = 0.746kW

2) 전력량

전류가 어떤 시간 동안에 한 일의 총량을 전력량이라 하며 전력과 그 전력을 사용한 시간과의 곱한 값으로 나타낸다.

따라서 P(W)의 전력을 t초 동안 사용하였을 때의 전력량

$$W = P \times t \text{ [와트 또는 줄(Joule, 기호 J)]} \quad \cdots\cdots (1)$$
$$W = I^2 Rt \quad \cdots\cdots (2)$$
$$H(\text{열량}) = 0.24 I^2 Rt \text{ (칼로리)} \quad \cdots\cdots (3)$$

공식 (3)은 저항에 의해 발생되는 열량이 전류의 2승과 비례한다는 것을 뜻하며 이것은 **줄**이라 한다. 이와 같이 전류가 저항 속을 흘러 발생하는 열을 **줄열**이라 하며 전기히터, 예열 플러그(glow plug) 등에 널리 사용된다.

❼ 축전기

그림과 같이 A, B 금속판 사이에 절연물을 두고 전원 (＋), (－)을 연결하면 A, B의 전하가 서로 흡인하는 원리로 전기를 저장하는 것이 축전기이다. 축전기에 저장되는 전기량(Q, 쿨롱)은 다음과 같다.

① 정전용량은 가해지는 전압(V)에 비례한다.
② 상대하는 금속판의 면적에 정비례한다.
③ 절연체의 절연도에 정비례한다.
④ 금속판 사이의 거리에 반비례한다.

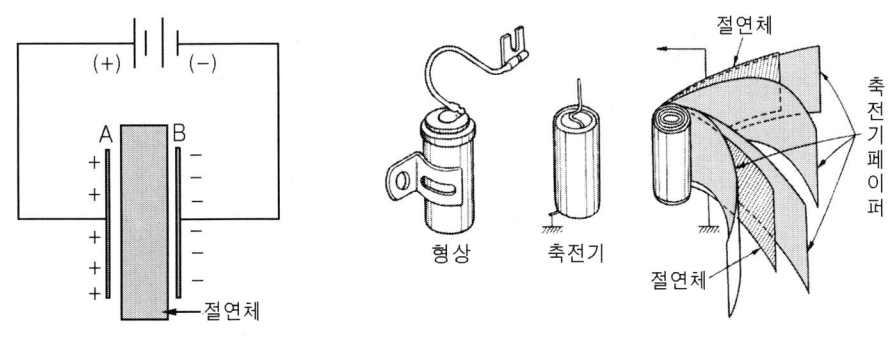

▲ 축전기

$$Q = CV, \quad C = \frac{Q}{V}$$

Q : 축전기량   C : 정전용량   V : 전압

❽ 퓨즈(fuse)

퓨즈는 단락(short)으로 인하여 전선이 타거나 과대 전류가 부하로 흐르지 않도록 하는 안전장치이며, 퓨즈의 접촉이 불량하면 전류의 흐름이 저하되고 끊어진다. 퓨즈는 회로에 직렬로 연결되며 재료는 납과 주석의 합금이다.

9 직류와 교류

(1) 직류전기

직류전기란 시간의 변화에 따라 전류 및 전압이 변화되지 않고 일정 값을 유지하며, 전류의 흐름 방향도 한 방향으로만 흐르는 전기를 말한다. 건설기계에 사용하는 전기도 직류전기이다. 따라서 건설기계의 축전지 충전기는 입력을 교류로 사용하지만 정류용 다이오드를 이용하여 직류전기로 바꾸어 충전을 하고 있다.

(2) 교류전기

교류전기란 시간이 흐름에 따라 전류 및 전압이 시시각각으로 변화되고 전류의 흐름 방향도 정방향과 역방향으로 반복되어 흐르는 전기를 말한다. 따라서 가전제품에 널리 사용되며 아울러 건설기계의 발전기에서 발생되는 전기를 말한다. 그러나 건설기계에서는 직류전기를 사용하기 때문에 발전기에 정류용 실리콘 다이오드를 설치하여 교류전기를 직류전기로 변화시켜 사용한다.

1) 교류의 주파수와 주기

파형의 위치 1로부터 다음의 1까지 파형이 그리는 변화를 1사이클(주파)이라 하고 1사이클에 걸리는 시간을 주기라 하며 1초 동안의 **주파의 수**(frequency)라 한다. 일반적으로 주파수는 **헤르츠**(Hz)로 표시한다. 주기와 주파수는 다음 공식으로 구한다.

$$T(주기) = \frac{1}{t(주파수)} \qquad t = \frac{P/2N}{60} = \frac{P \cdot N}{120}$$

여기서, P : 자극수   N : 매분 회전속도(rpm)   t : 주파수

2) 3상 교류

건설기계용 발전기로서 처음에는 직류 발전기를 사용해 왔지만 정류자의 정류 문제 때문에 최근에는 소형이며 정류성능이 좋은 실리콘 다이오드를 이용한 3상 교류 발전기가 쓰이고 있다. 3상 교류 발전기는 같은 크기의 직류 발전기 보다 회전속도가 낮아도 발생전압을 높게 할 수 있고 반도체 정류기를 사용하여 축전지를 충전시킬 수 있으며 고속회전에도 매우 안정된 성능을 얻을 수 있다.

① 3상 권선의 결선
  ㉠ Y결선(스타결선) : 각 코일의 한쪽 끝을 공통점에 접속하고 다른 끝을 끌어낸 것을 Y결선이라 한다.
  ㉡ 델타결선(△결선, 삼각결선) : 각 코일의 끝을 순차적으로 접속하고 각 코일의 접속점에서 하나의 단자를 끌어낸 것을 3상 삼각결선 또는 △결선이라 한다.
  ㉢ 3상 교류의 선간전압 : 그림(a)에 표시한 Y결선의 선간 전압은 각 상에 E_A, E_B, E_C인 같은 크기의 기전력이 발생했을 때에는 상전압의 $\sqrt{3}$은 같으며 전압은 $\sqrt{3}$배가 된다. 건설기계용 교류 발전기에 Y결선이 쓰이는 것은 이 때문이다.

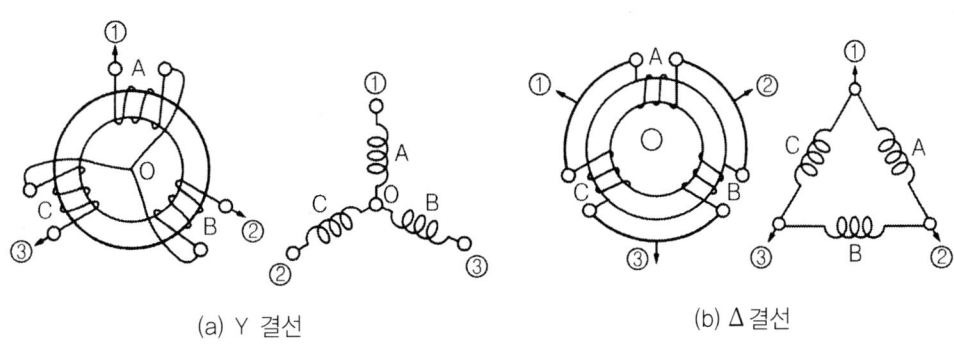

(a) Y 결선   (b) △ 결선

▲ 3상 권선의 결선

❿ 직류기

(1) 직류 발전기

1) 직류 발전기의 종류

① **타려자 발전기** : 독립된 직류 전원으로 계자 코일에 전류를 흘려 자속을 발생하게 하는 교류 발전기를 말한다.

② **자려자 발전기** : 계자 코일에 남아 있는 잔류자기에 의해 전기를 발생하게 하는 직류 발전기를 말한다.

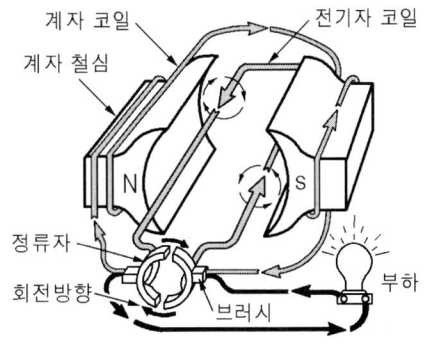

▲ 직류 발전기의 구조

2) 자려자 발전기의 종류

전기자 코일과 계자 코일의 접속 방식에 따라 직권식, 분권식, 복권식으로 나누며, 건설기계에는 정전압 발생에 가장 적당한 분권식을 주로 사용한다.

(2) 직류 전동기

1) 직권 전동기

전기자 코일과 계자 코일이 직렬로 접속된 전동기로서 전기자 전류는 속도에 역비례하여 증감하므로 부하에 따라 회전속도의 변화가 크고 시동 토크도 크기 때문에 건설기계 및 자동차의 기동 전동기에 많이 사용된다.

2) 분권 전동기와 복권 전동기

① 분권 전동기는 전기자 코일과 계자 코일이 병렬 접속된 것이다.
② 복권 전동기는 직권과 분권의 중간적 특성을 가진 것으로 윈드 실드 와이퍼용 전동기에 사용된다.
③ 페라이트(Perite) 자석식 전동기는 금속 산화물(바륨과 철 등)의 분말을 압축 성형하여 고온으로 소결한 자석으로 가볍고 보자력이 큰 특징을 가진 분말 야금 자석이다. 이 자석을 이용한 것이 건설기계에 있어서는 윈드 실드 와이퍼 전동기에 이용되고 있다.

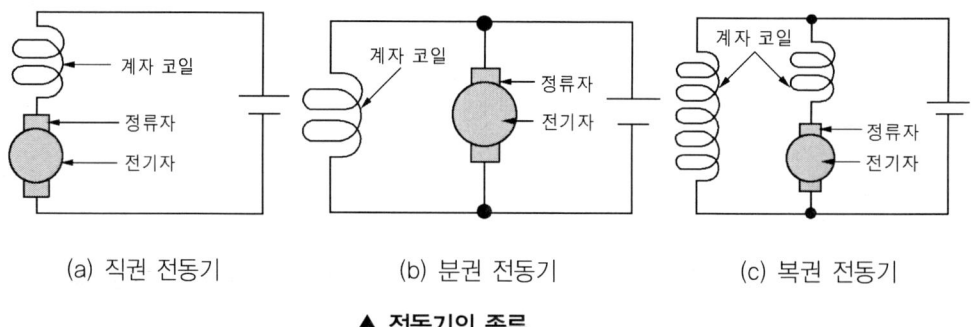

(a) 직권 전동기　　　(b) 분권 전동기　　　(c) 복권 전동기

▲ 전동기의 종류

⑪ 자기(磁氣)

(1) 자기

자철광의 광석은 쇳가루와 쇳조각 등을 끌어당기는 성질이 있고 또 이 자철광으로 강철을 문지르면 강철도 역시 쇠붙이를 끌어당기는 성질이 있다. 이와 같은 성질의 근원을 자기라 한다.

(2) 전자력

전자력은 자계 속에 도체를 직각으로 놓고 전류를 흐르게 하면 자계와 전류 사이에서 발생되는 힘을 말한다. 전자력의 크기는 자계의 방향과 전류의 방향이 직각이 될 때 가장 크며 자계의 세기, 도체의 길이, 도체에 흐르는 전류의 크기에 비례하여 증가한다.

(3) 전자유도 작용

자계 속에 도체를 자력선과 직각으로 넣고 도체를 자력선과 교차시키면 도체에 유도 기전력이 발생되는 현상으로 전자 유도에 의해 발생하는 유도 기전력의 크기는 단위 시간 동안에 자속의 변화량과 코일의 권수를 곱한 값으로 결정된다.

① **도체와 자력선과의 상대 운동에 의한 방법** : 발전기, 전동기
② **자력선을 변화시키는 방법** : 변압기, 점화코일

(4) 자기 유도

코일에 흐르는 전류를 변화시키면 코일에는 그 변화를 방해하는 방향으로 기전력이 발생한다. 이와 같이 자기 자신의 회로에 기전력이 유도되는 전자유도작용 자기 유도라 한다.

① **자기 인덕턴스**(self inductance) : 자기 유도 정도를 자기 인덕턴스, 또는 간단히 인덕턴스라 한다.
② **자기 유도**(magnetic induction) : 자계 내에 놓인 물체가 자기를 띄우는 현상을 말한다.

(5) 상호 유도

직류전기회로에 자력선의 변화가 생겼을 때 그 변화를 방해하려고 다른 전기 회로에 기전력이 발생되는 현상이다. 즉 1차 코일에 흐르는 전류를 변화시키면 2차 코일에 유도 기전력이 발생되며, 자동차의 점화 코일에 이용된다.

(6) 앙페르의 법칙

1) 오른 나사의 법칙

오른쪽 나사가 진행하는 방향으로 전류가 흐르면 오른 나사가 회전되는 방향으로 자력선이 생기고 이와 반대로 나사가 회전하는 방향으로 전류가 흐르면 진행하는 방향으로 자력선이 생긴다.

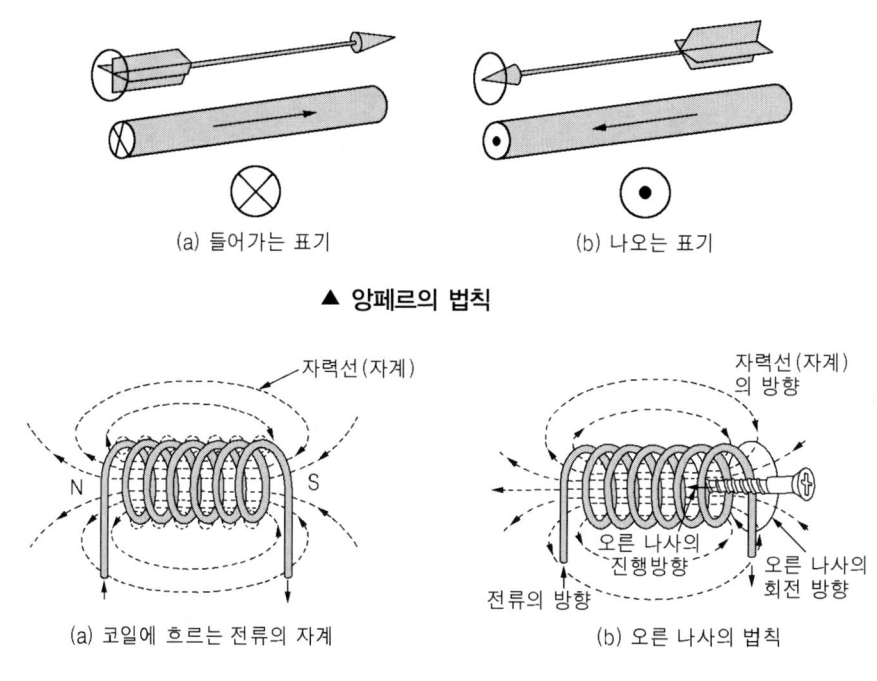

(a) 들어가는 표기   (b) 나오는 표기

▲ 앙페르의 법칙

(a) 코일에 흐르는 전류의 자계   (b) 오른 나사의 법칙

▲ 앙페르의 오른나사 법칙

2) 오른손 엄지손가락 법칙

코일이나 전자석의 자력선 방향을 알려고 할 때 이용하는 법칙으로 오른손 엄지손가락을 제외한 네 손가락을 전류의 방향에 맞추어 잡았을 때 엄지손가락 방향으로 자력선이 나온다.

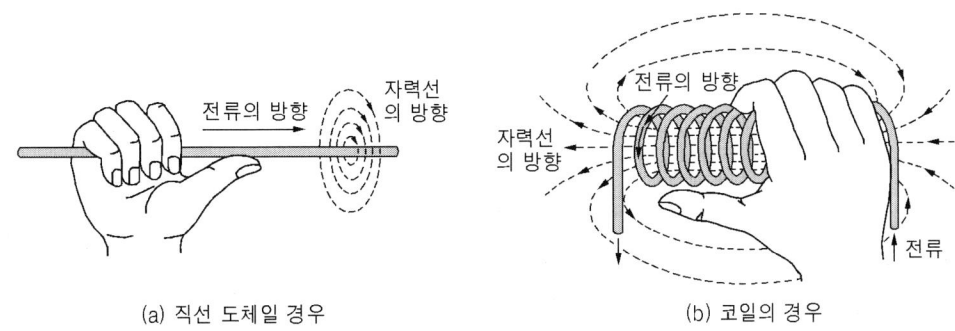

(a) 직선 도체일 경우　　　(b) 코일의 경우

▲ 오른손 엄지손가락 법칙

(7) 플레밍의 법칙

1) 플레밍의 오른손 법칙

자계 속에서 도체를 움직일 때에 도체에 발생하는 유도 기전력을 가리키는 법칙이다. 오른손 엄지손가락, 인지 및 가운데 직각이 되게 펴고 인지를 자력선의 방향으로 향하게 하고 엄지손가락 방향으로 도체를 움직이면 가운데 손가락 방향으로 유도 전류가 흐른다는 법칙이다.

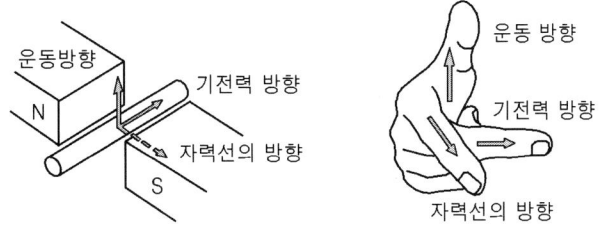

▲ 플레밍의 오른손 법칙

2) 플레밍의 왼손 법칙

영국의 전기 공학자 플레밍(John Ambrose Fleming)에 의해 전자기의 법칙에 세 손가락을 이용하는 방법을 고안하여 자계 속의 도체에 전류를 흐르게 하였을 때 도체에 작용하는 힘의 방향을 가리키는 법칙이다. 왼손의 엄지손가락, 인지 및 가운데 손가락을 직각이 되게 펴고 인지를 자력선의 방향으로 향하게 하고 가운데 손가락의 방향으로 전류를 흐르게 하면 그 도체는 엄지손가락 방향으로 전자력(힘)이 작용한다는 법칙이다.

따라서 전자력은 전류를 공급받아 힘을 발생시키는 기동 전동기, 전류계, 전압계 등에 이용되고 있다.

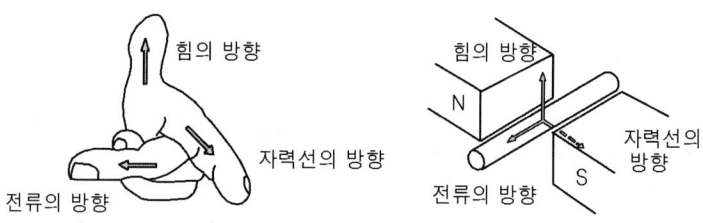

▲ 플레밍의 왼손 법칙

(8) 쿨롱의 법칙

전기력 및 자기력에 관한 법칙으로서 2개의 대전체나 자석의 자극 사이에 작용하는 힘의 세기는 그 거리의 2승에 반비례하고 2개의 자극이 지닌 전기량 또는 자기량의 곱에는 비례한다는 법칙이다. 자성이 센 것일수록 작용하는 힘은 비례해서 커진다.

$$F = \frac{M_1 \times M_2}{r^2}$$

F : 자극의 세기 M_1, M_2 : 2개 자극의 세기 r : 자극 사이의 거리

⑫ 반도체

물질을 전기적으로 분류하면 전기가 잘 통하는 양도체와 전기가 잘 통하지 않는 부도체(절연체)가 있으며 이들의 중간 성질을 띠는 것이 반도체이다.

(1) 반도체

반도체 원료에는 실리콘(Si, 원자가 4), 게르마늄(Ge, 4), 셀렌(Se) 등이 있다.

1) N형 반도체

실리콘 원자는 가장 바깥쪽 궤도에 4개의 전자가 있는데 이것을 화학적으로 4가의 원자라 하며, 이와 같은 원자가 결합하여 결정을 만들 때에는 가장 바깥쪽 전자가 8개 되었을 때 결정되는데 이와 같은 결합을 **공유결합**이라 한다.

이러한 결정 속에 불순물로서 5가인 비소(As)를 섞으면 비소는 주변 전자가 5개 있고 4가인 게르마늄과 섞이면 공유결합에 의해 1개의 비소전자가 남게 된다. 즉 자유 전자가 1

개가 되어 자유롭게 결정 속을 움직인다. 이와 같이 4가인 게르마늄에 5가인 비소를 섞으면 불순물의 원자가가 높으므로 (−)성질을 띠게 된다. 따라서 N(Negative)형 반도체라 한다.

2) P형 반도체

실리콘(4가) 결정에다 3가 원소인 인듐(In)을 섞으면 공유결합으로 인한 가장 바깥쪽 전자는 7개 밖에 안되어 1개가 부족하다. 이 부족한 구멍을 **정공**(hole)이라 하며, 반도체에 정공을 주는 인듐과 같은 불순물 원자를 **억셉터**(Acceptor)라 한다. 1개의 전자가 부족한 정공(Hole)도 자유로이 움직여 전기를 운반하게 되며, 이와 같이 전자가 1개 적은 것을 P(Positive)형 반도체라 한다.

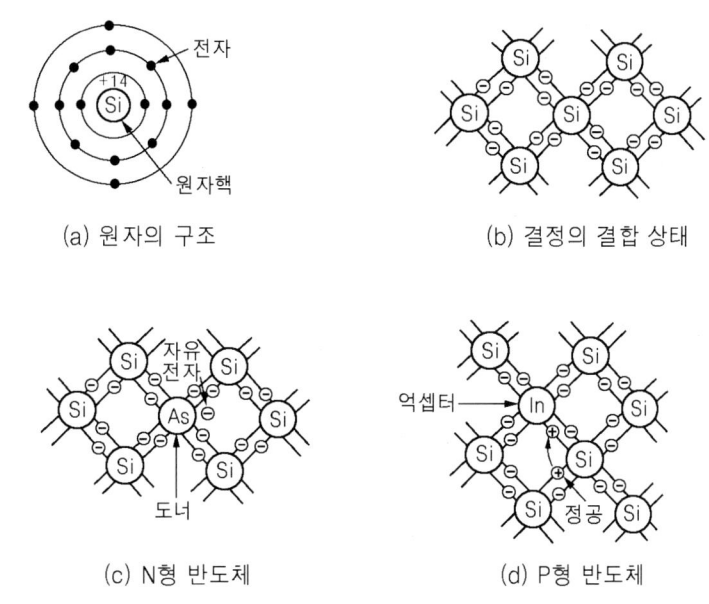

(a) 원자의 구조 (b) 결정의 결합 상태

(c) N형 반도체 (d) P형 반도체

▲ 실리콘 반도체

(2) 실리콘 다이오드

P형 반도체와 N형 반도체를 접합시켜 전극이 2개인 반도체를 다이오드라 하며, PN형 반도체의 접합부분은 전자나 정공이 전혀 없는 절연영역이 된다. 이와 같은 다이오드 P형 쪽에 (+)를 N형 쪽에 (−)가 되도록 전원을 공급하면 N형 반도체 내의 전자는 전원 (−)측에 의해 반발 당하나 (+)측에서는 전자를 끌어당기므로 전자는 N형에서 P형으로

이동한다. 또 P형 반도체 내의 전공은 (+)측에 의해 반발 당하나 (-)측에서는 정공을 끌어당기므로 정공은 P형에서 N형 반도체 쪽으로 이동하게 되는데 이러한 상태를 **순방향 바이어스(Forward bias) 상태**라 한다.

전원의 극성을 P형에 (-)를 N형에 (+)가 되도록 연결하면 P형 쪽의 정공은 (-), N형 쪽의 전자는 (+)전원에 끌려 전류는 흐르지 못하고 소수 캐리어(정공이나 자유전자)에 의해 전류가 흐르게 되는데 이 전류를 **역포화 전류**라 하며 순방향 전류에 비하면 무시할 수 있으며, 이러한 상태를 다이오드의 **역방향 바이어스**(reverse bias)라고 한다. 이와 같이 다이오드는 순방향에서는 전류가 흐르고 역방향에서는 전류가 흐르지 않는 것을 정류작용이라 하고 실리콘 다이오드의 경우 접합점(이은벽)을 넘기 위한 최소 전압은 0.6V이다. 따라서 너무 높은 전압이 걸리면 파괴된다.

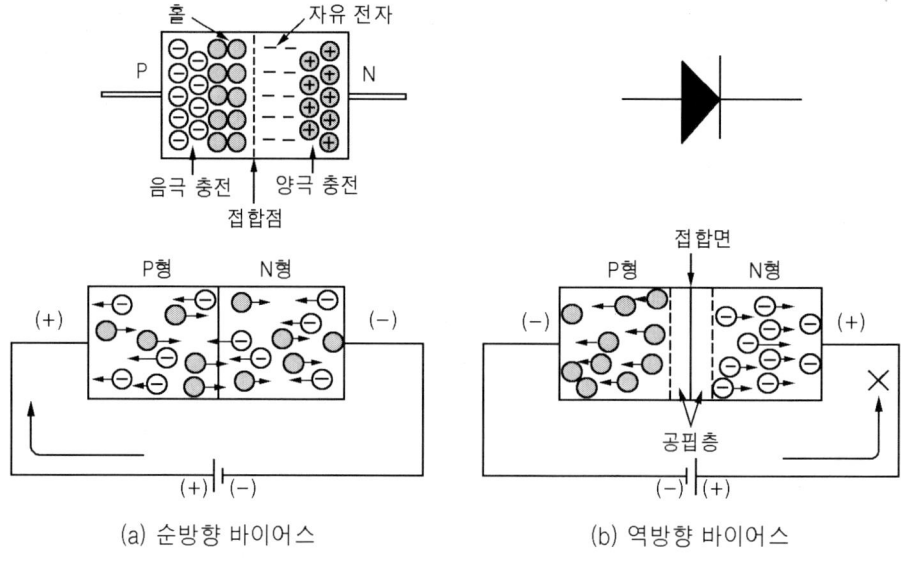

▲ 다이오드의 구성과 성질

(3) 정류의 종류

1) 단상 반파 정류

다이오드 1개를 연결하게 되면 부하 저항에 흐르는 전류를 (+)로 되었을 때에만 흐르고 (-)로 되었을 때는 전류가 흐르지 못하기 때문에 전류의 이용률이 1/2이고 맥류가 되어 직류 전류로는 사용할 수 없으며 형광등에 사용된다.

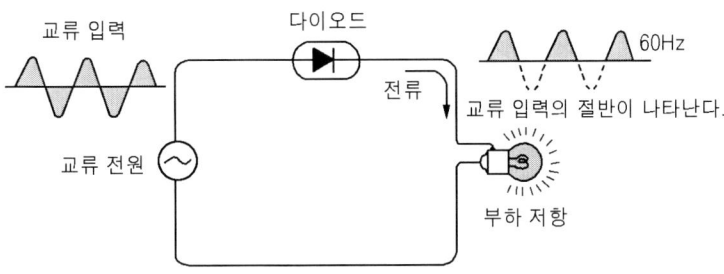

▲ 단상 반파 정류 작용

2) 단상 전파 정류

그림의 회로와 같이 4개의 다이오드를 브리지 접속하면 A, B측 어느 방향이든[(+), (−)] 관계없이 부하 저항에 언제나 일정한 방향의 전류가 흐르게 된다. 이와 같이 전파 정류에서는 (−)쪽 방향을 (+)쪽으로 변환하여 단속파가 아닌 연속파를 만들 수 있다.

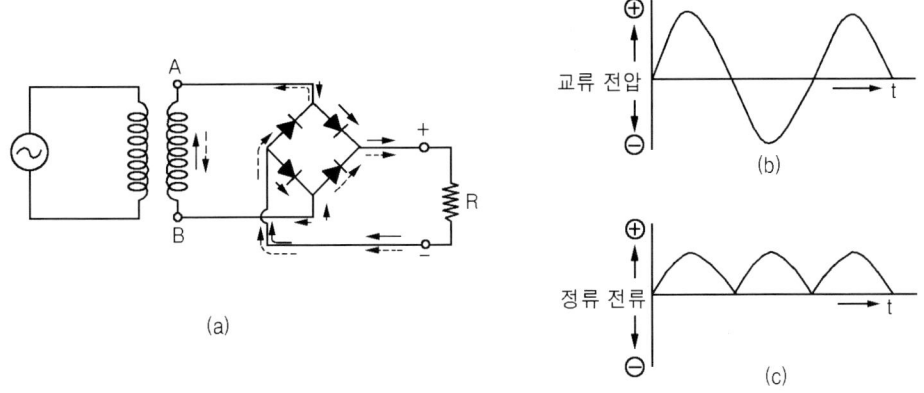

▲ 단상 전파 정류작용

3) 3상 전파 정류

그림의 회로와 같이 6개의 다이오드를 브리지 접속한 건설기계용 교류 발전기의 스테이터 코일이며 각 코일에 유도된 3상 교류가 다이오드를 통과하면서 저항 R에는 언제나 일정한 방향의 직류 전류로 바꾸기 때문에 건설기계의 직류 전류로 사용하고 있다.

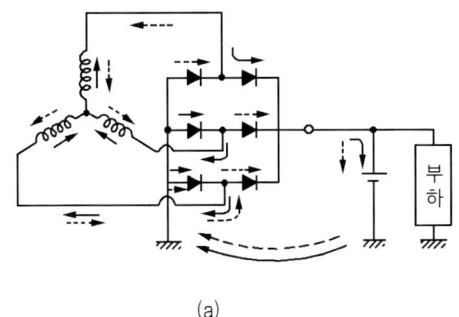

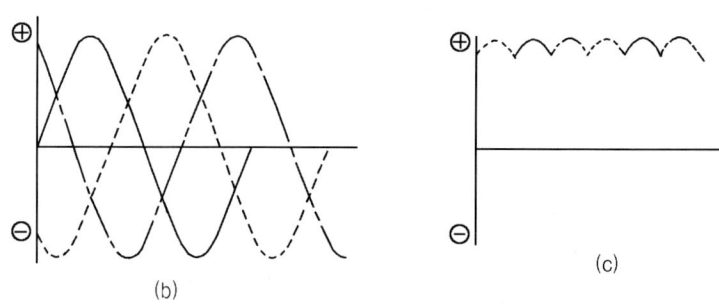

▲ 3상 전파 정류 작용

(4) 제너 다이오드(정전압 다이오드)

일반 PN접합 다이오드의 역방향 특성을 이용하여 특수하게 만든 다이오드를 말하며, 일반 정류용 다이오드에 역방향 바이어스를 하면 전류가 거의 흐르지 않지만 P형 및 N형 반도체에 불순물의 양을 증가시키면 역 전압이 어떤 값에 이르게 되어 역방향 전류가 급격히 증가하고 다시 전압을 낮추면 처음 상태로 회복된다.

역방향 전류가 급격히 증가하는 점의 전압을 **항복전압**(Break Down Voltage)이라 하는데 이와 같은 특성을 이용해서 만든 다이오드를 **제너 다이오드**라 한다.

1) 브레이크다운 전압

브레이크 다운 전압은 역방향으로 전류가 흐르기 시작할 때의 역방향 전압으로서 역방향 전압을 서서히 증가하면 어느 전압에 도달한 시점에서 공유 결합된 가전자는 역방향 전압의 에너지에 의해 자유 전자로 변화되어 전류가 흐르기 시작한다. 전류가 흐르기 시작하는 시점은 제너 전압보다 역방향 전압이 높게 제너 다이오드에 가해지면 급격히 전류가 흐르기 시작한다.

2) 제너 다이오드의 용도

전압 조정기의 전압 검출, 정전압 회로, 트랜지스터 점화장치의 트랜지스터의 보호용으로 사용하고 있다.

(5) 트랜지스터

트랜지스터란 그림과 같이 N형 반도체를 중심으로 양쪽에 P형 반도체를 샌드위치 모양으로 접합한 PNP형 트랜지스터와 P형 반도체를 중심으로 양쪽에 N형 반도체를 샌드위치 모양으로 접합한 NPN형 트랜지스터가 있다.

트랜지스터에는 3개의 단자가 있는데 **이미터**(Emitter = E), **베이스**(Base = B), **컬렉터**(Collector = C)라 부른다.

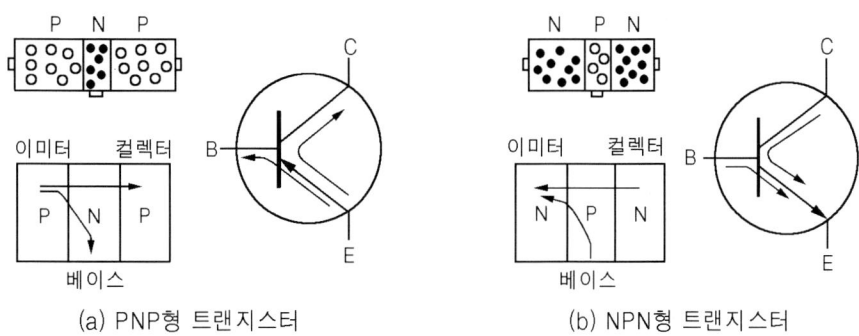

(a) PNP형 트랜지스터 (b) NPN형 트랜지스터

▲ 트랜지스터

1) 작동 원리

① 전류가 흐를 때

PNP형 TR에 축전지의 연결을 그림과 같이 이미터 (+)극, 베이스 (−), 컬렉터 (−)극을 연결하면 이미터 내의 정공은 축전지의 (+)극에 반발되어 중앙에 있는 N형 쪽으로 흘러 들어간다.

N형의 정공은 거의 모두가 베이스를 뚫고 컬렉터와의 경계에 도달하면 컬렉터에 가해져 있는 (−)극에 끌어 당겨져 컬렉터에 흡입된다. 그러나 일부의 정공은 베이스 내의 전자와 중화되어 베이스 전류가 되고 대부분은 컬렉터 전류가 된다. 즉, 적은 베이스 전류로 큰 컬렉터 전류를 제어한다.

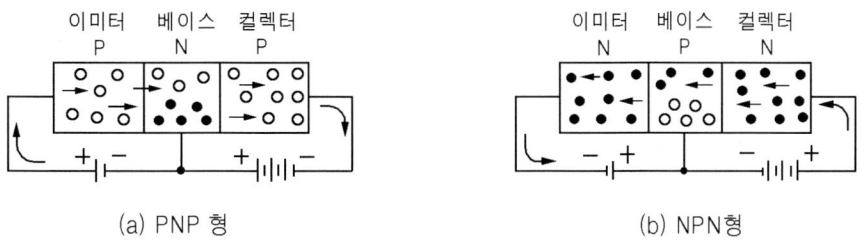

(a) PNP 형 (b) NPN형

▲ 전류가 흐를 때

② 전류가 흐르지 않을 때

　　PNP형 TR에 축전지의 연결을 그림과 같이 이미터에 (−), 베이스에 (+)극을 연결하면 이미터의 정공은 축전지의 (−)극에 의해 흡인되고 베이스 내의 전자는 축전지의 (+)극에 의해 흡인되므로 경계 부분은 빈 공간이 되어 베이스의 전류는 거의 흐르지 않는다. 이와 같이 베이스 전류를 단속함에 따라 컬렉터의 전류를 단속할 수 있다.

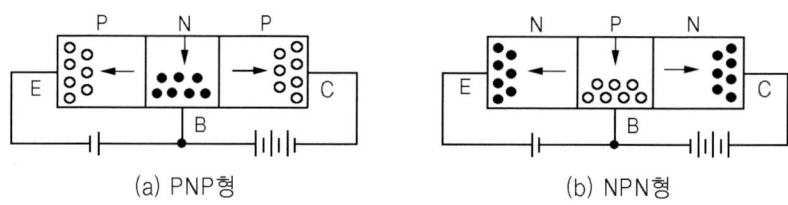

▲ 전류가 흐르지 않을 때

2) 트랜지스터의 장·단점

① 트랜지스터의 장점
　㉠ 내부의 전압 강하가 매우 적다.
　㉡ 소형, 경량이며 기계적으로 강하다.
　㉢ 예열하지 않고 곧 작동한다.
　㉣ 수명이 길고, 내부에서 전력 손실이 적다.

② 트랜지스터의 단점
　㉠ 온도특성이 나쁘다. 접합부의 온도가 게르마늄(Ge)의 경우 85℃, 실리콘(Si)의 경우 150℃ 이상이 되면 파괴된다.
　㉡ 과대 전류 및 전압에 파손되기 쉽다. 그러므로 3단자(컬렉터, 이미터, 베이스)의 접속을 확실히 하여야 한다. 또 큰 전류가 흐르는 출력 트랜지스터는 열이 많이 발생하므로 방열 판에 붙여서 사용해야 파손을 방지할 수 있다.

축전지

① 축전지의 정의

축전지는 화학적 에너지를 전기적 에너지로, 전기적 에너지를 화학적 에너지로 바꿀 수 있도록 만든 장치로서 1920년대에 차량에 사용되었다. 기관에서 축전지를 사용하는 주목적은 기동전동기의 작동(기동장치의 전기적 부하 담당)이다.

② 축전지의 역할

① 기관을 시동할 때 시동장치 전원을 담당한다. - 축전지의 가장 중요한 기능이다.
② 발전기가 고장일 때 일시적인 전원을 공급한다.
③ 발전기의 출력 및 부하의 언밸런스(불균형)를 조정한다.

③ 축전지의 종류

납산 축전지와 알칼리 축전지가 있다.

(1) 납산 축전지

납산 축전지는 전해액으로 묽은황산을, 양(+)극판은 과산화납, 음(-)극판은 해면상납을 사용하는 전지로서 셀당 기전력은 2.1V이다. 방전될 때의 화학반응은 과산화납+묽은황산+해면상납 ➡ 황산납+물+황산납으로 변화되어 전해액의 비중과 기전력이 낮아지며, 충전될 때의 화학반응은 황산납+물+황산납 ➡ 과산화납+묽은황산+해면상납으로 변환되어 전해액의 비중도 높아지고 기전력도 증대된다.

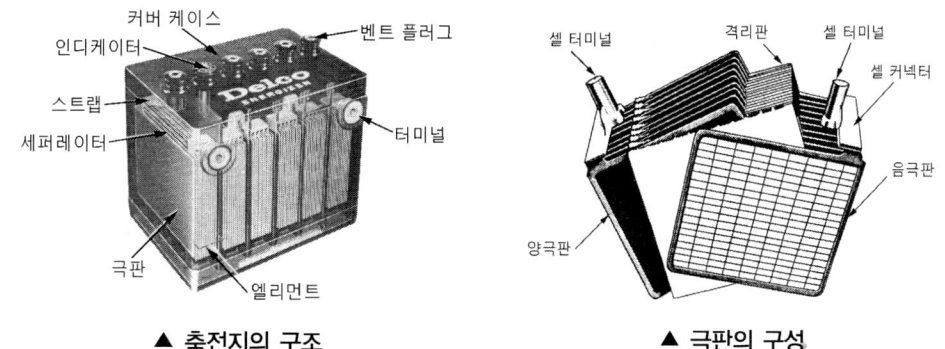

▲ 축전지의 구조　　　　　▲ 극판의 구성

(2) 알칼리 축전지

알칼리 축전지는 전해액으로 수산화칼륨(KOH)용액을, 양(+)극판은 수산화2니켈을, 음(-)극판은 카드뮴을 사용한다. 셀당 전압은 1.2V이며, 방전될 때의 화학반응은 수산화 제2니켈+수산화칼리용액+카드뮴 ➡ 수산화 제1니켈+수산화칼리용액+수산화카드뮴으로 변화되어 기전력이 낮아지며, 충전될 때의 화학반응은 수산화 제1니켈+수산화칼리용액+수산화카드뮴 ➡ 수산화 제2니켈+수산화칼리용액+카드뮴으로 변환되어 기전력이 증대된다.

납산 축전지는 방전시 전해액에 포함되어 있는 황산이 직접 반응에 관여하지만 알칼리 축전지는 양극에서 음극으로 전류만 흐르고 수산화칼리용액은 반응하지 않으므로 충·방전작용을 할 때 비중이 변화되지 않는다. 알칼리 축전지의 특징은 다음과 같다.
 ① 보수 및 취급이 쉬우며, 수명이 길다.
 ② 저온 시동성능이 좋다.
 ③ 가격이 비싸고, 니켈의 수요량을 충족할 수 없다.

(3) 납산 축전지의 충·방전작용

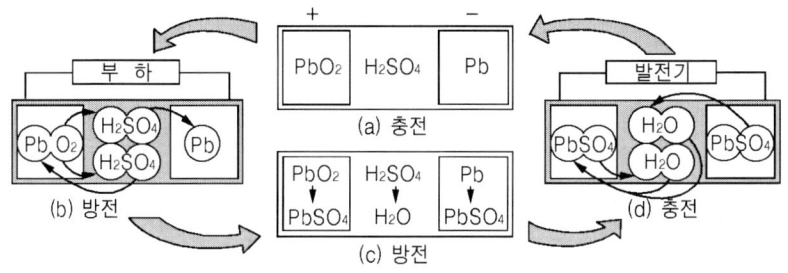

▲ 충·방전 화학작용

1) 방전중 화학작용

축전지를 방전시키면 내부에서 화학적 변화를 일으켜 전해액 중의 황산이 양극판과 음극판에 작용한다. 방전이 진행됨에 따라 극판과 황산이 화합하여 양극판의 과산화납과 음극판의 해면상납 모두 황산납이 된다. 한편, 전해액인 묽은 황산 속의 수소는 양극판 내의 산소와 화합하여 물을 만든다. 따라서 전해액의 비중은 방전이 진행됨에 따라 점차 낮아진다.
 ① **양극판** : 과산화납 → 황산납

② **음극판** : 해면상납 → 황산납
③ **전해액** : 묽은황산 → 물

2) 충전중 화학작용

방전된 축전지에 발전기나 충전기를 접속하여 축전지로 전류가 흐르도록 하면 극판과 전해액이 화학변화를 일으켜 극판의 표면에 붙어 있던 황산납이 분해되어 전해액 중으로 방출된다. 이에 따라 양극판은 다시 과산화납으로, 음극판은 해면상납으로 환원된다. 또 전해액은 극판에서 황산이 나오므로 그 비중은 점차 증가하고, 전압도 상승한다. 충전이 완료되면 그 이후의 충전 전류는 전해액 중의 물을 전기 분해하여 양극판에서는 산소를, 음극판에서는 수소를 발생시킨다.

① **양극판** : 황산납 → 과산화납
② **음극판** : 황산납 → 해면상납
③ **전해액** : 물 → 묽은황산

❹ 납산 축전지의 구조

(1) 납산 축전지의 극판

1) 양극판

양극판은 과산화납을 묽은 황산에 반죽하여 격자에 발라 놓은 것으로서 화학작용에 의해 (+)이온이 발생되며, 다공성(多孔性)으로 전해액의 확산 및 침투가 쉬우나 결합력이 약하다. 사용함에 따라 결정성 입자가 탈락되므로 축전지의 수명이 단축된다.

2) 음극판

음극판은 납 분말을 묽은황산에 반죽하여 격자에 발라 놓은 것으로서 화학작용에 의해 (-)이온이 발생되며, 다공성(多孔性)이고 반응성이 풍부하다. 결합력이 강하기 때문에 결정성 입자가 탈락되지는 않으나 사용함에 따라 결정이 성장하여 다공도가 감소되어 수명이 단축된다.

3) 격자

작용물질을 잡아 탈락을 방지하며, 외부의 작용물질에 전기 전도작용을 한다.

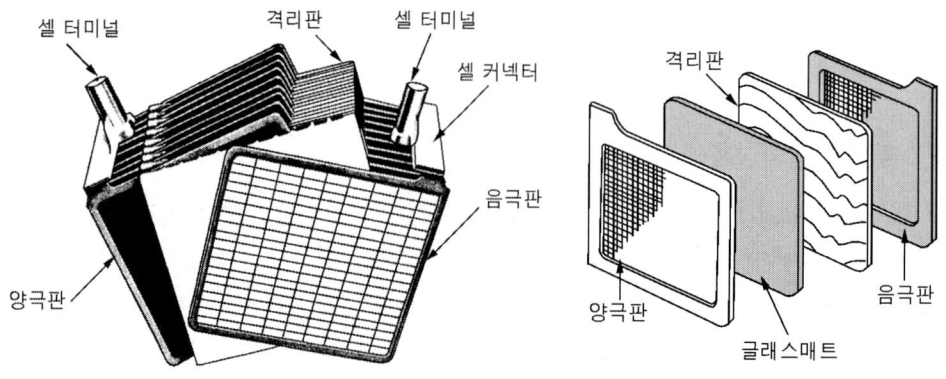

▲ 축전지 극판의 구조

(2) 격리판

1) 격리판의 기능

격리판은 양극판과 음극판이 단락되면 극판에 저장되었던 전기적 에너지가 소멸되므로 2개의 극판 사이에 끼워져 단락이 되는 것을 방지하는 작용을 한다. 격리판은 홈이 있는 면이 양극판쪽으로 향하도록 설치되어 과산화납에 의한 산화부식 방지와 전해액의 확산을 도모한다.

2) 격리판의 필요조건

① 비전도성일 것.
② 전해액의 확산이 잘 될 것.
③ 다공성일 것.
④ 전해액에 부식되지 않을 것.
⑤ 기계적 강도가 있을 것.
⑥ 극판에 좋지 않은 물질을 내뿜지 않을 것.

(3) 극판군(단전지)

극판군은 몇 장의 극판을 조립하여 접속 편에 용접하여 단자(terminal post)와 일체가 되도록 한 것이다. 이와 같이 하여 만든 극판군을 **1셀**이라 하며, 완전 충전되었을 때 약 2.1V의 기전력을 발생한다. 따라서 12V축전지의 경우에는 6개의 셀이 직렬로 연결되어 있다. 그리고 극판의 장수를 늘리면 축전지 용량이 증가하여 이용 전류가 많아진다. 그리고 양극판이 음극판보다 더 활성적이므로 양극판과의 화학적 평형을 고려하여 음극판을 1장 더 둔다.

(4) 납산 축전지의 케이스

1) 케이스의 재질

합성수지 또는 에보나이트 등으로 제작되어 극판과 전해액을 보관하는 통으로 6V용 축전지는 3개의 셀, 12V용은 6개의 셀로 나누어져 극판을 넣고 케이스와 동일한 재료로 만든 커버를 접착제로 케이스에 접착시켜 밀봉시킨다. 그리고 축전지의 커버와 케이스의 청소는 탄산소다(탄산나트륨)와 물 또는 암모니아수로 한다.

2) 엘리먼트 레스트

엘리먼트 레스트는 셀의 아랫부분에 칸막이가 되어 있는 곳으로 극판의 작용 물질이 탈락되었을 때 축적되도록 하여 축전지 내면에서 양극판과 음극판이 단락되는 것을 방지한다.

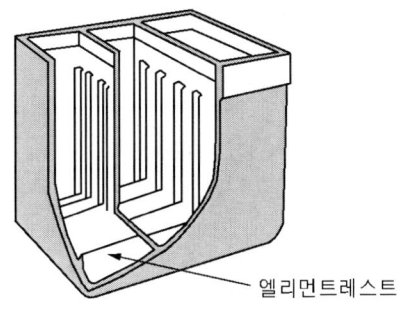

▲ 축전지 케이스

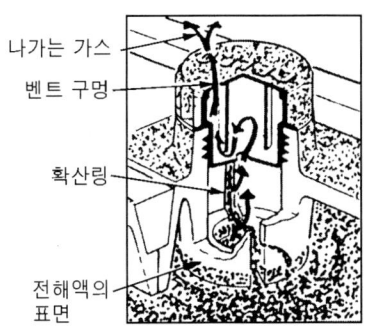

▲ 벤트(필러) 플러그

(5) 커버와 벤트 플러그(cover & vent plug)

커버는 합성수지로 제작하며, 커버와 케이스는 접착제로 접착시켜 기밀을 유지한다. 또 커버의 가운데에는 전해액이나 증류수를 주입하거나, 비중계용 스포이드(spoid)나 온도계를 넣기 위한 구멍과 이것을 막아 두기 위한 벤트 플러그가 있으며 이 플러그의 중앙이나 옆에는 작은 구멍이 있어 축전지 내부에서 발생한 산소와 수소가스를 방출한다. 최근에 사용되고 있는 MF 축전지는 벤트 플러그를 두지 않는다.

(6) 납산 축전지의 단자(terminal post)

단자는 납 합금이며, 외부 회로와 확실하게 접속되도록 하기 위해 테이퍼(taper)되어 있다. 그리고 양극판이 과산화납이므로 쉽게 산화가 발생되어 양극 단자는 부식되기 쉽다. 만약 부식(녹)되었을 경우에는 깨끗이 세척한 후 그리스(greese)를 얇게 발라 준다. 그리고 양극과 음극 단자에는 문자, 색깔 및 크기, 부호 등으로 표시하여 잘못 접속되는 것을 방지하고 있다.

단자의 식별 방법은 다음과 같다.
 ① 양극 단자는 (+), 음극 단자는 (-)의 부호로 분별한다.
 ② 양극 단자는 지름이 굵고, 음극 단자는 가늘다.
 ③ 양극 단자는 POS, 음극 단자는 NEG의 문자가 표시된다.

또, 축전지 단자로부터 케이블을 분리할 경우에는 반드시 접지 단자의 케이블을 먼저 분리하고, 설치할 경우에는 나중에 설치하여야 한다.

☞ 축전지를 장착할 때에는 (+)선을 먼저 부착하고, (-)선(접지선)을 나중에 부착한다.

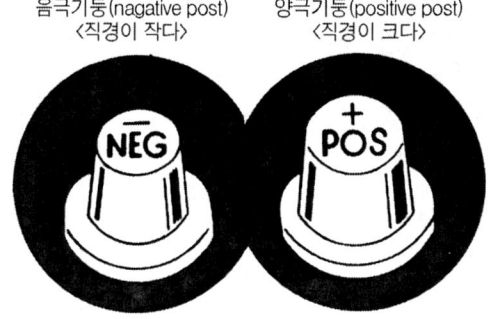

▲ 단자 기둥

(7) 납산 축전지의 전해액

전해액은 순도가 높은 묽은황산(H_2SO_4)을 사용한다. 전해액은 극판과 접촉하여 충전을 할 때에는 전류를 저장하고, 방전될 때에는 전류를 발생시켜 주며, 셀 내부에서 전류를 전도하는 작용도 한다. 전해액의 비중은 20℃에서 완전 충전되었을 때 1.280이며. 이를 **표준 비중**이라 한다. 전해액이 표준 비중일 때 황산의 도전성이 가장 높다. 또 완전 방전되었을 때에는 비중이 1.050정도이다. 그리고 전해액은 온도가 상승하면 비중이 작아지고, 온도가 낮아지면 비중은 커진다. 전해액 비중은 온도 1℃ 변화에 대하여 0.0007이 변화한다. 또 전해액의 비중과 충전 상태의 관계와 비중 측정방법은 다음과 같다.

1) 전해액 비중과 충전상태

전해액의 비중은 방전량에 비례하여 저하된다. 그리고 축전지를 방전 상태로 오랫동안 방치해 두면 극판이 영구 황산납이 되거나 여러 가지 고장을 유발하여 축전지의 기능을 상실한다. 따라서 비중이 1.200(20℃)정도 되면 보충전을 실시하여야 하며, 한 번 사용하였던 축전지를 사용하지 않고 보관 중일 경우에는 15일에 1번씩 보충전을 해야 한다.

2) 전해액 비중 측정방법

전해액의 비중을 측정하여 축전지 충전 여부를 판단할 수 있으며(방전되면 전해액의 묽은 황산이 물로 변화하여 비중이 낮아지므로) 비중계로 측정한다. 비중은 전해액 온도를 병기하던가 표준온도(20℃)로 환산하여 표시한다. 축전지 전해액의 비중은 온도 1℃ 변화에 0.0007변화한다.

$$S_{20} = St + 0.0007(t-20)$$

S_{20} : 표준온도로 환산한 비중 St : t℃에서 실측한 비중
t : 측정할 때의 전해액의 온도(℃)

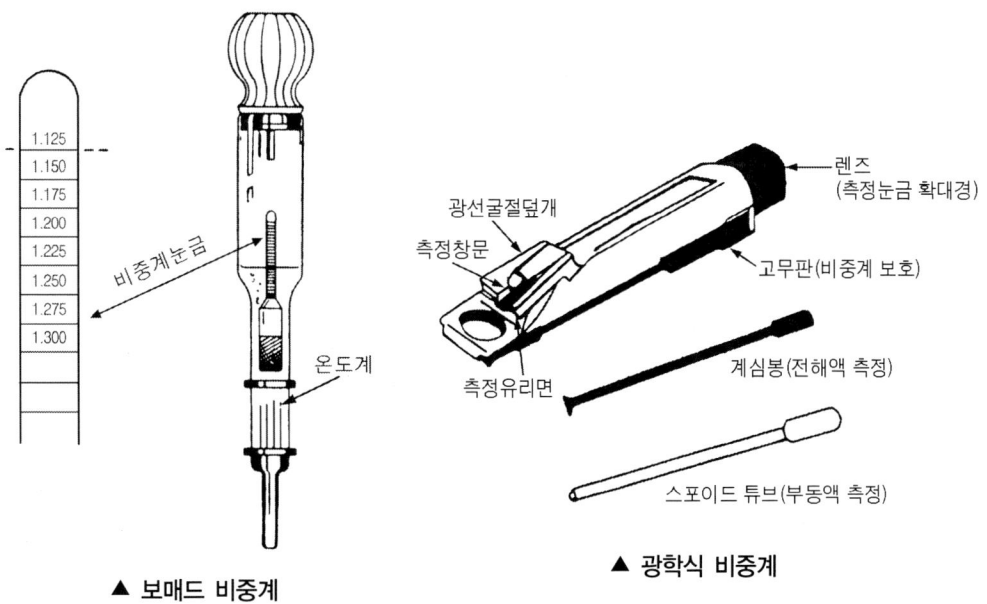

▲ 보매드 비중계   ▲ 광학식 비중계

3) 전해액 제조 순서

① 용기는 반드시 절연체인 것을 준비한다.
② 물(증류수)에 황산을 부어서 혼합하도록 한다. 이때 혼합 비율은 물 60%와 황산 (1.400) 40%정도로 한다.
③ 조금씩 혼합하도록 하며, 유리 막대 등으로 천천히 저어서 냉각시킨다.
④ 전해액의 온도가 20℃에서 1.280 되게 비중을 조정하면서 작업을 마친다.

● 비중에 의한 충전상태의 판정

전해액의 비중	충전된 양(%)	전해액의 비중	황산 함유량(%)
1260	100	1300	40
1210	75	1250	33
1150	50	1200	28
1100	25	1150	21
1050	0		

4) 전해액의 빙결

방전상태에서는 비중의 저하에 비례하여 빙결온도가 올라가며, 전해액이 빙결되면 양극판의 작용물질이 붕괴되어 사용할 수 없게 되므로 한냉지에선 완전보충 상태를 유지해야 한다. 전해액의 빙점(어는점)은 그 전해액의 비중이 내려감에 따라 높아진다.

5 납산 축전지의 여러 가지 특성

(1) 축전지의 기전력

축전지 셀당 기전력은 2.1V이며, 이것은 전해액의 비중, 온도, 방전정도에 따라서 조금씩 다르다. 기전력은 전해액 온도 저하에 따라 낮아지며, 이것은 전해액의 온도가 낮아지면 축전지 내부의 화학반응이 늦어지고, 전해액의 고유 저항이 증가하기 때문이다. 또 전해액의 비중이 낮거나 방전량이 많은 경우에도 조금씩 기전력이 낮아진다.

(2) 방전 종지(끝) 전압

방전 종지전압은 축전지의 방전 한계 전압이며, 20시간율의 전류로 방전하였을 경우 방전종지 전압은 1셀당 1.75V이므로 12V용 축전지의 방전 종지전압은 10.5V이다. 축전지를 셀당 1.75V 이하로 방전시키면 전압이 낮아질 뿐만 아니라 축전지 성능이 저하된다.

(3) 축전지 용량

축전지 용량이란 완전 충전된 축전지를 일정한 전류로 연속 방전하여 방전중의 단자 전압이 규정의 방전종지 전압이 될 때까지 방전시킬 수 있는 용량이다. 축전지 용량의 단위는 암페어시 용량(AH ; Ampere Hour rate)으로 표시하며 이것은 일정 방전전류(A)× 방전 종지전압까지의 연속 방전시간(H)이다. 그리고 축전지 용량의 크기를 결정하는 요소에는 극판의 크기(또는 면적), 극판의 수, 전해액의 양 등이 있다. 또 축전지 용량을 표시하는 방법에는 20시간율, 25암페어율, 냉간율 등이 있다.

1) 온도와 용량의 관계

축전지의 용량은 전해액의 온도에 따라서 크게 변화한다. 즉, 일정의 방전율, 방전 종지전압 하에서 방전을 하여도 온도가 높으면 용량이 증대되고, 온도가 낮으면 용량도 감소한다. 온도가 낮아졌을 때 축전지 용량이 감소하는 원인은 화학반응이 천천히 진행되기 때문이다. 즉, 황산 분자 또는 황산이온의 확산이나 이동이 낮아지므로 기전 작용이 없어진 이온의 보급이 신속히 이루어지지 않아 전지 전압이 낮아지기 때문이다. 전지 전압의 저하는 저온에 따르는 전해액의 고유저항 증대에 따른 내부저항의 증대에서 오는 전압 강하도 중요한 요인이 된다.

2) 축전지 연결에 따른 용량과 전압의 변화

① **직렬연결의 경우** : 같은 전압, 같은 용량의 축전지 2개 이상을 (+)단자와 다른 축전지의 (-)단자에 서로 연결하는 방식이며, 전압은 연결한 개수만큼 증가되지만 용량은 1개일 때와 같다.

② **병렬연결의 경우** : 같은 전압, 같은 용량의 축전지 2개 이상을 (+)단자를 다른 축전지의 (+)단자에, (-)단자는 (-)단자에 접속하는 방식이며, 용량은 연결한 개수만큼 증가하지만 전압은 1개일 때와 같다.

예를 들어 12V-100AH 축전지 3개를 직렬로 연결하면 36V-100AH가 되고, 병렬로 연결하면 12V-300AH가 된다.

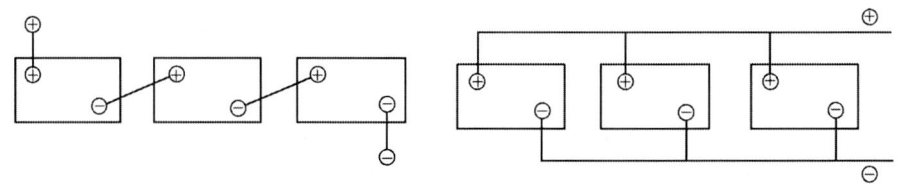

▲ 축전지의 연결방법

(4) 축전지의 자기(자연)방전

충전된 축전지를 사용하지 않아도 자연적으로 방전이 되어 용량이 감소하는 것으로서 방전이라고도 한다.

1) 자기방전의 원인

① 음극판의 작용물질이 황산과의 화학작용으로 황산납이 되기 때문에
② 전해액에 포함된 불순물이 국부 전지를 구성하기 때문에
③ 탈락한 극판 작용물질이 축전지 내부에 퇴적되기 때문에
④ 양극판 작용 물질입자가 축전지 내부에 단락으로 인한 방전

2) 자기 방전량

24시간 동안의 자기방전량은 실용량의 0.3~1.5% 정도로서 자기 방전량은 전해액의 온도가 높을수록 비중이 클수록 크다. 또한 자기 방전량은 날짜가 경과할수록 많아지나 그 비율은 충전 후 시간의 경과에 따라 점차 적어진다.

6 축전지의 충전

(1) 초충전

제작회사가 지정한 비중의 전해액을 넣고 2시간 이후 12시간 이내에 충전하는 것으로서 충전 전류는 충전하려고 하는 축전지의 20시간율 또는 2.5A로 한다.

(2) 보충전

전해액 비중을 20℃로 환산해서 비중이 1.200이하로 되었을 때 실시한다.

1) 정전류 충전

충전 초기에서부터 끝날 때까지 일정한 직류 전류로 충전하는 방법이며, 가장 많이 사용하는 충전방법이다. 정전류 충전에서의 충전전류는 다음과 같다.

① **표준** : 축전지의 용량이 10%
② **최소** : 축전지 용량의 5%
③ **최대** : 축전지 용량의 20%

2) 정전압 충전

일정한 직류전압으로 충전하는 방법으로서 충전말기에는 전류가 거의 흐르지 않기 때문에 충전능률이 우수하며 가스발생은 거의 없다는 장점이 있고 충전 초 큰 전류가 흘러 축전지 수명에 영향을 주는 단점이 있다.

3) 단별전류 충전

충전 중에 전류를 단계적으로 줄이는 방법으로서 충전효율을 높이고 전해액의 온도상승을 완만히 한다.

4) 급속 충전

보충전할 시간적 여유가 없을 때 짧은 시간 내에 충전하는 방법으로서 축전지 용량의 1/2전류로 충전하기 때문에 축전지에서는 좋지 않다. 급속 충전을 할 때 다음 사항에 주의한다.

① 축전지의 (+), (−) 케이블을 분리시키고 충전한다.
② 작업시간 등으로 충전할 수 있는 시간이 충분하지 않을 때만 이 방법을 사용한다.
③ 충전 중 전해액의 온도가 45℃ 이상 되지 않도록 한다.
④ 충전 전류는 축전지 용량의 1/2이 좋다.
⑤ 급속 충전은 수명을 단축시키는 요인이 되므로 충전시간은 가능한 짧게 한다.

5) 축전지를 충전할 때 주의사항

① 통풍이 잘 되는 곳에서 한다.
② 축전지는 방전상태로 두지 말고 즉시 충전한다.

③ 축전지를 충전할 때 전해액 주입구 마개(벤트 플러그)를 모두 연다.
④ 충전 중 전해액의 온도를 45℃ 이상으로 상승시키지 않는다.
⑤ 충전 중인 축전지 근처에서 불꽃을 가까이해서는 안 된다.(수소가스가 폭발성 가스이다.)
⑥ 축전지를 과충전 시켜서는 안 된다.(양극판 격자의 산화가 촉진된다)
⑦ 축전지를 건설기계에서 떼어내지 않고 급속 충전을 할 경우에는 반드시 축전지와 기동전동기를 연결하는 케이블을 분리하여야 한다(이것은 발전기 다이오드를 보호하기 위함이다).
⑧ 충전 중인 축전지에 충격을 가하지 않도록 한다.

축전지가 과충전일 경우 발생되는 현상

- 양극단자 쪽의 셀 커버가 볼록하게 부풀어 있다.
- 양극판 격자가 산화된다.
- 전해액이 갈색을 나타낸다.

❼ MF 축전지(Maintenance Free Battery)

MF 축전지는 자기 방전이나 화학반응을 할 때 발생하는 가스로 인한 전해액 감소를 방지하고, 축전지 점검·정비를 줄이기 위해 개발된 것이다.

다음과 같은 특징이 있다.
① 증류수를 점검하거나 보충하지 않아도 된다.
② 자기 방전 비율이 매우 적다.
③ 장기간 보관이 가능하다.
④ 전해액의 증류수를 보충하지 않아도 되는 방법으로는 전기 분해할 때 발생하는 산소와 수소가스를 다시 증류수로 환원시키는 촉매 마개를 사용하고 있다.

기동 장치

❶ 기동장치의 개요

기관을 시동시키기 위하여 최초의 흡입과 압축 행정에 필요한 에너지를 외부로부터 공급하여 기관을 회전시키는 장치로서 축전지 전원을 이용하는 직류 전동기를 이용한다.

(1) 기동 전동기의 작동원리

기동 전동기는 축전지의 전원을 공급받아 회전하며, 피니언과 플라이휠 링기어가 맞물려 기동 전동기의 회전력을 크랭크축에 전달한다. 이때 기동 전동기의 출력으로는 가솔린 기관은 0.5~1.5PS, 디젤 기관은 3~10PS이 필요하다. 기동 전동기는 자계 내에 있는 도체에 전류가 흐르면 도체는 플레밍 왼손법칙에 따르는 방향의 힘을 받는다.

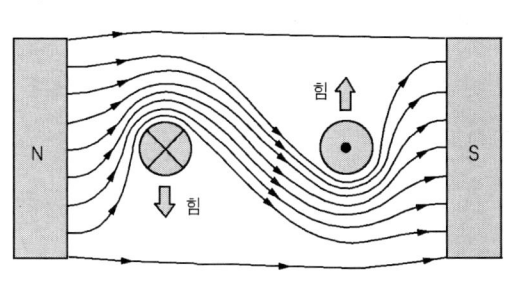 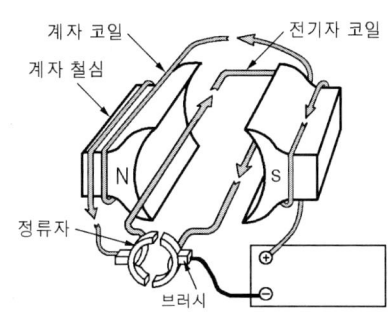

▲ 기동전동기의 작동원리

(2) 전동기의 종류와 특성

직류 전동기는 계자 코일과 전기자 코일의 접속방법에 따라 직권, 분권 및 복권으로 구분한다.

1) 직권 전동기

직권 전동기는 전기자 코일과 계자 코일이 직렬 접속되어 있으며 시동할 때 회전력이 크고 고속 회전할 수 있으며 한정된 전기 용량의 축전지를 전원으로 하기 때문에 사용시간이 작아야 한다. 특징은 기동 회전력이 크고, 부하가 증가하면 회전속도가 낮아지고 흐르는 전류가 커지는 장점이 있으나, 회전속도 변화가 큰 결점이 있다.

2) 분권 전동기

전기자 코일과 계자 코일이 병렬로 접속되어 있는 것이며, 회전속도가 거의 일정하므로 송풍기 및 가전 제품의 전동기로 사용한다. 전동기의 회전속도는 가하는 전압에 비례하고 계자의 세기에 비례한다. 사용 용도는 건설기계 전동 팬 전동기, 히터 팬 전동기 등에 사용된다.

3) 복권 전동기

직권과 분권의 두 계자 코일을 가진 것이며, 시동할 때 회전력이 크고 시동 후에 회전속도가 일정하여 건설기계의 윈드 실드 와이퍼 전동기에서 저속과 고속의 2단으로 작동하도록 되어 있다.

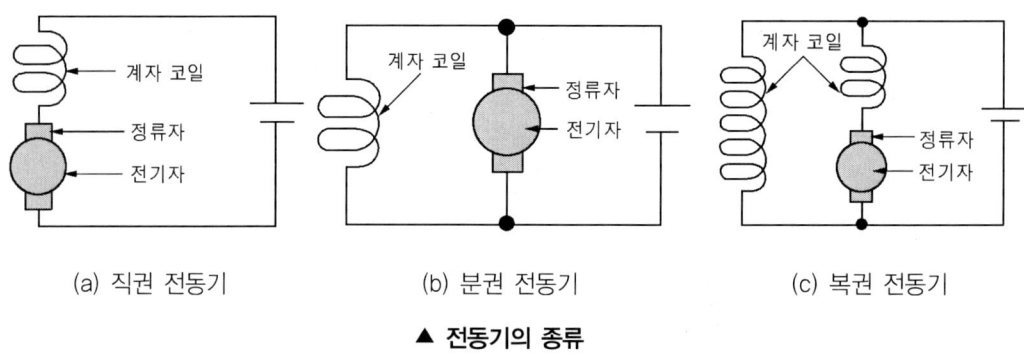

(a) 직권 전동기　　　(b) 분권 전동기　　　(c) 복권 전동기

▲ 전동기의 종류

❷ 기동 전동기의 구조와 작동

> **기동 전동기의 3주요 부분**
> - 회전력을 발생하는 부분
> - 회전력을 기관 플라이 휠에 전달하는 동력전달 기구 부분
> - 피니언을 미끄럼 운동시켜 플라이 휠 링 기어에 물리게 하는 부분

(1) 전동기 부분

1) 전기자 어셈블리

회전력을 발생하는 부분으로서 전기자 철심, 전기자 코일, 정류자, 전기자 축으로 구성되어 있으며, 전기자 축 양쪽이 베어링으로 지지되어 자계 내에서 회전한다.

① **전기자 축** : 전기자 축은 큰 회전력을 받기 때문에 파손, 변형, 굽힘 등이 발생되지 않도록 특수강으로 되어 있으며, 베어링 지지부는 내마멸성 향상을 위하여 담금질이 되어 있고 피니언의 미끄럼 운동 부분에는 스플라인이 만들어져 있다.

② **전기자 철심** : 전기자 코일을 유지하며, 계자 철심에서 발생된 자력선을 잘 통과시키고 동시에 맴돌이 전류를 감소시키기 위하여 0.35~1.0mm의 규소 강판이 성층되어 있다. 전기자가 회전하면 역기전력이 유기되기 때문에 열이 발생되어 전동기의 효율이 저하되므로 바깥 둘레의 전기자 코일이 들어가는 홈이 파져 있어 사용 중에 열이 발생되지 않도록 되어 있다.

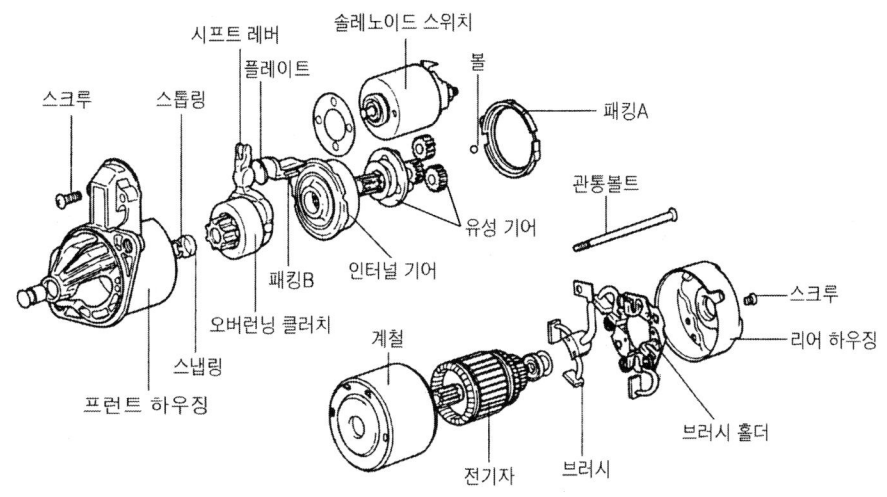

▲ **기동전동기의 분해도**

③ **전기자 코일** : 정류자편에 납땜이 되어 있으므로 모든 코일의 전류가 흘러 각각에 발생되는 전자력이 합하여 전기자를 회전시킨다. 전기자 코일은 하나의 홈에 2개씩 설치되어 있으며, 많은 전류가 흐를 수 있도록 평각 구리선을 운모 종이(mica paper), 파이버(fiber), 합성수지 등으로 연결하여 코일의 한쪽은 N극 쪽에, 다른 한쪽은 S극이 되도록 전기자 철심의 홈에 끼워져 정류자편에 납땜되어 있다.

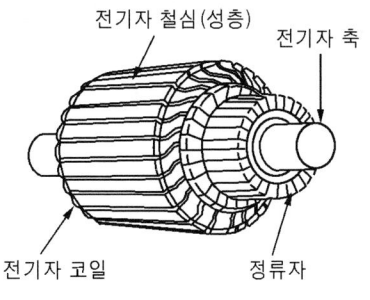

▲ **전기자의 구조**

④ **정류자** : 브러시에서 공급되는 전류를 일정방향으로만 흐르게 하는 것으로서 단

단한 구리판을 절연체로 싸서 원형으로 한 것이다. 정류자편 사이는 1mm정도 두께의 운모로 절연되어 있으며, 정류자편보다 0.5~0.8mm 언더컷 되어 있다. 또 정류자 편의 아래 부분을 V형 링으로 조여 회전 중 원심력에 의해 빠져나오지 않도록 되어 있다.

2) 계철과 계자 철심

① **계철** : 전동기의 케이스로 안쪽 면에 계자 철심을 볼트로 지지하며, 자력선 통로의 역할을 한다.

② **계자 철심** : 인발 성형강(引拔成形鋼) 또는 단조강으로 만들어져 주위에 코일을 감아 전류가 흐르면 전자석이 되어 자계를 형성한다. 또 전기자와 대면하는 곳은 면적을 넓게 하여 자속이 통하기 쉽게 하고 동시에 계자 코일을 유지하는 역할을 한다. 계자 철심의 수에 의해 극수가 정해지며, 4개이면 4극이다.

③ **계자 코일** : 계자 철심에 감겨져 전류가 흐르면 자력을 일으켜 계자 철심을 자화시키는 역할을 한다. 전기자 코일과 계자 코일은 직류 직권식이기 때문에 전기자 전류와 같은 크기의 전류가 계자 코일에 흐르므로 평각 구리선을 사용하며, 자력의 세기는 전류의 크기에 따라 좌우된다.

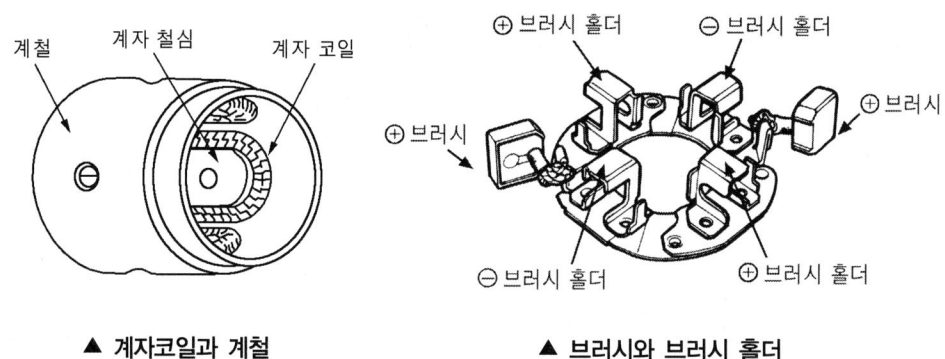

▲ 계자코일과 계철　　　　▲ 브러시와 브러시 홀더

3) 브러시와 브러시 홀더

① **브러시** : 정류자에 미끄럼 접촉을 하면 전기가 코일에 흐르는 전류를 출입시키는 역할을 한다. 브러시 구리 분말과 흑연을 연료로 한 금속이 50~90%정도, 윤활성과 도전성이 우수하고 고유저항 및 접촉 저항 등이 다른 것에 비하여 적으며, 2개의 브러시는 절연 홀더에 설치되고 2개의 브러시는 접지 홀더에 설치되어 전류가

공급되고 방출된다.
② **브러시 홀더** : 브러시를 지지하는 곳으로서 2개는 절연되어 있고 2개는 접지되어 계자 철심사이의 중간 위치(자극 사이의 자속의 밀도가 0이 되는 위치)인 중성축 상에 조립되어 있다.
③ **브러시 스프링** : 브러시가 정류자에 압착시켜 홀더 내에서 미끄럼 운동을 한다. 스프링의 장력은 브러시의 성질, 진동, 정류, 마멸도 등에 따라 다르나 대략 0.5~1.5kg/cm²이다.
④ **베어링** : 전기자를 지지하는 역할을 하는 것으로서 하중이 크고 사용 시간이 짧아 부싱을 사용한다. 또한 부싱의 내면에는 윤활이 잘 되도록 홈이 파져 있거나 오일리스 베어링을 사용한다.

(2) 동력 전달기구

전동기에서 발생한 회전력을 기관 플라이 휠에 전달하는 기구로서 링기어와 피니언의 감속비는 10~15 : 1이며, 종류는 벤딕스식, 피니언 섭동식, 전기자 섭동식이 있다.

1) 벤딕스식

벤딕스식은 피니언의 관성과 기동 전동기가 무부하 상태에서 고속 회전하는 성질을 이용하여 전동기에서 발생한 회전력을 플라이 휠에 동력을 전달한다. 구조가 비교적 간단하고 전기적 고장도 적은 장점이 있으나 큰 회전력을 필요로 하는 기관에서는 내구성이 낮아 사용되지 않는다.

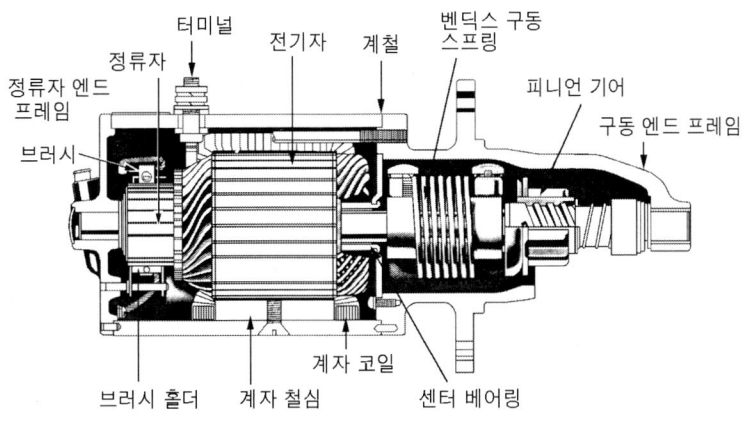

▲ 벤딕스식 기동전동기

2) 피니언 섭동식

피니언 섭동식은 피니언의 이동과 기동 전동기 스위치(F단자와 B단자) 개폐를 전자력에 의해 작동하며, 현재 가장 많이 사용된다.

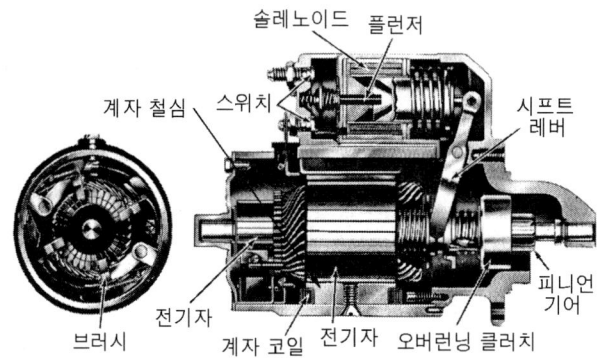

▲ 피니언 섭동식 기동전동기

3) 전기자 섭동식

전기자 섭동식은 전기자 축의 끝 부분에 피니언이 고정되어 있고 전기자 철심의 중심과 계자 철심의 중심이 오프셋되어 조립되어 있다. 계자 코일은 전기자를 이동시키기 위한 보조 계자 코일과 회전력을 발생시키는 주계자 코일이 있다.

4) 오버런닝 클러치

기관이 시동된 후에도 기동 전동기가 물려 있는 상태이므로 플라이 휠 링기어가 기동 전동기를 고속으로 회전하게 되어 전기자 및 베어링, 브러시 등이 파손된다. 이를 방지하기 위해 기관의 회전력이 기동 전동기에 전달되지 않도록 하기 위한 장치가 오버런닝 클러치이다.

오버 런닝 클러치에는 롤러식, 스프래그식, 다판 클러치식의 3종류가 있다.

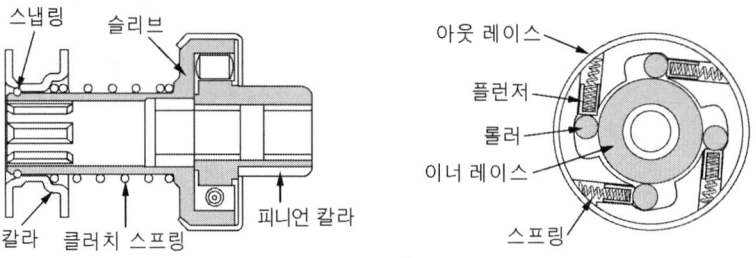

▲ 오버런닝 클러치

(3) 솔레노이드(마그네트) 스위치

시동스위치를 작동하면 기동 전동기로 공급되는 전류를 접속하는 전자석 스위치이며, 2개의 코일로 구성되어 있다.

① **풀인 코일** : ST단자와 F단자 사이에 연결되어 있으며 플런저를 잡아당기는 역할을 한다.
② **홀드 인 코일** : ST단자와 솔레노이드 위치 몸체에 연결되어 있으며 플런저가 당겨져 주접점이 접속되어 전동기로 전류가 흐르면 풀인 코일에 전류가 낮아지게 된다. 이때 플런저를 유지하는 역할을 한다.

> ☞ 시동스위치를 시동위치로 했을 때 솔레노이드 스위치는 작동되나 기동전동기가 작동되지 않은 원인은 **축전지 방전, 기관내부 피스톤 고착, 전기자 코일 또는 계자 코일의 개회로(단선), 기동전동기 브러시 손상** 등이다

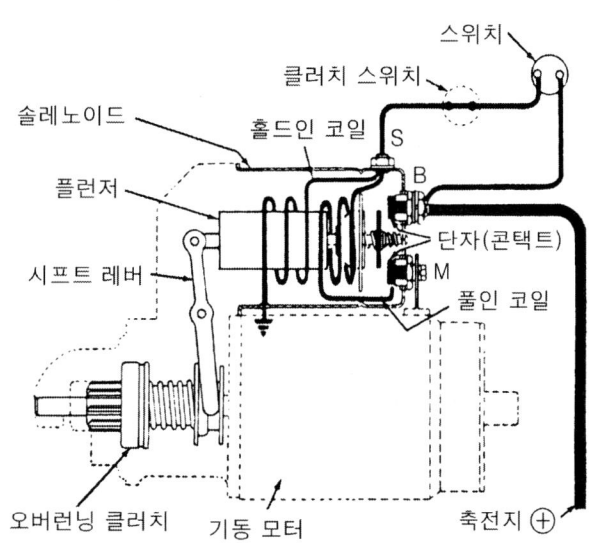

▲ 솔레노이드 스위치의 구조

(4) 스타트 릴레이 설치목적

① 기동전동기로 많은 전류를 보내어 충분한 크랭킹 속도를 유지한다.
② 기관시동을 용이하게 한다.
③ 키스위치(시동스위치)를 보호한다.

❸ 기동 전동기 다루기

① 기동 전동기 연속사용 시간은 10초 정도로 한다.
② 기관이 기동된 후에는 시동스위치를 닫아서는(시동위치로) 안 된다.
③ 기동 전동기의 회전속도가 규정 이하이면 장시간 연속 운전시켜도 기동되지 않으므로 회전속도에 유의한다.
④ 배선용 케이블이나 굵기가 규정 이하의 것은 사용하지 않는다.

❹ 기동 전동기 시험 및 점검

(1) 그로울러 시험기로 시험할 수 있는 것

① 전기자 개회로(단선)
② 전기자 접지
③ 전기자 단락

(2) 기동 전동기의 성능시험

① 무부하 시험
② 회전력 시험
③ 저항 시험

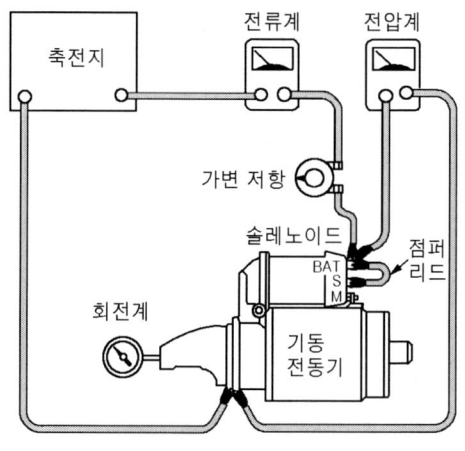

(a) 무부하 시험

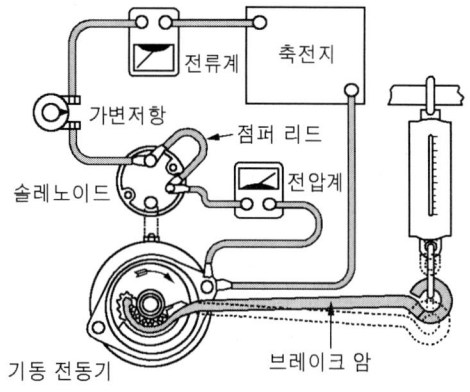

(b) 회전력 시험

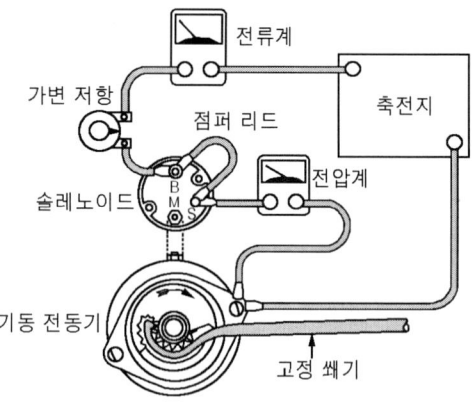

(c) 저항 시험

▲ 기동 전동기 성능시험

(3) 기동 전동기 점검·정비

① **브러시** : 규정 길이에서 1/3 이상 마모되면 교환
② **브러시 스프링의 장력** : 규정 값의 ±20% 이상 교환
③ 정류자는 표준 지름보다 3mm 이상 마멸되면 교환.

(4) 겨울철에 기동전동기 크랭킹 회전수가 낮아지는 원인

① 기관오일의 점도가 상승
② 온도 저하에 의한 축전지의 용량 감소
③ 축전지 전압이 낮다.
④ 기온저하로 시동부하 증가
⑤ 전기자 코일, 계자코일이 단락 되었다.
⑥ 축전지 단자의 접속이 불량하다.

(5) 기동 전동기가 회전이 안되거나 회전력이 약한 원인

① 시동스위치 접촉 불량이다.
② 축전지 전압이 낮다.
③ 축전지 단자와 터미널의 접촉이 나쁘다.
④ 브러시와 정류자의 밀착이 불량하다.

(6) 기동전동기가 회전이 안될 경우 점검

① 축전지 단자의 접속 여부
② 축전지의 방전 여부
③ 배선의 단선 여부
④ 기동 전동기 자체의 결함

충전 장치

❶ 충전장치의 개요

충전장치는 건설기계 운행 중 각종 전기장치에 전력을 공급하는 전원인 동시에 축전지에 충전전류를 공급하는 장치로서 기관에 의해 구동되는 발전기, 발전 전압 및 전류를 조정하는 발전기 조정기, 충전상태를 알려주는 전류계로 구성되어 있다.

❷ 교류(AC) 발전기

교류 발전기는 자계를 형성하는 로터 코일에 축전지 전류를 공급하여 스테이터(도체)를 고정하고 로터(자석)를 회전시켜 발전하는 타려자식 발전기로서 저속에서도 충전할 수 있고 출력이 크다. 알터네이터(Alternator)라고도 부르며 기전력은 교류이지만 다이오드를 사용하여 교류를 직류로 바꾸어 축전지를 충전하거나 전장품에 전류를 공급하는 발전기이다.

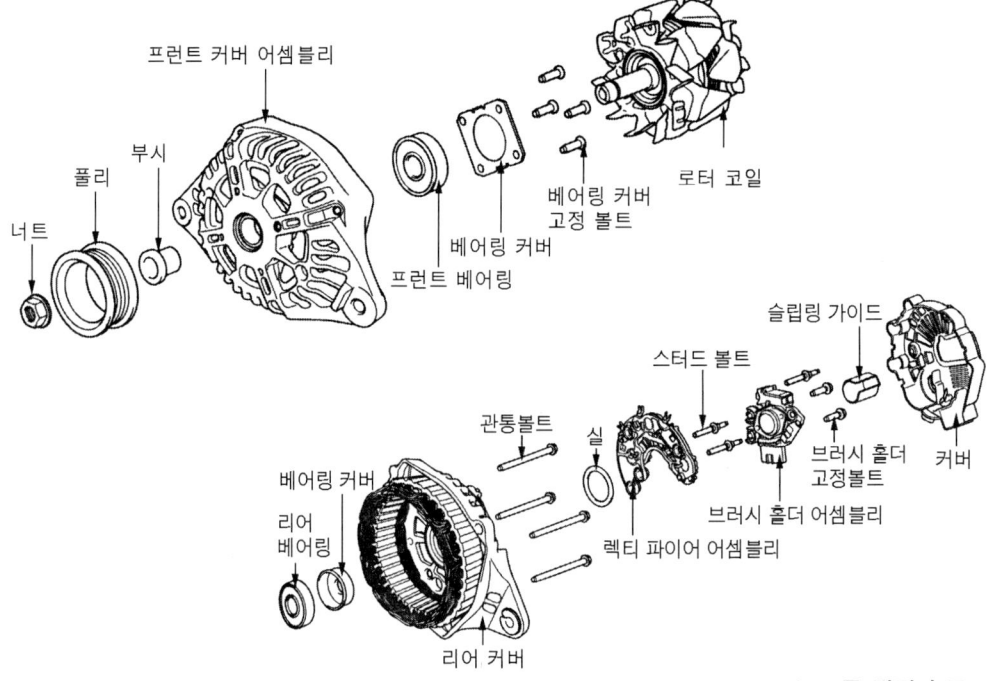

▲ 교류 발전기 구조

(1) 교류 발전기의 특징

① 저속에서도 충전이 가능하다.
② 회전부분에 정류자가 없어 허용 회전속도 한계가 높다.
③ 실리콘 다이오드로 정류하므로 전기적 용량이 크다.
④ 소형·경량이며, 브러시 수명이 길다.
⑤ 전압 조정기만 필요하다.

(2) 교류 발전기의 원리

전자 유도 발생원리는 직류 발전기와 같으며, 직류 발전기는 도체(전기자)를 회전시켜 전류를 발생하지만 교류 발전기는 도체(스테이터)를 외부에 고정하고 내부의 자계(로터)를 회전시켜 전류를 발생한다.

(3) 교류 발전기의 구조

1) 스테이터(stator)

스테이터는 3상 교류가 유기되며, 스테이터 철심과 스테이터 코일로 구성되어 있다.

① **Y(스타)결선** : 전압을 이용할 때 사용되는 결선 방법으로 각 코일의 한 끝을 공통점에 접속하고 다른 한 끝 셋을 끌어낸 것으로 선간전압은 각 상전압의 $\sqrt{3}$ 배가 되어 삼각형 결선보다 선간전압이 높다.

② **Δ(삼각)결선** : 전류를 이용할 때 사용되는 결선 방법으로 각 코일의 끝을 차례로 접속하여 둥글게 하고 각 코일의 접속점에서 하나씩 끌어낸 것으로 선간전류는 각상전류의 $\sqrt{3}$ 배 되어 스타결선보다 선간전류가 많이 흐른다.

▲ 스테이터

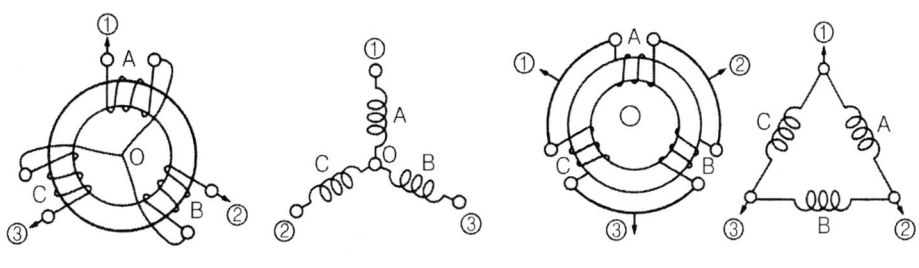

▲ Y 결선   ▲ Δ 결선

2) 로터(rotor)

로터는 자속을 형성하며 로터 철심, 로터 코일, 로터 축, 슬립링 등으로 구성되어 있다. 철심은 돌출부가 4~6개로 된 자극을 서로 맞대어 조립한 것으로 8~12극을 형성하고 있다. 전류가 흐를 때 전자석이 되는 부품이다.

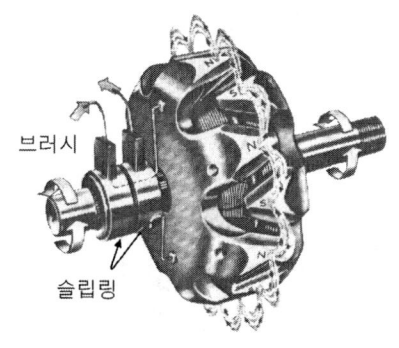

▲ 로터

3) 브러시와 슬립링(brush & slip ring)

① **슬립링** : 브러시와 접촉되어 회전중인 로터 코일에 축전지 전류를 공급 또는 유출되는 것으로서 로터 코일과 접속되어 있으며, 정류 작용을 하지 않기 때문에 불꽃 발생에 의한 소손이 거의 없다.

② **브러시** : 교류 발전기에 사용되는 브러시는 스프링의 힘으로 슬립링에 접촉되어 하나는 전류를 로터 코일에 공급하고 다른 하나는 전류가 유출된다. 또한 브러시는 로터가 작동하는 동안 슬립링과 미끄럼 접촉하고 있으므로 접촉 저항이 적고 내마멸성이 좋은 금속계 흑연을 사용한다.

4) 정류기(rectifier)

발전기에서 발생되는 전기는 모두 교류이므로 건설기계용 전원으로 사용하려면 직류로 바꾸어야 하는데, 교류를 직류로 바꾸는 것을 정류라 하고 정류하는 장치를 정류기라 한다. 교류 발전기에서는 실리콘 다이오드를 정류기로 사용한다.

교류 발전기에서 다이오드의 기능은 스테이터 코일에서 발생한 교류를 직류로 정류하여, 외부로 공급하고, 또 축전지에서 발전기로 전류가 역류하는 것을 방지한다. 다이오드 수는 (+)쪽에 3개, (-)쪽에 3개씩 6개를 두며, 최근에는 여자 다이오드를 3개 더 두고 있다. 그리고 다이오드의 과열을 방지하기 위해 엔드 프레임에 히트 싱크(heat sink)를 두고 있다.

교류 발전기는 로터 철심(계자 철심)의 잔류 자기만으로는 발전이 어렵기 때문에 타려자 한다. 그 이유는 실리콘 다이오드의 사용에 있다. 즉, 실리콘 다이오드에 인가되는 전압이 매우 낮을 경우에는 큰 저항을 나타내므로 발전기의 회전속도가 상당히

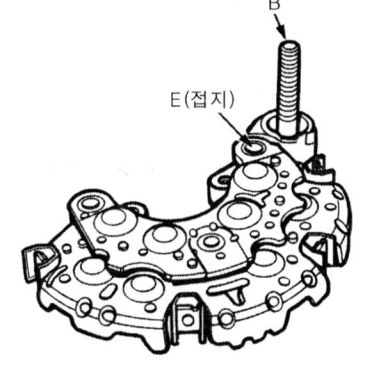

▲ 다이오드

크지 않으면 전류가 흐르지 않기 때문이다. 그리고 축전지의 단자 전압보다 발전기의 발생 전압이 높아지면 자동적으로 충전을 시작한다.

5) AC 발전기 조정기

교류 발전기에는 다이오드가 사용되므로 컷 아웃 릴레이가 필요 없으며, 발전기 자체가 전류를 제한(리액턴스 : 출력 전류의 자기 제어작용)하기 때문에 전류 조정기도 필요 없다. 따라서 전압 조정기만 있으면 된다. 최근에 사용하는 트랜지스터식 조정기는 접점 대신에 트랜지스터의 스위칭 작용을 이용하여 로터 코일에 흐르는 전류의 평균값을 변화시켜 발생 전압을 제어한다. 그리고 교류 발전기의 출력은 로터 전류를 변화시켜 조정한다.

☞ AC와 DC발전기의 조정기에서 공통으로 가지고 있는 것은 전압 조정기이다.

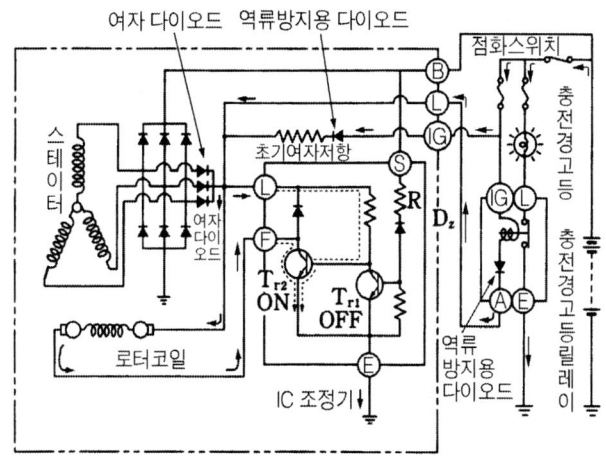

▲ IC조정기 회로

6) 전류계와 충전 경고등

① 전류계의 지시침이 정상에서 (-)방향을 지시하고 있는 경우
　㉮ 전조등 스위치가 점등위치에 있다.
　㉯ 시동스위치가 기관 예열 장치를 동작시키고 있다.
　㉰ 배선에서 누전 되고 있다.

② 기관이 회전하여도 전류계가 움직이지 않는 원인
   ㉮ 레귤레이터(발전기 조정기) 고장
   ㉯ 전류계 자체의 불량
   ㉰ 스테이터 코일의 단선
   ㉱ 로터 코일의 단선
   ㉲ 다이오드의 손상

> ☞ 충전 경고등 점검은 기관 가동전과 가동 중 한다.

계기·등화 및 보안장치 05

❶ 계기장치

각종 계기는 기관 가동 및 주행 중 기관의 상태 및 주행 상태를 운전석에서 알아볼 수 있는 계기로 구성되었다.

(1) 속도계

건설기계의 주행 속도를 km/h로 나타내는 계기로서 변속기 출력 축에서 감속기어를 통하여 케이블 또는 펄스 신호에 의하여 운전석 계기에 나타낸다.
① **적산계** : 총 주행거리를 나타내는 계기이다.
② **구간 거리계** : 구간~구간의 거리를 알아볼 수 있는 계기이다.

(2) 유압계

기관 가동 중 작동되는 유압을 나타내는 계기로서 부든 튜브식, 밸런싱 코일식, 바이메탈식, 점등식이 있다.

(3) 온도계

기관의 물재킷 내의 온도를 나타내는 계기로서 밸런싱 코일식, 바이메탈식을 사용하며 실린더 헤드의 출구 쪽 온도를 나타낸다.

(4) 연료계

연료탱크 내의 잔류 연료량을 나타내는 계기로서 밸런싱 코일식, 바이메탈식이 있다.

❷ 등화 장치

건설기계가 안전하게 주행하려면 조명 이외에도 신호 또는 표시할 수 있는 기능이 필요하며 조명 장치에는 야간에 전방을 확인하는 전조등과 보안등으로 안개등, 방향 지시등, 제동등, 미등, 번호판 등이 있다.

(1) 조명의 용어

① **광속** : 광속이란 광원에서 나오는 빛의 다발을 말하며, 단위는 루멘(lumen, 기호는 lm)이다.
② **광도** : 광도란 빛의 세기를 말하며 단위는 칸델라(candle, 기호는 cd)이다.
③ **조도** : 조도란 빛을 받는 면의 밝기를 말하며, 단위는 룩스(lux, 기호는 Lx)이다.

(2) 전조등

1) 전조등의 종류

전조등에는 실드빔 방식(sealed beam type)과 세미 실드 빔 방식(semi sealed beam type)이 있다. 전구(lamp)안에는 2개의 필라멘트가 있으며, 1개는 먼 곳을 비추는 **상향 빔**(high beam)의 역할을 하고, 다른 하나는 시내를 주행할 때나 교행할 때 대향 자동차나 사람이 현혹되지 않도록 광도를 약하게 하고, 동시에 빔을 낮추는 **하향 빔**(low beam)이 있다.

① **실드빔 방식 전조등**

실드빔 방식 전조등은 반사경에 필라멘트를 붙이고 여기에 렌즈를 녹여 붙인 후 내부에 불활성 가스를 넣어 그 자체가 1개의 전구가 되도록 한 것이다. 즉, 반사경·렌즈 및 필라멘트가 일체로 된 형식이며 특징은 다음과 같다.

㉮ 대기조건에 따라 반사경이 흐려지지 않는다.
㉯ 사용에 따르는 광도의 변화가 적다.
㉰ 필라멘트가 끊어지면 렌즈나 반사경에 이상이 없어도 전조등 전체를 교환하여야 한다.

② 세미 실드빔 방식 전조등

세미 실드빔 방식 전조등은 렌즈와 반사경은 녹여 붙였으나 전구는 별도로 설치한 것이다. 따라서 전구의 필라멘트가 끊어지면 전구만 교환하면 된다. 그러나 전구 설치부분으로 공기 유통이 있어 반사경이 흐려지기 쉽다. 최근에는 전구를 할로겐 램프를 주로 사용하고 있다.

2) 전조등 회로

전조등 회로는 퓨즈, 라이트 스위치, 디머 스위치(dimmer switch) 등으로 구성되어 있으며, 양쪽의 전조등은 상향 빔(high beam)과 하향 빔(low beam)별로 병렬로 접속되어 있다. 라이트 스위치는 2단으로 작동하며 스위치를 움직이면 내부의 접점이 미끄럼 운동하여 전원과 접속된다. 그리고 디머 스위치는 라이트 빔을 상향 빔과 하향 빔으로 바꾸는 스위치이다.

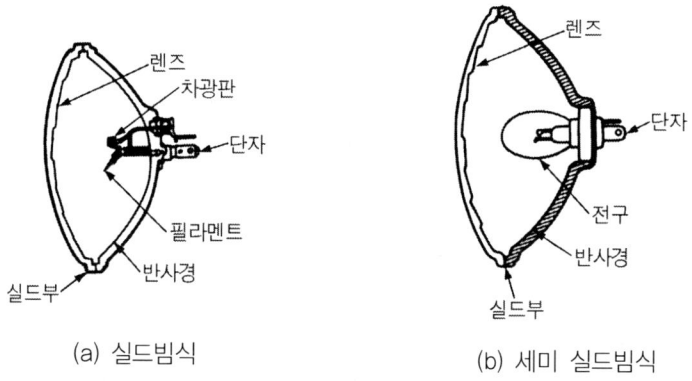

(a) 실드빔식   (b) 세미 실드빔식

▲ 전조등의 종류

(3) 방향 지시기

방향 전환 및 비상시 등을 점멸하도록 플레셔 유닛을 두어 구성한 것으로 용도에 따라 방향 지시기 플레셔, 위험경고 플레셔, 경고 플레셔가 있다.

> **한쪽의 점멸작용이 정상과 다르게(빠르게 또는 느리게) 작용하는 원인**
> - 전구 1개가 단선 되었을 때
> - 한쪽 전구 소켓에 녹이 발생하여 전압강하가 있을 때
> - 한쪽 전구를 교체할 때 규정용량의 전구를 사용하지 않았을 때

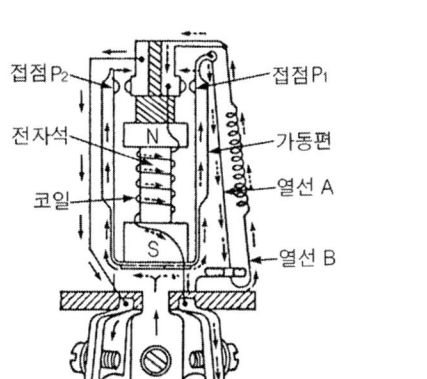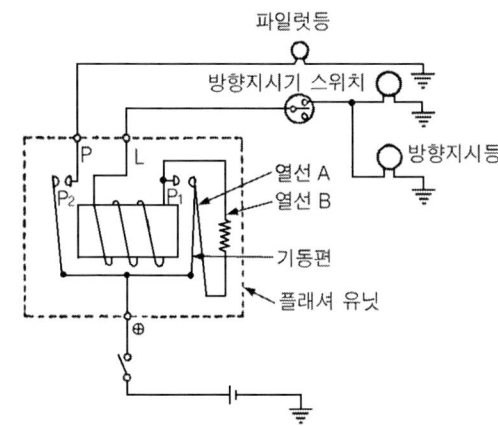

▲ 전자 열선식 플래셔 유닛의 작동

(4) 경음기

경음기는 소리를 내는 진동판을 전자석이나 공기에 의하여 진동시켜 작동한다. 경음기는 전기식과 공기식이 있다.

(5) 윈드 실드 와이퍼

윈드 실드 와이퍼는 비 또는 눈이 내릴 때 운전자의 시계가 방해 받는 것을 방지하기 위해 앞면의 유리를 닦아내는 작용을 하며, 와이퍼 블레이드, 와이퍼 암, 와이퍼 모터, 링크기구로 구성되어 있다.

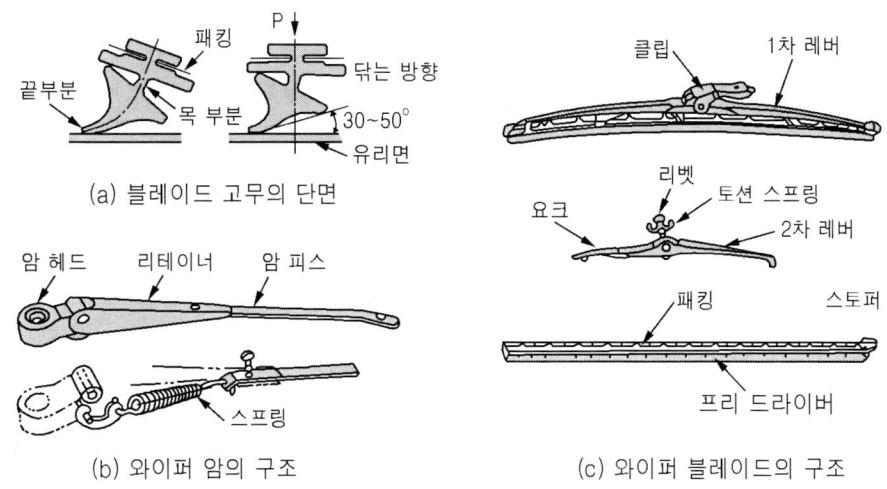

▲ 윈드 실드 와이퍼 구조

Chapter 3

건설기계 섀시

건\설\기\계\공\학

01 동력전달장치

　동력 전달장치는 기관에서 발생한 동력을 구동바퀴(drive wheel)까지 전달하는데 필요한 장치이며, 동력전달 순서는 **클러치 → 변속기 → 추진축 → 종감속 기어 → 차동 기어 장치→ 차축 → 바퀴**이다.

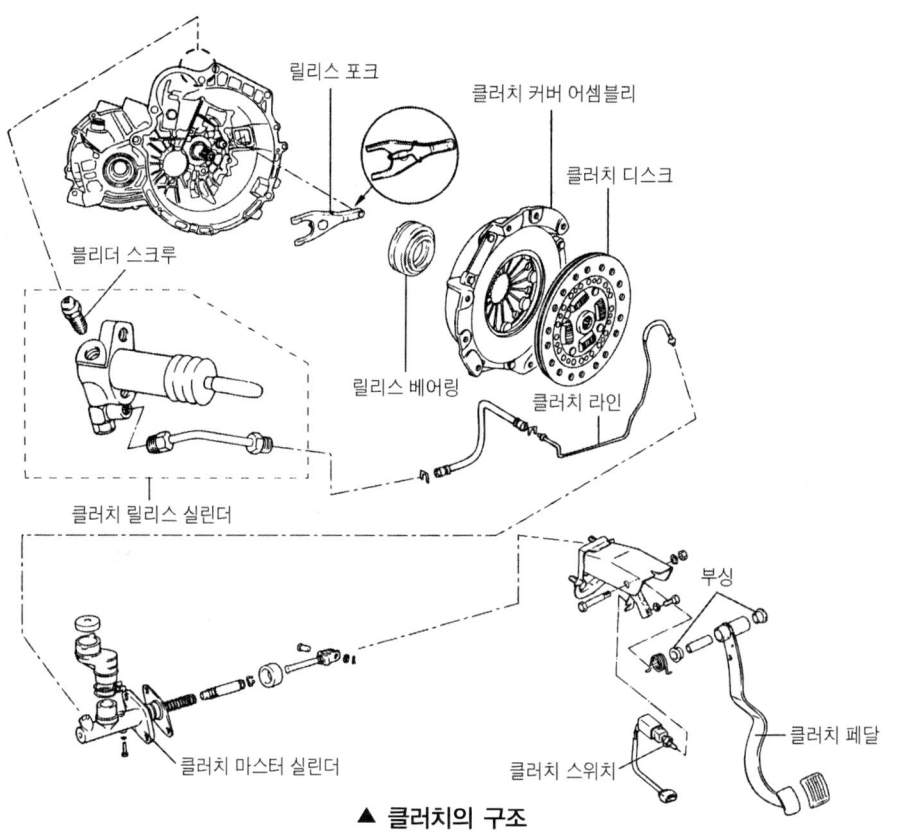

▲ 클러치의 구조

❶ 클러치

(1) 클러치의 역할

클러치는 플라이 휠과 변속기 사이에 설치되어 변속기의 기어를 변속할 때 동력을 차단하고, 출발할 때에는 동력을 서서히 연결하는 일을 한다.

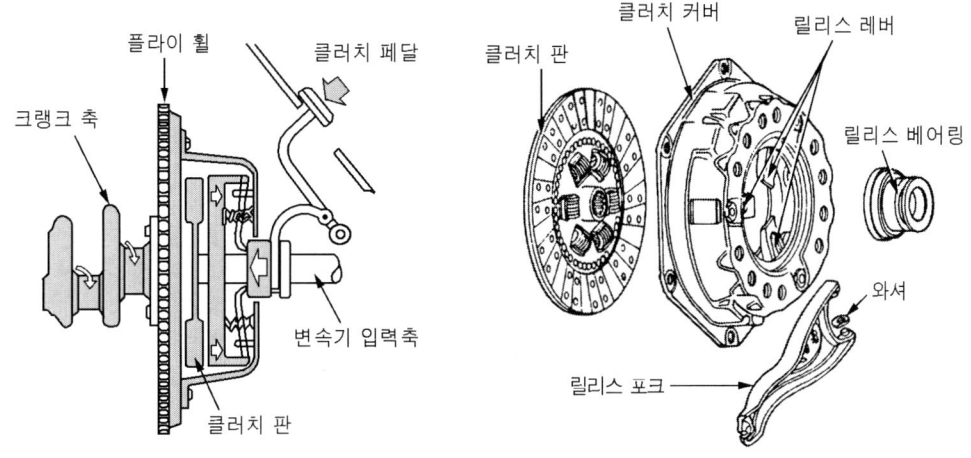

▲ 클러치의 구조

(2) 클러치의 필요성

① 기관을 시동할 때 기관을 무부하 상태로 하기 위하여
② 변속할 때 기관 동력을 차단하기 위하여
③ 정차 및 기관의 동력을 서서히 전달하기 위하여

(3) 클러치의 구비조건

① 회전부분의 평형이 좋고 관성이 작을 것.
② 내열성이 좋고 방열이 잘 되는 구조일 것.
③ 차단이 확실하고 신속할 것.
④ 구조가 간단하고 다루기 쉬우며 고장이 적을 것.

(4) 클러치의 구조

마찰 클러치는 클러치 판, 압력판, 클러치 스프링, 릴리스 레버, 클러치 커버, 릴리스 베어링, 릴리스 포크 등으로 구성되어 있다.

1) 클러치 판(클러치 디스크)

플라이 휠과 압력판 사이에 설치되며 변속기 입력축 중심부 스플라인에 끼워져 동력을 변속기로 전달하는 마찰판이다.

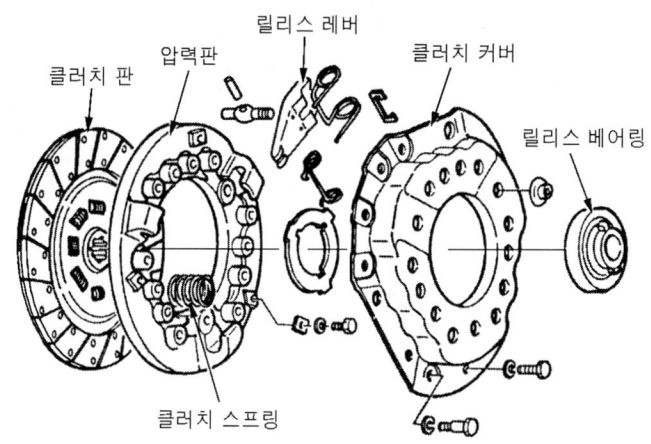

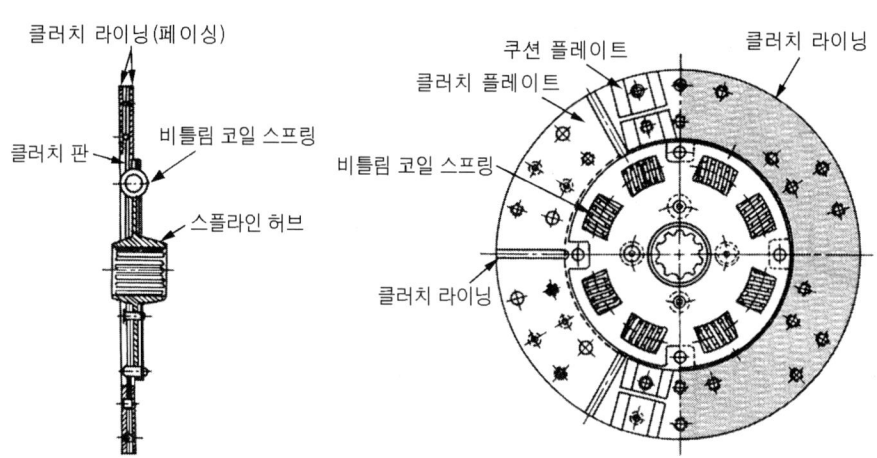

▲ 클러치 본체의 구성부품

① **라이닝(페이싱)** : 마찰계수 $0.3 \sim 0.5\mu$ 정도의 섬유 석면을 가공한 마찰 부분이다.
　㉮ 몰드 라이닝 : 짧은 섬유의 석면을 가공한 것.
　㉯ 위빙 라이닝 : 긴 섬유의 석면을 가공한 것

② **클러치 라이닝의 구비조건**
  ㉮ 내마멸성, 내열성이 클 것. ㉯ 알맞은 마찰계수를 갖출 것.
  ㉰ 온도에 의한 변화가 적을 것. ㉱ 내식성이 클 것.
③ **비틀림 코일스프링(토션 스프링)** : 클러치 판이 플라이휠에 접촉할 때 회전충격을 흡수한다.
④ **쿠션 스프링** : 클러치 판이 플라이휠에 접촉할 때 편마모, 파손, 변형 등을 방지한다.

2) 클러치 축(변속기 입력축)

클러치 축은 기관의 동력을 변속기에 전달하며, 앞 끝은 플라이 휠 중앙에 설치된 파일럿 베어링에 의해 지지되고, 뒤끝은 변속기 케이스 베어링에 지지된다. 스플라인부는 클러치 판이 설치되어 길이 방향으로 미끄럼 운동을 한다.

3) 압력판(pressure plate)

압력판은 클러치 커버에 설치되어 있으며, 클러치 페달을 놓으면 클러치 스프링의 장력에 의해 클러치 판을 밀어서 플라이휠에 압착시키는 역할을 한다.

4) 클러치 스프링

플라이 휠에 클러치 판과 압력판을 일정한 압력으로 밀어붙이는 스프링으로 클러치 커버와 압력판 사이에 6~9개의 코일 스프링이나 막 스프링이 사용된다.

5) 릴리스 레버

릴리스 레버는 릴리스 베어링에 의하여 한 쪽 끝이 눌리면 다른 한 끝은 클러치 스프링의 장력을 이기고 압력판을 클러치 판으로부터 분리하는 레버이다.

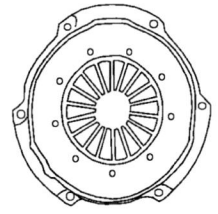
(a) 막 스프링형

(b) 오번형

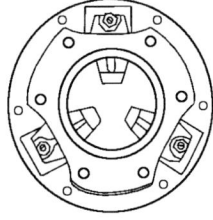
(c) 이너 레버형

(d) 아웃 레버형

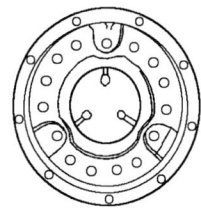
(e) 반 원심력형

▲ 릴리스 레버의 종류

6) 클러치 커버

강판을 프레스 성형하여 만들며 플라이 휠에 설치하기 위한 플랜지부, 릴리스 레버 지지부가 있다. 종류로는 오번형, 이너 레버형, 아웃 레버형, 반 원심력형, 막 스프링형 등이 있다.

7) 릴리스 베어링

릴리스 포크에 의해 축방향으로 움직여 회전중인 릴리스 레버를 눌러 클러치를 개방하는 일을 한다. 종류로는 볼 베어링형, 앵귤러형, 카본형이 있다.

8) 릴리스 포크

강판을 프레스 성형하여 베어링 칼러에 설치되어 클러치 페달 밟는 힘을 레버비율에 의해 증대시켜 릴리스 베어링에 전달한다. 또 끝 부분에 리턴 스프링을 설치하여 클러치 페달을 놓았을 때 신속하게 본래의 위치로 복귀한다.

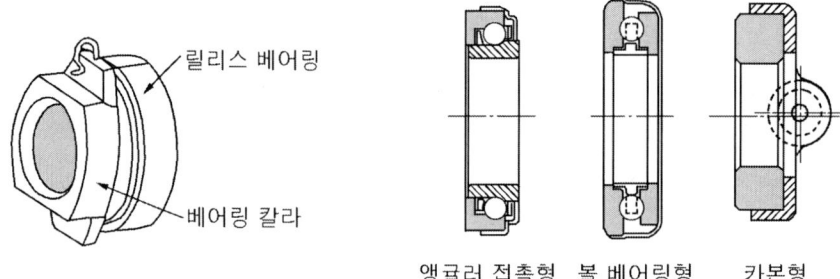

▲ 릴리스 베어링의 종류

(5) 클러치 조작기구

1) 기계식 클러치

클러치 페달을 밟으면 로드나 와이어를 거쳐 릴리스 포크를 움직이게 하고 릴리스 포크는 클러치 하우징 한 끝에 고정되어 지렛대 작용에 의해 릴리스 베어링을 누르는 작용을 한다.

2) 유압식 클러치

클러치 페달을 밟으면 유압이 발생되는 마스터 실린더와 그 유압을 릴리스 포크로 미는 슬레이브 실린더(릴리스 실린더)를 설치하고, 플렉시블 호스 및 파이프로 연결하여 릴리스 베어링을 누르는 작용을 한다.

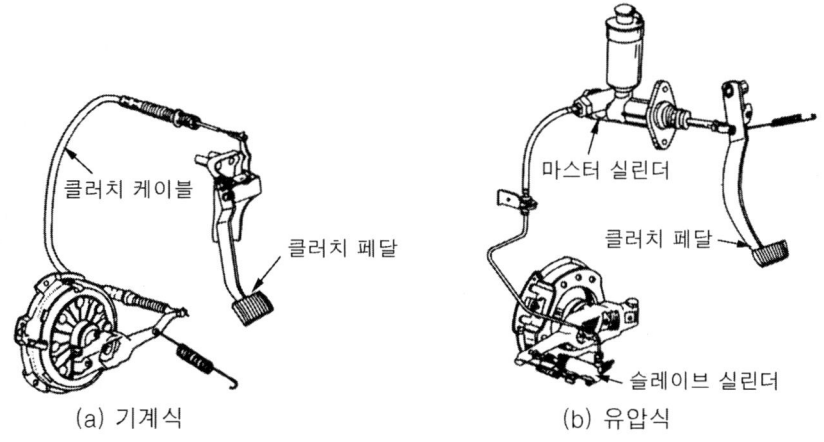

(a) 기계식   (b) 유압식

▲ 유압식 클러치 조작기구

(6) 클러치 페달의 자유간극

릴리스 베어링이 릴리스 레버에 닿을 때까지 클러치 페달이 움직인 거리를 자유간극(또는 유격)이라 한다. 자유유격은 건설기계에 따라 다르나 일반적으로 25~30mm이므로 자유간극이 너무 클 때는 동력 차단 불량으로 변속조작이 곤란하며, 자유간극이 너무 작을 때는 클러치의 미끄러짐으로 가속 주행이 곤란하다.

(7) 클러치 용량

클러치 용량이란 클러치가 전달할 수 있는 회전력의 크기이며, 일반적으로 사용 엔진 회전력의 1.5~2.5배 정도이다. 클러치 용량이 너무 크면 클러치가 엔진 플라이 휠에 접속될 때 엔진이 정지되기 쉬우며, 반대로 너무 작으면 클러치가 미끄러져 클러치 판의 라이닝 마멸이 촉진된다.

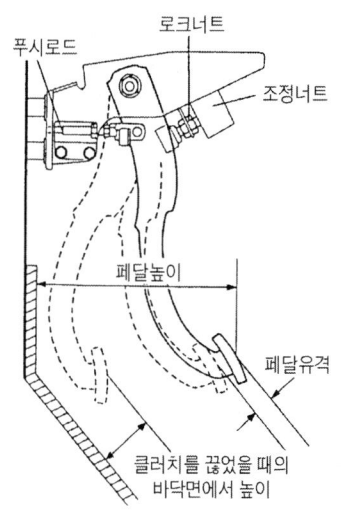

▲ 클러치 페달의 자유간극

(8) 유체 클러치

유체 클러치는 구조가 간단하고 마멸되는 부분이 작으며 노면으로부터 받는 진동이나 충격 등을 기관에 직접 전달하지 않는다. 또 바퀴에 큰 부하가 걸려도 미끄럼이 증가하여 기관에 무리를 주지 않는 특징이 있다.

1) 유체 클러치의 구조

기관 크랭크축에 펌프(또는 임펠러)를, 변속기 입력축에 터빈(또는 러너)을 설치하고, 오일의 맴돌이 흐름(와류)을 방지하기 위하여 가이드 링(guide ring)을 두고 있다.

2) 유체클러치 오일의 구비조건

① 점도가 낮을 것
② 비중이 클 것
③ 착화점이 높을 것
④ 내산성이 클 것
⑤ 비점이 높을 것
⑥ 응고점이 낮을 것

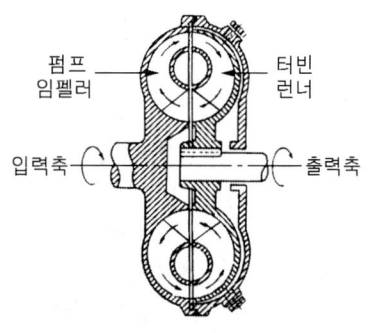

▲ 유체 클러치의 구조

(9) 토크 변환기(토크 컨버터)

크랭크축에 펌프(pump)를, 변속기 입력축에 터빈(turbine)을 두고 있으며, 오일의 흐름 방향을 바꾸어 주는 스테이터(stater)를 변속기 케이스에 고정된 축에 프리휠(free wheel ; 일방향 클러치)을 통하여 설치되어 있다. 토크 변환기의 회전력 변환비율은 2~3 : 1이며, 오일의 충돌에 의한 효율저하를 방지하기 위하여 가이드 링을 두고 있다. 장비에 부하가 걸리면 토크컨버터의 터빈속도는 느려진다.

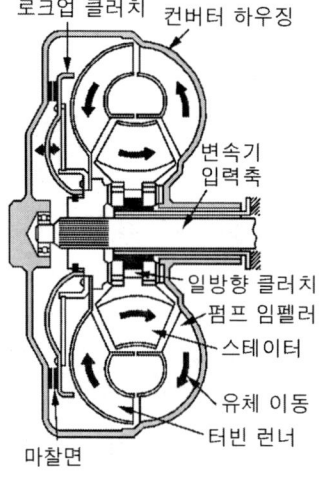
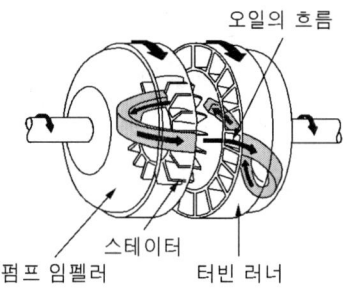

▲ 토크 변환기

> **참고사항**
>
> 1. 클러치페달에 유격(자유간극)을 두는 이유
>   - 클러치의 미끄럼을 방지하기 위함이다.
> 2. 클러치가 미끄러지는 원인
>   - 클러치 페달의 자유간극 과소
>   - 클러치 스프링의 자유길이 및 장력 감소
>   - 압력판의 마멸
>   - 클러치 라이닝의 마멸
>   - 클러치 판의 오일 부착
>   - 클러치 판의 경화
> 3. 주행 중 급가속 시 기관 회전은 상승하는데 차속은 증속이 안될 때 원인
>   - 압력스프링의 쇠약
>   - 클러치 페달의 유격 과소
>   - 클러치 스프링의 장력이 감소
>   - 클러치 판에 기름부착
>   - 클러치 판 마모
> 4. 클러치가 연결된 상태에서 기어변속을 하면 기어에서 소리가 나고 기어가 상한다.
> 5. 클러치페달의 유격이 너무 크면 클러치가 잘 끊어지지 않는다.

❷ 수동 변속기

변속기는 클러치와 추진축사이에 설치되어 기관의 동력을 건설기계의 주행상태에 알맞도록 회전력과 속도를 바꾸어 구동바퀴에 전달하는 장치로 수동변속기(manual transmission)와 자동변속기(automatic transmission)가 있다.

(1) 변속기의 필요성

① 기관의 회전력을 증대시킨다.
② 기관을 시동할 때 무부하 상태로 한다.
③ 장비를 후진(역전)시킬 때 필요하다.

(2) 변속기의 구비조건

변속기는 단계 없이 연속적으로 변속되고, 소형 경량이며 변속 조작이 쉽고 신속·정확, 정숙하게 이루어져야 하며, 전달효율이 좋고 수리하기가 쉬워야 한다.

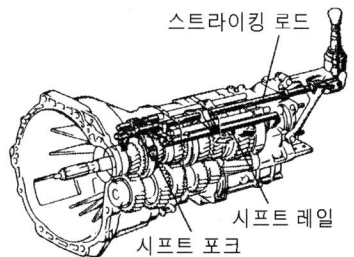

▲ 변속기의 구조(다이렉트 타입)

(3) 변속기의 종류

1) 점진 기어방식

변속이 단계적으로 이루어지는 형식으로 오토바이 등에 사용된다. 1단에서 3단으로 변속되지 못한다.

2) 선택 기어방식

단계 없이 변속이 가능한 형식이며, 섭동 기어방식, 상시 물림방식, 동기 물림방식 등이 있다.

① **섭동 기어방식** : 주축상의 스플라인에 슬라이딩 기어가 설치되어 있으므로 슬라이딩 기어를 변속레버로 이동시켜 부축의 해당 기어에 자유로이 물리게 된 형식이다. 구조가 간단하고 다루기가 쉬우나 변속할 때 더블 클러치를 사용하여야 하며, 소음을 발생하는 단점이 있다.

② **상시 물림방식** : 주축기어와 부축기어가 항시 물린 상태로 회전하며, 변속레버를 이용하여 주축상의 스플라인에 설치되어 있는 도그클러치(dog clutch)를 주축기어와 물리게 하여 회전력을 출력축(주축)에 전달한다. 기어 파손이 적고 도그클러치의 물리는 폭이 좁기 때문에 변속조작이 쉬우며 구조가 간단하다.

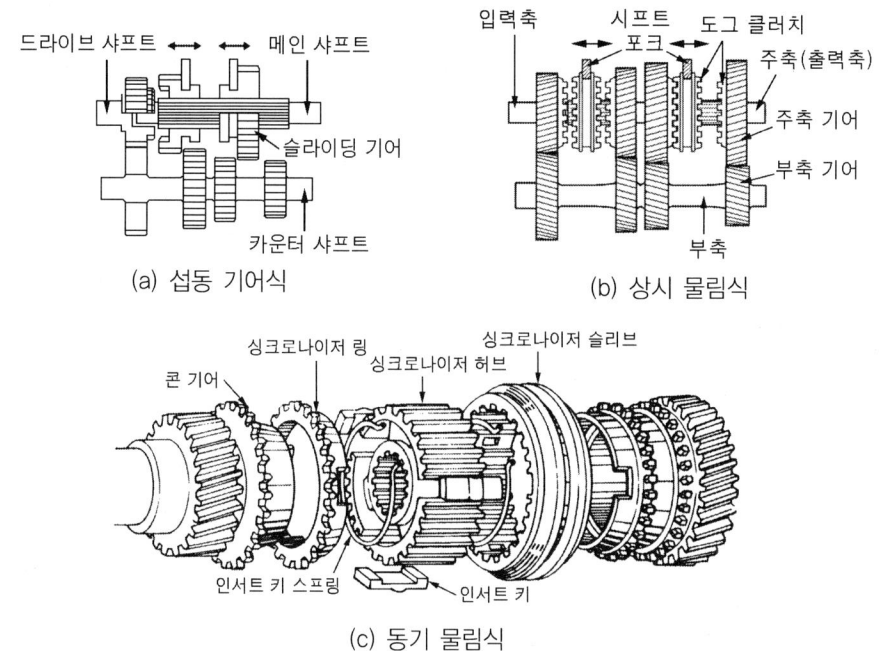

▲ 변속기의 각종 형식

③ **동기 물림방식** : 변속레버를 조작하면 시프트 포크가 슬리브를 이동시킨다. 슬리브가 이동하면서 싱크로나이저 키를 밀고 키는 싱크로나이저 링을 밀게 된다. 싱크로나이저 링의 안쪽 원뿔부분에 의하여 스피드 기어와 허브는 동일한 속도로 동기되면 슬리브는 스피드 기어의 스플라인부와 허브를 연결하여 변속이 된다.

록킹 볼과 인터록 볼

- **록킹 볼** : 물려있는 기어가 빠지는 것을 방지
- **인터록 볼** : 변속 중 기어가 2중으로 물리는 것을 방지

(4) 변속기의 조작기구

① **직접 조작방식** : 변속레버가 직접 변속기에 설치되어 시프트 포크를 거쳐 기어를 변속하도록 된 방식이며, 고장이 적고 신속하다.
② **간접 조작방식** : 변속레버와 변속기 케이스 사이에 링크나 케이블을 사용하여 변속하도록 된 방식이다.

▲ 변속기의 조작기구

참고사항

1. 변속기에서 기어의 마찰소리가 나는 이유
- 기어 백래시가 과다
- 변속기 베어링의 마모
- 변속기의 오일부족

2. 주행 중 변속기어가 잘 빠지는 원인
- 록킹볼의 스프링 장력 감소
- 기어의 백래시 과대(변속기 기어의 마모)
- 싱크로나이저 키 스프링의 장력 감소

3. 기어 변속이 잘 안 되는 원인
- 클러치 페달 유격 과대
- 변속레버 선단과 스플라인 홈 마모
- 싱크로나이저 링의 마멸

(5) 동력 인출장치(PTO)

덤프트럭의 오일펌프 및 콘크리트 믹서트럭의 탱크로리 구동에 건설기계의 주행과는 관계없이 기관의 동력을 이용하는 경우에 설치하는 장치로서, 변속기의 부축기어에 공전기어를 미끄럼 운동시켜 동력을 인출한다. 동력인출의 단속은 시프트 포크로 기어를 이동하여 행한다.

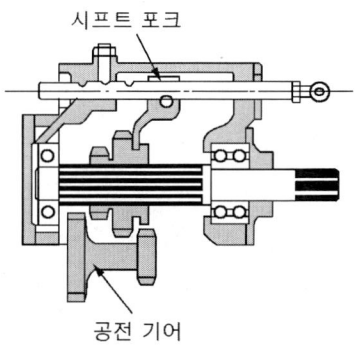

▲ 동력인출 장치

(6) 트랜스퍼 케이스

험한 도로 및 구배 도로에서 구동력을 증가시키기 위해 기관의 동력을 앞·뒤 모든 차축에 전달하도록 하는 장치이다. 앞바퀴 구동레버와 고속 및 저속, 변속레버로 구성되며 평지에서는 기관의 동력을 주로 뒤차축에 전달하고 구배 도로에서는 앞바퀴 구동레버로 클러치 허브를 움직여 앞바퀴도 구동할 수 있도록 한다.

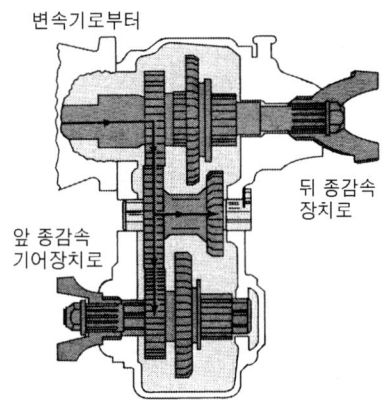

▲ 트랜스퍼 케이스

❸ 자동 변속기

변속기의 조작을 경제적으로 만든 것으로서, 운전자가 기어변속을 하는 대신에 기계가 그 일을 해 준다. 변속기의 구조는 다르지만 기능은 같으며, 유압 또는 전자제어로 기어를 자동 선택한다. 자동변속은 건설기계마다 설정된 속도와 가속페달을 밟는 정도에 따라 최적의 기어를 선택한다.

(1) 자동변속기의 장점

① 운전조작이 쉽고 피로가 경감된다.
② 출발·감속 및 가속이 원활하여 안전운전을 도모한다.
③ 기관과 전동장치는 오일을 사용하여 충격을 흡수한다.

(2) 자동변속기의 단점

① 구조가 복잡하고 가격이 비싸다.
② 연료 소비율이 10% 정도 높다.
③ 건설기계를 밀거나 끌어서 시동할 수 없다.

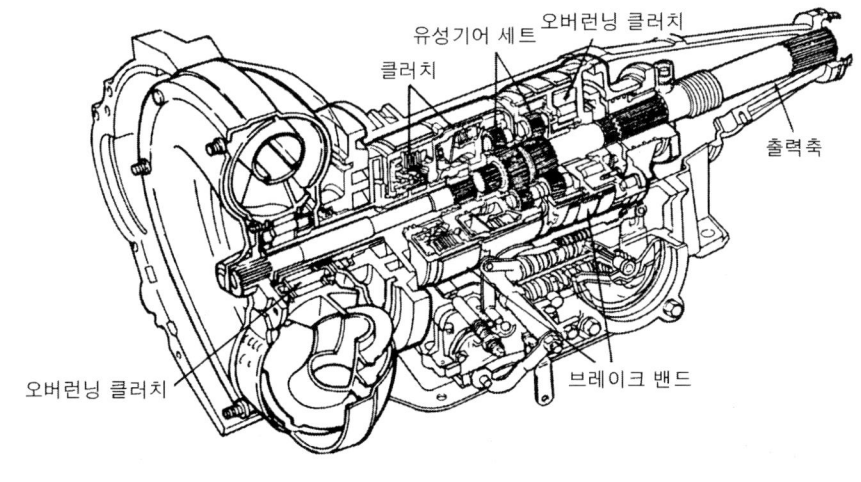

▲ 자동 변속기의 구조

(3) 자동변속기의 변속장치

① **프런트 클러치** : 드럼 내면의 오일 속에서 작용하는 습식 다판 클러치로 두께가 약 2mm의 강판에 특수한 마찰재를 붙인 것이다. 구동판은 드럼 내면의 스플라인에 설치되고 피동판은 선 기어 구동축 스플라인에 설치되어 유압에 의해 연결되어 링 기어를 구동하거나 차단한다.

② **리어 클러치** : 프런트 클러치와 같은 구조로 구동판은 프런트 클러치 외면에 설치된 스플라인에 끼워지고, 피동판은 리어 클러치 드럼 내면의 스플라인에 설치되어 있다. 리어 클러치 외면에 설치된 스플라인에는 선 기어 드럼이 끼워져 유압으로 선 기어에 동력을 전달하거나 차단한다.

③ **프런트 브레이크** : 외부 수축식 밴드 브레이크로 리어 클러치 드럼에 설치되어 유압에 의해 선 기어를 고정할 때 작용된다.

④ **리어 브레이크** : 외부 수축식 밴드 브레이크로 유성 기어 캐리어 드럼에 설치되어 유압에 의해 유성 기어 캐리어를 고정할 때 작용된다.

(4) 유압제어기구

① **오일펌프** : 프런트 클러치 및 리어 클러치와 프런트 브레이크 밴드 및 리어 브레이크 밴드를 조작하고 유압을 공급한다.

② **유압조절 장치** : 오일펌프에서 나온 오일의 압력을 각 주행상태에 적합한 유압으로 조정한다.

③ **매뉴얼 밸브(수동 밸브)** : 운전석에 설치되어 있는 시프트 레버(변속 레버)에 의해 작동되는 수동용 밸브로서 오일의 흐름을 중립, 저속, 고속 및 후진의 선택에 따라 오일회로를 단속하는 밸브이다.

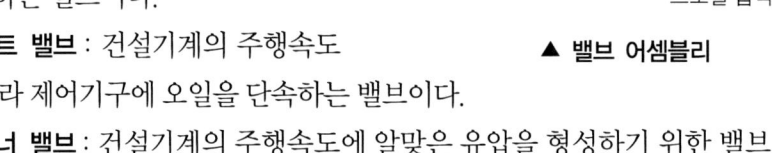

▲ 밸브 어셈블리

④ **시프트 밸브** : 건설기계의 주행속도에 따라 제어기구에 오일을 단속하는 밸브이다.

⑤ **거버너 밸브** : 건설기계의 주행속도에 알맞은 유압을 형성하기 위한 밸브이다.

⑥ **스로틀 밸브** : 기관의 출력에 대응하는 스로틀 압력을 발생하게 하는 밸브이다.

(5) 유성 기어장치

유성 기어장치는 선 기어, 유성기어, 유성기어 캐리어, 링기어로 구성되어 기관에서 나오는 동력을 변속하여 추진축에 전달하는 장치이다.

● 유성기어의 작동과 변속상태

고 정 부 분	회 전 부 분	변 속 상 태
선기어	유성기어 캐리어	링기어 증속
	링기어	유성기어 캐리어 감속
유성기어 캐리어	선기어	링기어 역전 감속
	링기어	선기어 역전 감속
링기어	유성기어 캐리어	선기어 증속
	선기어	유성기어 캐리어 감속

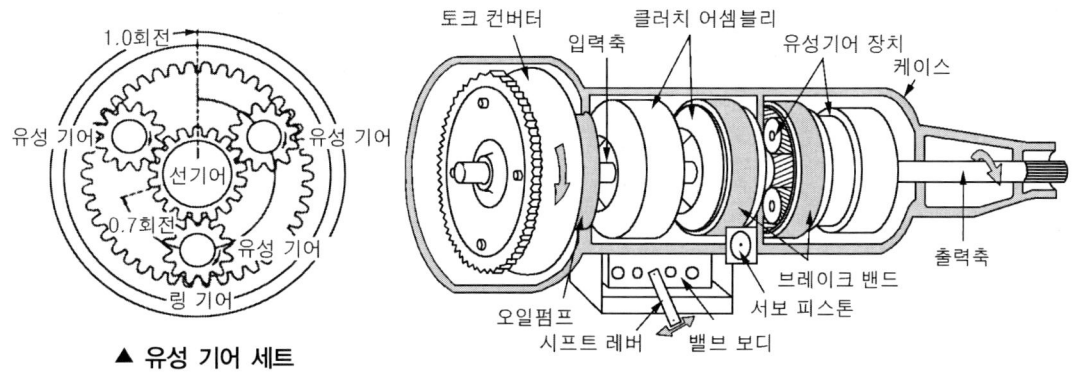

▲ 유성 기어 세트　　▲ 자동변속기의 구조

❹ 드라이브 라인

　　드라이브 라인은 뒤차축 구동방식의 건설기계에서 변속기의 출력을 구동축에 전달하는 장치로서 변속기와 종감속 기어사이에 설치되어 출력을 전달하는 추진축과 드라이브 라인의 길이변화에 대응하는 슬립 이음 및 각도변화에 대응하는 자재이음으로 구성되어 있다.

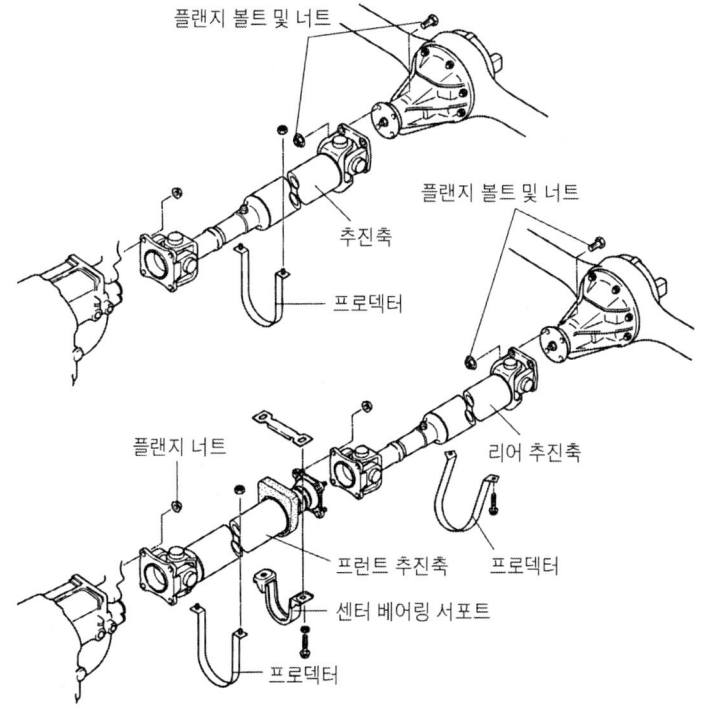

▲ 드라이브 라인

(1) 추진축

추진축은 변속기로부터 종감속 기어까지 동력을 전달하는 축으로서 강한 비틀림을 받으면서 고속 회전하므로 비틀림이나 굽힘에 대한 저항력이 크고 두께가 얇은 강관의 원형 파이프가 사용되고 있다.

1) 센터 베어링

센터 베어링은 앞뒤 추진축의 중간을 지지하는 것으로서 베어링을 앞 추진축 뒤 끝에 설치하고 고무 부싱으로 감싸 차체에 고정시키고 있다.

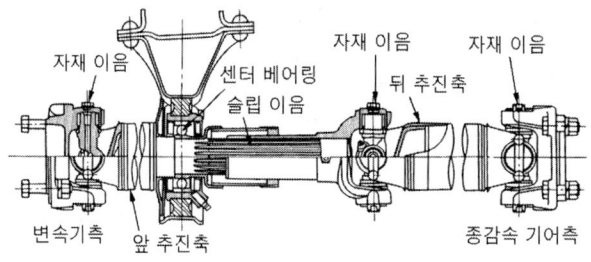

▲ 센터 베어링

2) 비틀림 진동 방지기

비틀림 진동 방지기는 센터 베어링 뒤에 설치되어 추진축의 비틀림 진동을 흡수한다.

3) 추진축의 밸런스 웨이트

추진축의 밸런스 웨이트(평형추)는 추진축의 회전시 진동을 방지한다

(2) 자재이음(유니버설 조인트)

두 축이 일직선상에 있지 않고 어떤 각도를 가진 두 개의 축 사이에 동력을 전달할 때 사용하여 각도 변화에 대응한다.

☞ 십자축 자재이음을 추진축 앞뒤에 둔 이유는 회전 각속도의 변화를 상쇄하기 위함이다

(3) 슬립이음

변속기 출력축의 스플라인에 설치되어 축방향으로 이동되면서 드라이브 라인의 길이 변화에 대응하는 부품이다.

추진축이 진동하는 원인

- 요크 방향이 다르다.
- 밸런스 웨이트가 떨어졌다.
- 중심 베어링 마모
- 추진축이 굽음

※ **추진축의 스플라인부가 마모**되면 주행 중 소음을 내고 추진축이 진동한다.

❺ 뒤차축 어셈블리

건설기계의 중량을 지지함과 동시에 기관의 변속기에 전달 차단하는 것으로 종감속 기어, 차동 기어장치, 차축 및 하우징으로 구성되어 있다.

(1) 종감속 기어

종감속 기어는 구동 피니언과 링 기어로 구성되어 변속기 및 추진축에서 전달되는 회전력을 직각 또는 직각에 가까운 각도로 바꾸어 앞차축 및 뒤차축에 전달하고 동시에 최종적으로 감속하는 일을 한다.

종감속 기어의 종류에는 웜과 웜 기어, 스파이럴 베벨 기어 하이포이드 기어 등이 있으며, 하이포이드 기어는 링 기어 중심보다 구동 피니언 기어의 중심을 링 기어 지름의 10~20% 아래에 설치한 형식으로서

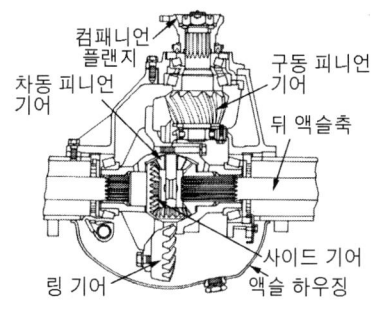

▲ 종감속 기어의 구조(FR 차량용)

건설기계의 높이가 낮아 중심이 낮아져 안전성이 증대된다. 또 구동 피니언을 크게 할 수 있어 강도가 증대되고 회전이 정숙하다.

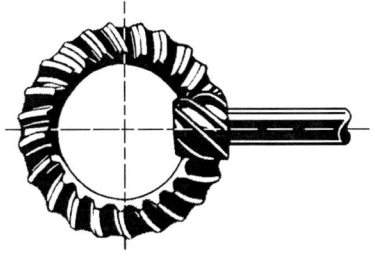 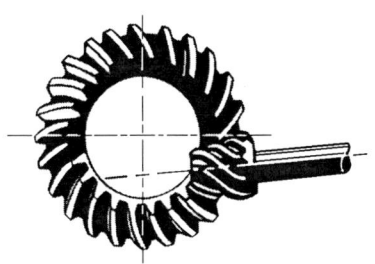

(a) 스파이럴 베벨 기어   (b) 하이포이드 기어

▲ 종감속 기어의 종류

(2) 차동 기어장치

양쪽 바퀴의 회전속도 변화를 가능케 하여 울퉁불퉁한 도로 및 선회할 때 무리 없이 원활히 회전하게 하는 장치로서 차동기어 케이스, 차동 피니언, 차동 피니언 축, 사이드 기어로 구성되어 있다.

차동 기어장치의 작용은 다음과 같다.
① 선회할 때 좌우 구동바퀴의 회전속도를 다르게 한다.
② 선회할 때 바깥쪽 바퀴의 회전속도를 증대시킨다.
③ 보통 차동 기어장치는 노면의 저항을 작게 받는 구동바퀴에 회전속도가 빠르게 될 수 있다.

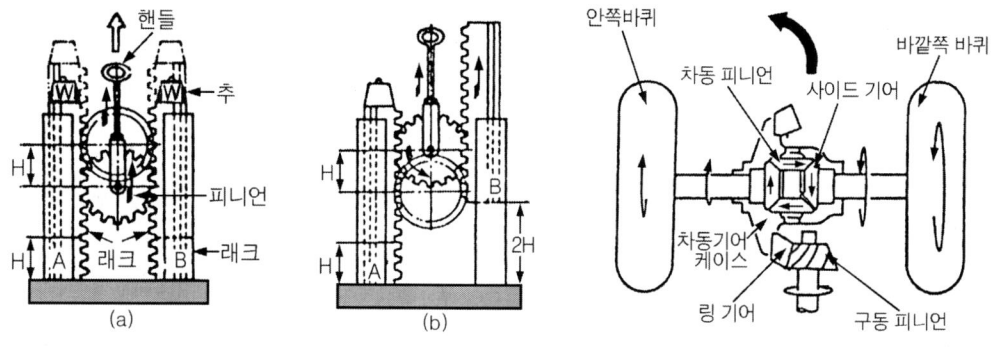

▲ 차동 기어장치의 원리 　　　　　　▲ 차동제한 차동기어장치의 원리

(3) 차축

안쪽의 스플라인을 통해 차동 기어장치의 사이드기어 스플라인에 끼워지고 바깥쪽은 구동바퀴에 연결되어 기관의 동력을 바퀴에 전달한다. 뒷바퀴 구동 차량의 차축 지지방식의 종류는 다음과 같다.

1) 반부동식

차축은 차축 하우징에 1개의 베어링으로 설치되어 있으며, 바퀴하중의 1/2을 지지하며 내부 고정장치를 풀지 않고는 차축을 분해할 수 없다.

2) 3/4부동식

차축 하우징이 하중의 3/4을 지지하고, 차축은 바퀴하중의 1/4을 받으며 차축 하우징과 휠 허브 사이에 1개의 베어링으로 설치되어 있다.

3) 전부동식

차축은 동력만을 전달하며 바퀴의 하중은 하우징이 모두 받는다. 차축 하우징과 휠 허브 사이에 2개의 볼 베어링으로 설치되며 바퀴를 떼어내지 않고도 차축을 분해할 수 있다.

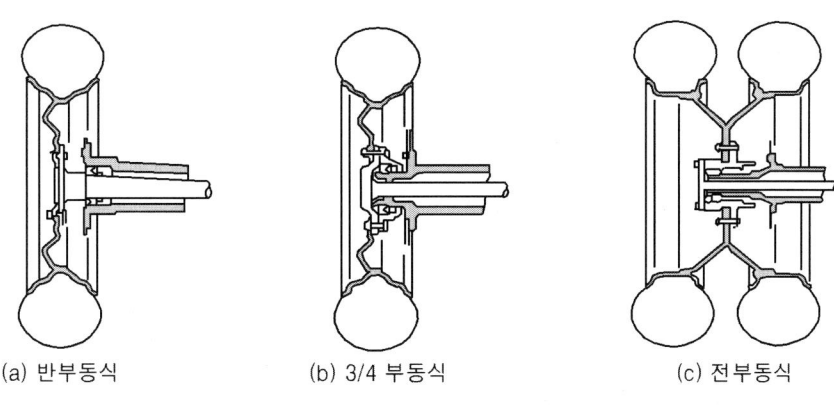

(a) 반부동식   (b) 3/4 부동식   (c) 전부동식

▲ 차축 지지방식

4) 차축 하우징

종감속 기어, 차동 기어장치 및 차축을 포함하는 튜브 모양의 고정 축이며, 양끝은 스프링의 지지부와 플랜지부가 설치되어 있다.

차축 하우징의 종류에는 벤조형, 스플릿형, 빌드업형 등이 있다.

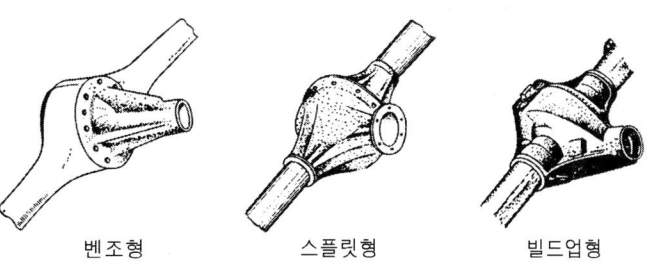

벤조형   스플릿형   빌드업형

▲ 뒤차축 하우징

조향장치

❶ 조향 원리

조향 장치는 애커먼 장토의 원리를 이용하여 건설기계의 주행방향을 임의로 바꾸는 장치로서 선회할 때 안쪽 바퀴의 조향 각도가 바깥쪽 바퀴의 조향 각도보다 커 모든 바퀴의 직각 연장선은 뒤차축의 연장선과 만나게 되어 동심원을 그리며 회전한다.

(1) 조향장치의 구비조건

① 주행 충격이 조향조작에 영향을 주지 않을 것.
② 회전반경이 작을 것.
③ 고속 주행에도 핸들이 안정될 것.
④ 조향핸들과 바퀴의 선회 차이가 크지 않을 것.
⑤ 수명이 길고 정비가 용이할 것.

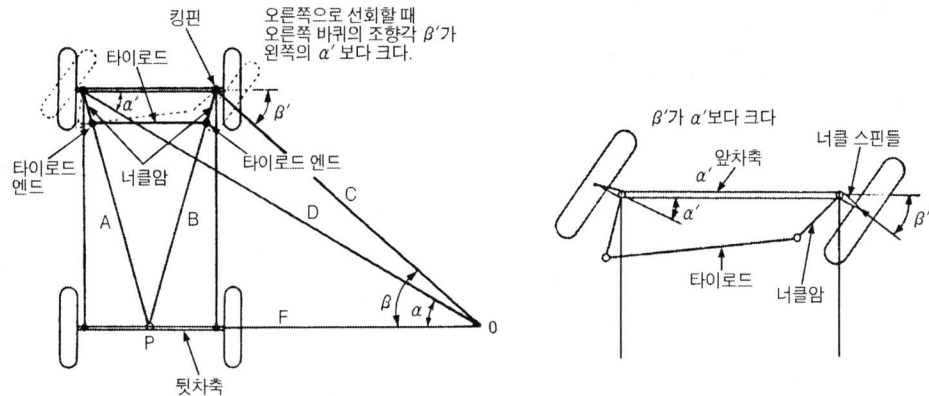

▲ 애커먼 장토식의 원리

(2) 조향 장치의 구조

1) 조향 너클과 킹핀의 설치 방식

① **엘리옷형** : 조향 너클과 킹핀 설치방식의 하나로 앞차축 양끝 부분의 요크에 조향 너클을 끼워 킹핀을 통해서 차축에 설치된다. 이때 킹핀은 조향 너클에 고정되므로 차축에 부싱을 삽입하여 회전운동을 할 수 있도록 하여야 한다.

② **역 엘리옷형** : 조향 너클과 킹핀 설치방식의 하나로 조향 너클의 요크에 T자 모양의 앞차축을 조향 너클에 끼워 킹핀을 통해서 설치된다. 이때 킹핀은 차축에 고정되므로 조향 너클에 부싱을 삽입하여 회전 운동을 할 수 있도록 하여야 한다.

③ **마몬형** : 조향 너클과 킹핀 설치방식의 하나로 앞차축 위에 조향 너클이 설치되어 차체를 낮출 수 있으며, 조향 너클의 설치나 앞차축의 형상이 간단하다.

④ **르모앙형** : 조향 너클과 킹핀 설치방식의 하나로 앞차축 아래에 조향 너클이 설치되어 차축을 높일 수 있기 때문에 트랙터 및 특수 차량에 사용된다.

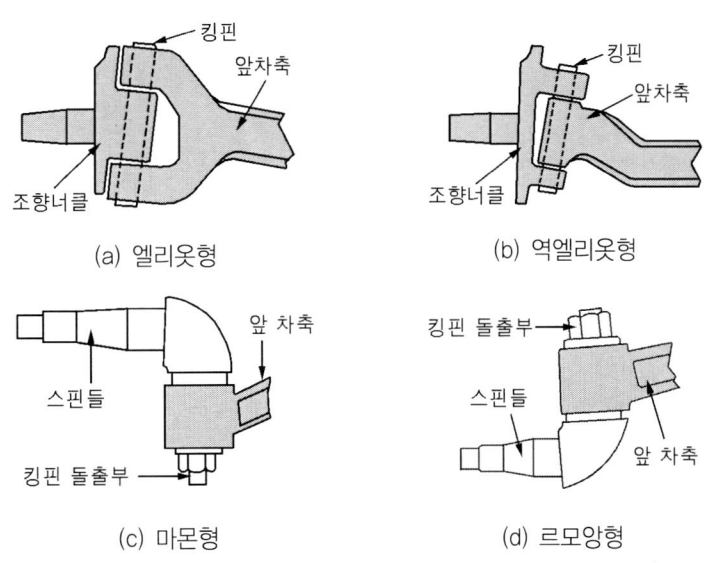

▲ 킹핀 설치 방식의 종류

2) 조향 너클과 킹핀

① **조향 너클** : 차축과 킹핀으로 연결되며 조향시 좌·우로 방향전환이 되는 부분이다.
② **킹핀** : 차축과 조향 너클을 조립하는 굵은 핀으로 연결되며 수직선과 일정한 각도를 가진다.

3) 조향기어

조향 핸들의 회전 운동을 직각에 가까운 각도로 바꿈과 동시에 조향력을 증대시켜 피트먼 암에 전달한다. 조향 기어는 선회시 반력을 이기고 감각을 알 수 있으며, 복원 성능이 있어야 한다.

① **조향 기어형식**

래크 & 피니언, 웜 섹터 형식, 웜 섹터 롤러 형식, 웜 핀 형식, 볼 너트 형식 등이 있다.

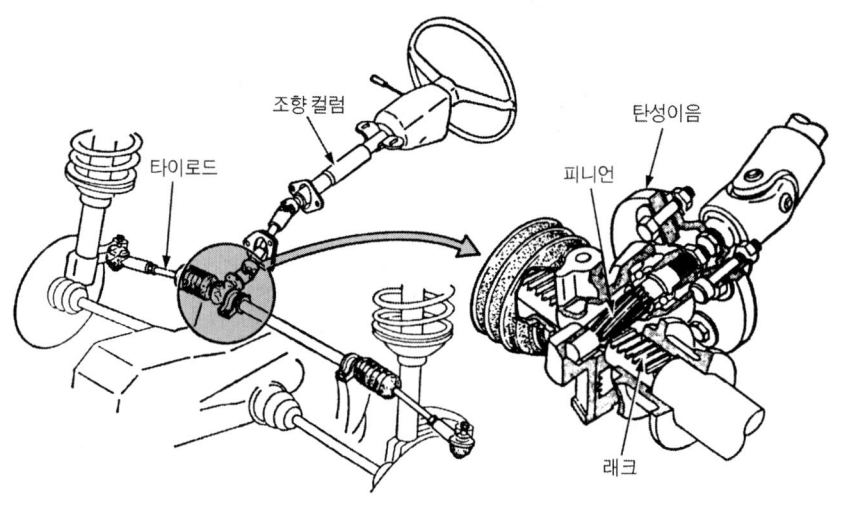

▲ 래크와 피니언 형식

② **조향 기어의 방식**

㉮ 가역식 : 바퀴를 움직이면 조향핸들이 움직이는 것으로 각부 마멸이 적고 복원성능은 좋으나 조향핸들을 놓치기 쉽다.

㉯ 비가역식 : 바퀴를 움직여도 조향 핸들이 움직이지 않는 것으로 바퀴의 충격이 조향핸들에 전달되지 않으나 복원성이 나쁘다.

㉰ 반가역식 : 가역식과 비가역식의 중간 형식이다.

☞ 조향기어 백래시가 크면(기어가 마멸되면 경우임) 핸들의 유격이 커진다.

4) 조향 링크기구

① **피트먼 암** : 조향기어의 섹터축과 세레이션으로 연결되며, 조향핸들을 움직이면 중심 링크나 드래그 링크를 밀거나 당긴다.

② **드래그 링크** : 일체 차축 조향 기구에서만 사용되며 조향 너클 암과 피트먼 암 사이에 연결된다.

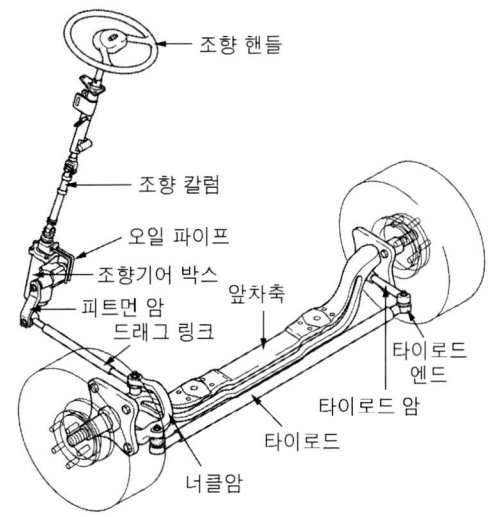

▲ 일체차축 현가용 조향링크기구

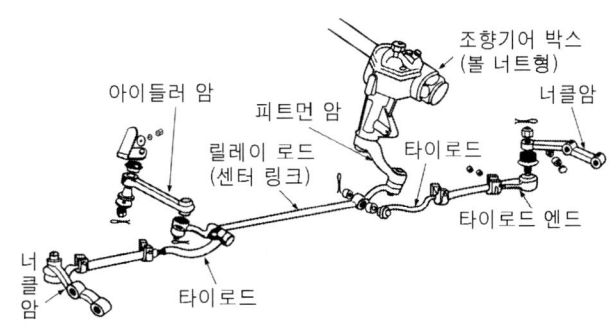

▲ 독립현가용 조향 링크기구

③ **센터링크** : 독립 현가 조향 기구에서 좌·우 타이로드와 연결된다.

④ **타이로드** : 독립 현가 조향기구는 2개, 일체 차축 현가 조향기구에는 1개이며, 조향 너클을 밀거나 당긴다. 또 토인 조정을 하는 로드이다.

동력 조향 장치

❶ 동력 조향장치의 역할

조향 조작력을 유압에 의하여 보조하는 장치이다. 중량의 증가 및 저압 타이어를 사용하면 앞바퀴의 접지사항이 커지기 때문에 신속한 조향 조작이 곤란하게 된다. 따라서 가볍고 원활한 조향 조작을 하기 위해 기관의 동력으로 오일펌프를 구동시켜 발생한 유압을 이용하는 동력장치를 설치하여 조향핸들의 조작력을 가볍게 하는 장치이다.

(1) 동력 조향장치의 장점

① 조향 조작력이 작아도 된다.
② 조향 조작력에 관계없이 조향 기어비를 선정할 수 있다.
③ 노면으로부터의 충격 및 진동을 흡수한다.
④ 앞바퀴의 시미 현상(좌우 흔들림 현상)을 방지할 수 있다.
⑤ 조향 조작이 경쾌하고 신속하다.

(2) 동력 조향장치의 구조

구조는 크게 나누어 작동부, 제어부, 동력부로 구분한다.

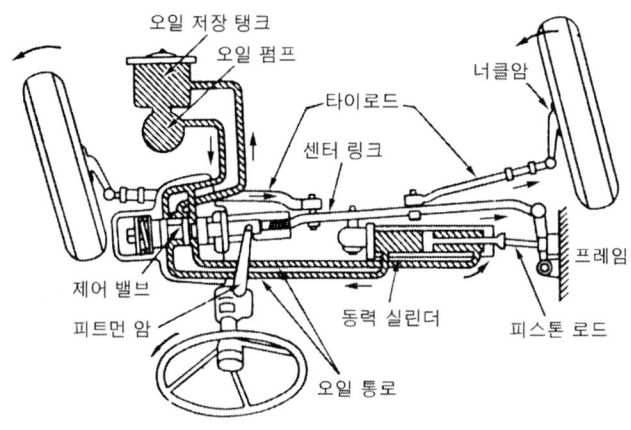

▲ 동력조향기구

1) 작동부

유압을 기계적 에너지로 바꾸어 앞바퀴의 조향력을 발생하는 부분으로서 복동식 동력 실린더를 사용한다.

2) 제어부

조향 핸들의 조작으로 작 장치의 오일회로를 개폐하는 밸브이며, 제어밸브가 오일회로를 바꾸어 동력 실린더의 작동방향과 상태를 제어한다. 또 안전 체크밸브를 설치하여 유압계통에 고장이 발생하였을 때 조향 핸들의 수동 조작을 쉽게 하도록 한다.

3) 동력부

동력원이 되는 유압을 발생시키는 부분으로 기관에 의해 구동되는 오일펌프와 최고 유량을 제어하는 유량제어밸브 및 최고 유압을 제어하는 압력조절 밸브로 구성되어 있다.

❷ 조향기구의 기능

(1) 동력 실린더

피스톤과 피스톤 로드로 구성되어 있으며 피스톤은 볼 조인트에 의해 피스톤 로드에 연결되고 피스톤 로드는 프레임에 결합되어 있으며, 동력 실린더는 복동식으로 오일펌프로부터 발생된 유압오일이 공급배출되고 고정된 피스톤 로드를 중심으로 실린더가 좌우로 작동하여 조향 핸들의 조작력을 돕는다.

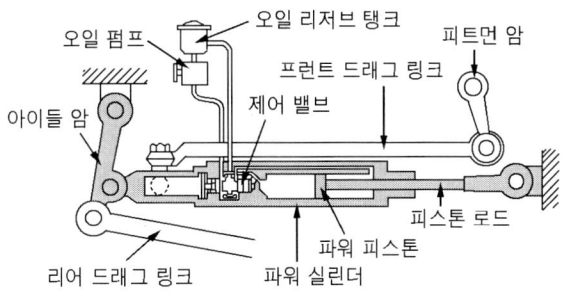

▲ 동력 실린더 구조

(2) 액추에이터

액추에이터는 제어밸브를 사이에 두고 동력실린더에 결합되어 있으며 하우징, 볼 조인트 및 리액션 스프링으로 구성되어 있다. 액추에이터는 조향 핸들의 조작력을 볼 조인트를 거쳐 제어 밸브 스프링에 전달하여 동력 실린더를 작동시킴과 동시에 앞바퀴에 조향하는 힘을 전달한다.

(3) 제어밸브

제어밸브는 동력 실린더의 작동 방향과 작동을 제어하는 부분으로 제어 밸브보디 내에 3개의 홈이 파여 있는 밸브 스풀이 축방향으로 이동하여 밸브 작용을 한다.

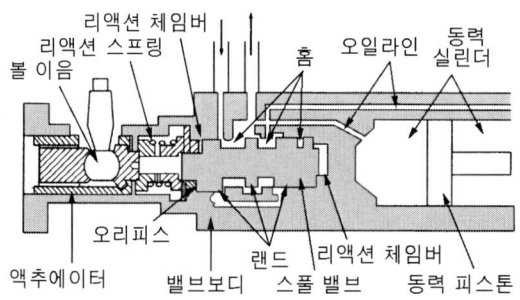

▲ 제어밸브의 구조

동력조향장치의 조향핸들이 무거운 원인

- 유압계통 내에 공기가 유입되었다.
- 유압이 낮다.
- 오일펌프의 벨트가 파손되었다.
- 오일호스가 파손되었다.
- 타이어의 공기압력이 너무 낮다.
- 오일펌프의 회전이 느리다.
- 오일이 부족하다.

앞바퀴 정렬(얼라인먼트)

효과적인 주행을 하기 위하여 앞바퀴의 기하학적인 각도 관계를 앞바퀴 정렬이라고 한다.

(1) 앞바퀴 정렬의 필요성

① 조향핸들에 복원성을 준다.
② 조향핸들의 조작을 확실하게 하고 안전성을 준다.
③ 타이어 마멸을 감소할 수 있다.
④ 조향핸들의 조작력이 적고 쉽게 할 수 있다.

(2) 앞바퀴 정렬의 종류

1) 캠버

앞바퀴를 앞에서 보면 앞바퀴는 윗부분이 약간 바깥쪽으로 벌어져 있다. 즉, 앞바퀴의 중심선이 수선에 대하여 30′~1°30′의 각도를 두고 설치된 상태를 말한다.
① 앞차축의 휨을 적게 한다.
② 볼록 노면에 대하여 앞바퀴를 직각으로 둘 수 있다.
③ 조향 핸들의 조향 조작을 가볍게 한다.
④ 토(Toe)와 관련성이 있다.

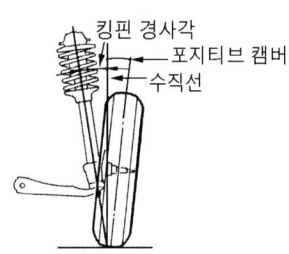

▲ 캠버와 킹핀 경사각

2) 캐스터

앞바퀴를 옆에서 보면 킹핀의 중심선이 수직선에 대하여 30′~3°의 각도를 두고 설치된 상태를 말한다.
① 주행 중 조향 바퀴에 방향성을 부여한다.
② 조향할 때 바퀴의 복원력이 발생한다.

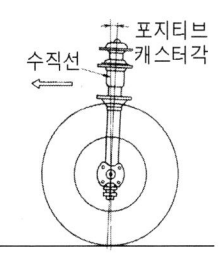

▲ 캐스터

3) 킹핀 경사각

앞에서 보면 킹핀의 중심선이 수직선에 대하여 2~8°의 각도를 두고 설치된 상태를 말한다.
① 조향 핸들의 조작력을 적게 할 수 있다.
② 앞바퀴의 시미 현상을 방지할 수 있다.
③ 조향할 때 앞바퀴의 복원성을 부여하여 조향 핸들의 복원을 쉽게 한다.

4) 토인

앞바퀴를 위에서 보면 좌우 타이어 중심간의 거리가 앞부분이 뒷부분보다 2~8mm 좁게 되어 있는 상태를 **토인**이라 하고 넓게 되어 있으면 **토아웃**이라 한다.

① 앞바퀴의 사이드 슬립과 타이어 마멸을 방지한다.
② 캠버에 의한 토 아웃됨을 방지하며 앞바퀴를 평행하게 회전시킨다.
③ 주행 저항과 구동력의 반력에 의함 토 아웃됨을 방지한다.
④ 조향 링키지 마멸에 의해 토 아웃됨을 방지한다.
⑤ 토인조정은 타이로드로 한다.

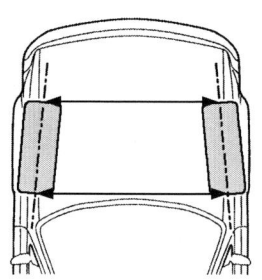

▲ 토인

제동 장치　05

❶ 제동장치의 역할

제동장치는 주행하고 있는 건설기계 속도를 감속 또는 정지시키고, 정차중인 건설기계 스스로 움직이지 않도록 하기 위한 장치이다.

구비조건은 다음과 같다.
① 작동이 확실하고, 제동 효과가 클 것
② 신뢰성과 내구성이 클 것
③ 점검·정비가 쉬울 것

❷ 제동장치의 종류

① **풋 브레이크** : 감속 및 정지를 목적으로 운전자가 발로 밟는 형식이며 유압 브레이크, 진공 배력 브레이크, 공기 브레이크 등으로 구분한다.

② **주차 브레이크** : 주차 상태에서 움직이지 못하도록 하는 형식이며 추진축에 설치된 센터 브레이크와 휠 브레이크로 구분한다.

③ **감속 브레이크** : 주행중인 건설기계의 감속을 위하여 마찰 없이 작동되는 형식이며 기관 브레이크, 배기 브레이크, 와전류 브레이크로 구분한다.

❸ 유압 브레이크

가장 일반적인 브레이크 장치로서, 액체(브레이크 오일)를 이용하여 각 바퀴에 평균적인 제동력을 전달하는 브레이크이며, 파스칼의 원리를 이용한 것으로 그 작용은

① 브레이크 페달을 밟으면 밟는 힘의 3~5배의 힘으로 마스터 실린더를 눌러 유압을 발생시킨다.

② 마스터 실린더에서 발생한 유압은 강 파이프나 호스를 통하여 각 바퀴에 설치된 휠 실린더에 전달된다.

③ 전달된 유압은 휠 실린더 내의 피스톤을 확장시켜 브레이크 슈를 드럼에 압착시켜 제동력을 발생한다.

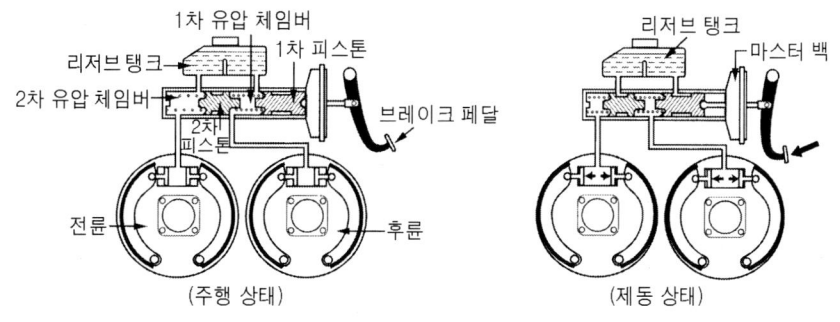

▲ 유압식 브레이크의 구조

파스칼의 원리

- 밀폐된 용기에 액체를 넣고 외부에서 압력을 가하면 동일한 압력이 각 부에 전달된다.

(1) 마스터 실린더

브레이크 페달 푸시로드의 힘을 받아 유압을 발생시킨다. 안전을 도모하기 위하여 앞·뒷바퀴에 유압을 따로 형성한 탠덤 마스터 실린더를 사용한다.

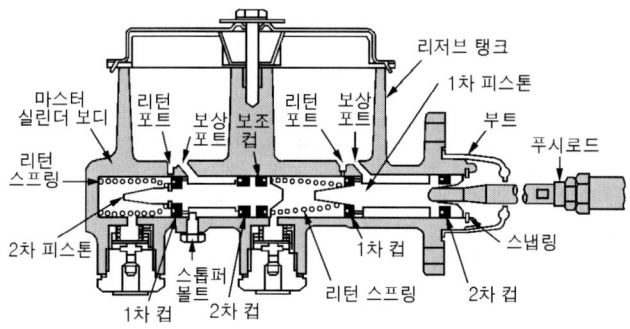

▲ 마스터 실린더의 구조

1) 피스톤

푸시로드의 힘을 받아 실린더 내에서 전·후진하며, 전진할 때 유압을 발생한다(2차 피스톤은 1차 피스톤의 유압에 의하여 전진한다).

2) 피스톤 컵

피스톤 앞뒤에 설치되며 기밀을 유지하고 유압을 발생시킨다.

3) 피스톤 리턴 스프링

브레이크 페달을 놓았을 때 피스톤을 원상 회복시킨다.

4) 체크밸브

오일이 한쪽으로만 흐르게 하는 밸브로서 오일이 마스터 실린더에서 휠 실린더 쪽으로 나가게만 한다. 브레이크가 풀릴 때는 회로 내의 유압과 스프링 장력이 평형 상태가 될 때까지 시트에서 떨어져 오일이 마스터 실린더로 복귀되도록 하지만 유압과 장력이 평형이 되면 체크밸브와 시트가 접촉되어 오일라인에 잔압이 형성되도록 한다.

① 잔압 : 0.6~0.8kg/cm²

② 잔압을 두는 이유
  ㉮ 브레이크 작동지연을 방지한다.
  ㉯ 베이퍼록을 방지한다.

㉰ 회로 내에 공기가 침입하는 것을 방지한다.

㉱ 휠 실린더 내에서 오일이 누출되는 것을 방지한다.

> **베이퍼 록(Vapor lock)**
>
> - **베이퍼록** : 브레이크 회로 내의 오일이 비등·기화하여 오일의 압력 전달 작용을 방해하는 현상을 말한다.
> - **그 원인**
>   ⓐ 긴 내리막길에서 과도한 풋 브레이크를 사용할 때
>   ⓑ 브레이크 드럼과 라이닝의 끌림에 의해 가열될 때
>   ⓒ 마스터 실린더, 브레이크 슈 리턴 스프링 쇠손에 의한 잔압이 저하되었을 때
>   ⓓ 브레이크 오일 변질에 의한 비점의 저하 및 불량한 오일을 사용할 때

(2) 브레이크 파이프

압력을 많이 받기 때문에 강 파이프를 사용하며 내부는 방청처리 하였고 외부는 부식 방지를 위하여 아연, 납 등으로 도금한다. 파이프의 직경은 5~8mm이고, 휘어지는 플렉시블 호스도 사용한다.

(3) 휠 실린더

마스터 실린더로부터의 유압이 휠 실린더에 전달되면 피스톤은 압축되어 브레이크 라이닝을 압착한다. 피스톤과 실린더 사이에 고무 컵 모양의 실(seal)이 있어 브레이크 오일이 누설되는 것을 방지한다.

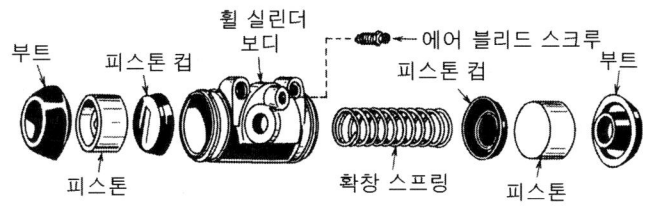

▲ 휠 실린더의 구조

(4) 브레이크 슈

휠 실린더에 가해진 유압에 의하여 브레이크 드럼에 압착하여 제동력을 발생하고 유압이 해제되면 리턴 스프링에 의하여 자동적으로 원래의 위치로 복귀하도록 되어 있다.

(5) 브레이크 라이닝

브레이크 드럼과 직접 접촉하여 브레이크 드럼의 회전을 멈추고 운동 에너지를 열 에너지로 바꾸는 마찰재료이다. 열 에너지는 브레이크 드럼으로부터 발산하지만, 브레이크 라이닝의 온도도 매우 높아지기 때문에, 고온이 되어도 연소되지 않고 마찰계수(미끄러지기 어려운 정도)의 변화가 작은 것이 좋이 좋다.

(6) 브레이크 드럼

브레이크 드럼은 휠 허브에 볼트로 설치되어 바퀴와 함께 회전하며, 라이닝과 접촉되어 제동력을 발생한다. 재질로는 특수주철이 사용되며, 제동력을 발생할 때 600~700℃의 마찰열이 발생되어 제동력이 저하되므로 냉각성능을 향상시키고 강성을 증대시키기 위하여 원둘레 직각 방향에 냉각 핀 또는 리브(rib)가 설치되어 있다.

브레이크 드럼의 구비조건은 다음과 같다.
① 정적·동적 평형이 잡혀 있을 것.   ② 충분한 강성이 있을 것.
③ 내마멸성이 우수할 것.   ④ 방열이 잘 될 것.
⑤ 가벼울 것.

> **페이드 현상**
>
> • 브레이크를 짧은 시간 내에 반복조작이나, 연속하여 자주 사용하면 브레이크드럼이 과열되어, 마찰계수가 떨어지고 브레이크가 잘 듣지 않는 것으로 내리막길을 내려갈 때 브레이크 효과가 나빠지는 현상을 말한다. 브레이크에서 페이드 현상이 일어나면 작동을 멈추고 열이 식도록 하여야 한다.

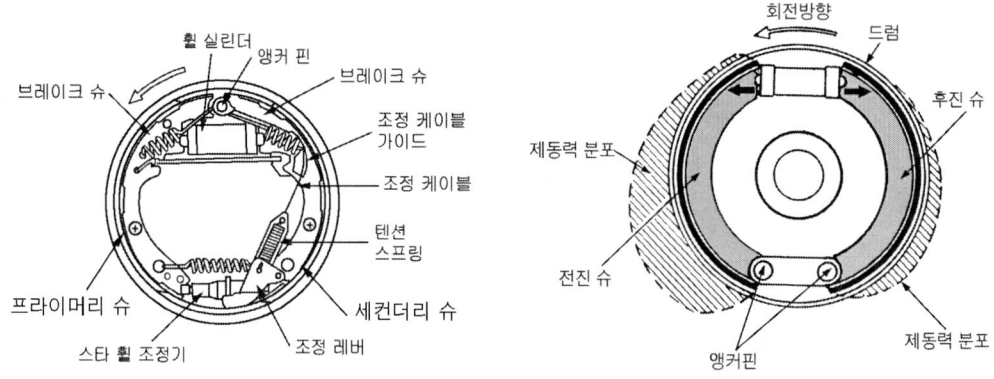

▲ 브레이크 드럼 명칭과 자기 작동작용

❹ 배력 브레이크

유압 브레이크의 제동력을 더욱 강하게 보조 역할을 하는 기구로서 흡기 다기관의 진공과 대기 압력차이를 이용하는 진공 배력 장치와 압축 공기와 대기 압력차이를 이용하는 공기 배력 장치가 있다.

(1) 진공 배력 장치(하이드로백)

유압 브레이크에 기관 흡기 다기관의 진공과 대기압력과의 압력차이 이용하여 마스터 실린더의 유압을 증가시켜 큰 제동력이 발생되도록 하는 브레이크이다.

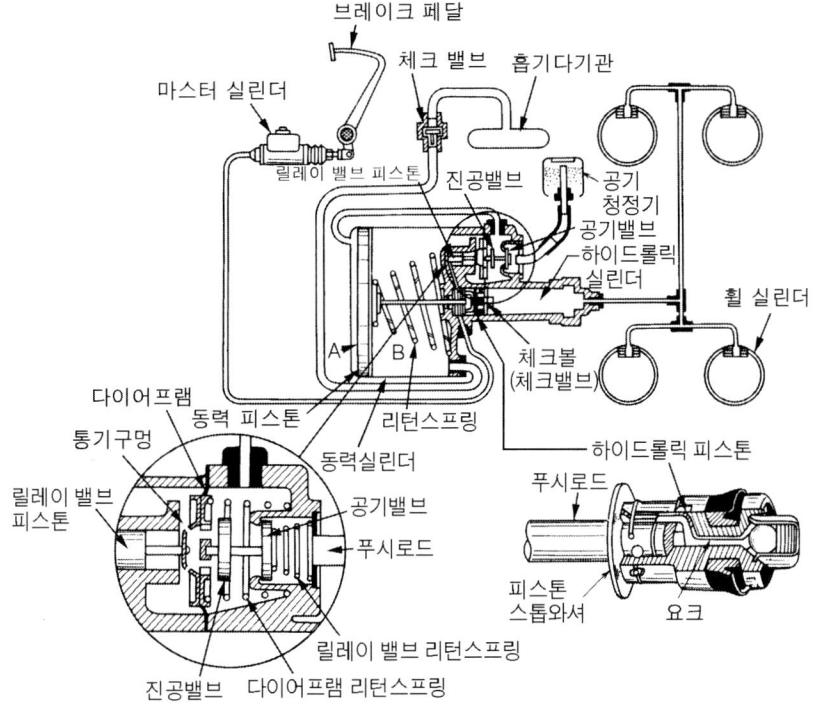

▲ 분리형 진공 배력장치의 구조

1) 작동 전

흡기 다기관의 진공이 실린더 쳄버의 A, B에 모두 작동되어 파워 피스톤은 리턴 스프링의 힘에 의하여 A쪽에 위치한다.

2) 작동

유압이 릴레이 밸브를 작동시켜 진공밸브를 닫히고 공기밸브는 열린다. 이때 B실은 진공이고 A실은 대기가 작동되어 스프링의 장력을 이기고 파워 피스톤이 푸시로드를 밀어 하이드로릭 실린더의 오일을 더욱 강하게 휠 실린더로 작용한다.

> **하이드로백의 특징**
> - 대기압과 흡기다기관 부압과의 차를 이용하였다.
> - 하이드로백에 고장이 나더라도 브레이크는 작동이 된다.
> - 외부에 누출이 없는데도 브레이크 작동이 나빠지는 것은 하이드로백 고장일 수도 있다.
> - 하이드로백은 브레이크 계통에 설치되어 있다.

(2) 공기 배력 장치(하이드로 에어 팩)

유압 브레이크에 압축공기와 대기압력과의 압력 차이를 이용하여 마스터 실린더에 전달되는 유압을 증가시켜 큰 제동력이 발생되도록 하는 브레이크이다.

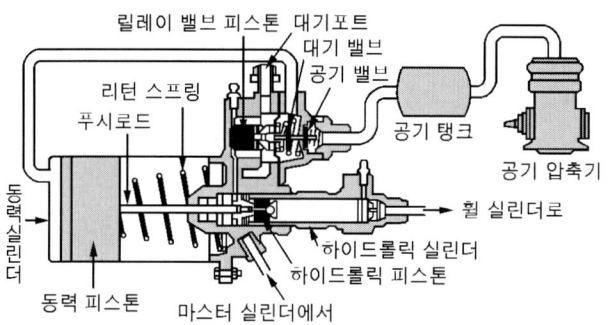

▲ 공기 배력장치의 구조

❺ 공기 브레이크

기관으로 공기 압축기를 구동하여 발생한 압축 공기(5~7kg/cm²)를 동력원으로 브레이크 페달을 밟으면 브레이크 밸브로부터 유입된 공기는 브레이크 챔버로 들어가 브레이크 슈를 드럼에 압착하여 제동력이 발생된다.

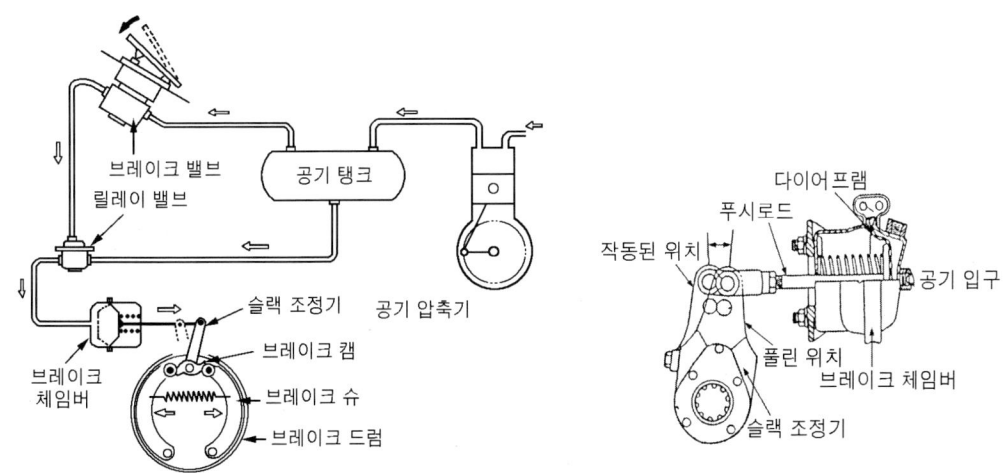

▲ 브레이크 쳄버의 작동

(1) 공기 브레이크의 장점

① 건설기계의 중량이 증가되어도 사용할 수 있다.
② 공기가 약간 누출되어도 사용이 가능하다.
③ 베이퍼록이 발생되지 않는다.
④ 페달의 조작력이 적어도 된다.
⑤ 트레일러를 견인할 때 사용이 간편하다.
⑥ 공기의 압력을 높이면 더 큰 제동력을 얻을 수 있다.

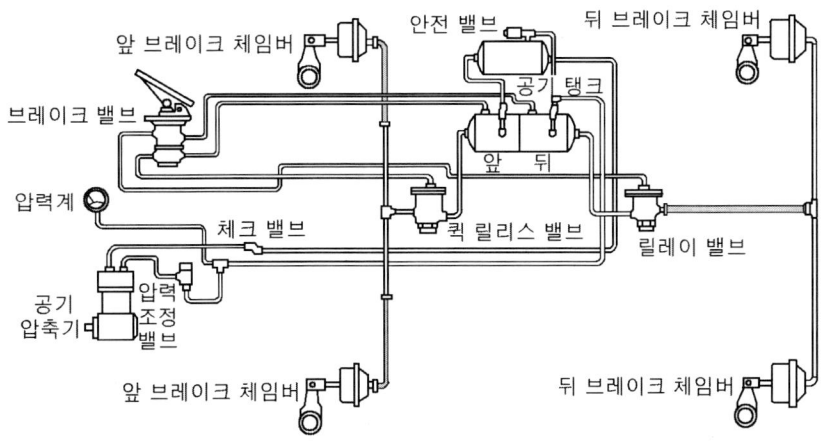

▲ 공기 브레이크의 계통도

(2) 공기 브레이크 구조

① 공기 압축기

기관의 크랭크축 기어에 의해 기관회전의 1/2로 구동되어 공기를 압축하는 왕복형 압축기로서 실린더 헤드에 언로더 밸브가 설치되어 공기 압축기가 필요 이상으로 구동되는 것을 방지하여 탱크 내에 압력을 항상 일정하게 유지한다.

② 공기탱크

공기 탱크는 공기 압축기에서 압축된 공기를 저장하여 각 작동부분에 공급하는 역할을 한다. 공기탱크에는 과잉의 압력을 방출하여 공기탱크의 안전을 유지하기 위해 안전 밸브가 설치되어 있으며, 공기탱크 내의 규정압력은 5~7kg/cm²이다.

③ 브레이크 밸브

브레이크 밸브는 브레이크 페달에 의해 작동되어 앞 브레이크 퀵 릴리스 밸브와 뒤 브레이크 릴레이 밸브의 공기탱크에 저장되어 있는 압축공기를 공급하여 제동력이 발생되도록 한다. 브레이크 페달을 놓으면 주 스프링의 장력에 의해 플런저가 복귀되면 공급밸브를 닫고, 배출밸브를 열어 신속하게 공기를 배출하여 브레이크를 해제시킨다.

④ 릴레이 밸브

릴레이 밸브는 브레이크의 밸브와 뒤 브레이크 쳄버 사이에 설치되어 있으며, 뒤 브레이크를 쳄버에 공기를 신속하게 공급하여 제동력을 발생하거나 배출하여 브레이크를 해제하는 역할을 한다.

⑤ 퀵 릴리스 밸브

퀵 릴리스 밸브는 앞 브레이크 쳄버에 공기를 신속하게 공급하여 제동력을 발생하게 하거나 배출하여 브레이크를 해제하는 역할을 한다.

⑥ 브레이크 쳄버

브레이크 쳄버는 공기의 압력을 제동력으로 바꾸는 역할을 한다. 브레이크 페달을 밟지 않았을 때 다이어프램이 리턴 스프링에 의해 한쪽으로 밀려져 있다가 브레이크 페달을 밟아 압축 공기가 도입되면 다이어프램이 리턴 스프링을 압축하면서 푸시로드가 브레이크 캠을 작동시켜 제동력이 발생되도록 한다. 브레이크 페달을 놓았을 때는 다이어프램의 리턴 스프링에 의해 브레이크가 해제된다.

☞ 공기 브레이크에서 브레이크 슈를 직접 작동시키는 것은 캠이다.

⑦ **체크밸브**

공기탱크 내의 압력이 규정 값이 되어 공기 압축기에서 압축공기가 공급되지 않을 때에는 밸브를 닫아 탱크 내의 공기가 새지 않도록 한다.

⑧ **압력 조정기**

공기탱크 내의 압력이 5~7kg/cm² 이상이 되면 언로더 밸브를 열어 공기가 압축되지 않도록 하므로 탱크 내에 압력이 일정하게 유지되도록 한다.

⑨ **언로더 밸브**

공기탱크 내의 압력이 규정값 이상이 되면 공기가 압력 조정기를 통하여 언로더 밸브에 가해지면 언로더 밸브는 공기 압축기의 흡입밸브를 열어 공기가 압축되지 않도록 한다.

타이어

1 휠(wheel)

휠은 허브와 림 사이를 연결하는 부분이다.

① **림** : 타이어가 설치되는 부분
② **휠** : 강재로 된 디스크 휠, 철사로 구분된 스포크 휠, 막대를 주름잡아 형성된 스파이더 휠이 있다.

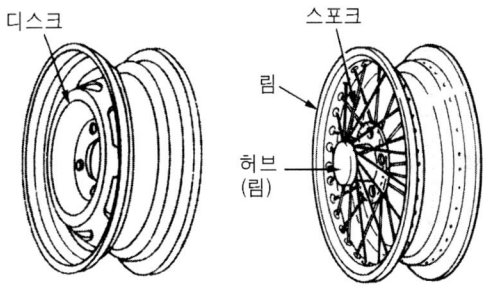

▲ 디스크 휠과 스포크 휠

❷ 타이어

타이어는 직접 노면과 접촉하면서 진동하기 때문에 노면과의 접지력을 크게 하여 노면으로부터 충격을 흡수함으로써 승차감을 좋게 하는 일을 한다.

(1) 타이어의 종류

① **고압 타이어** : 4.2~6.3kgf/cm²의 압력을 받는 정도의 타이어
② **저압 타이어** : 2.1~2.5kgf/cm²의 압력을 받는 정도의 타이어
③ **보통 타이어** : 카커스 코드가 사선으로 형성된 것.
④ **레이디얼 타이어** : 카커스 코드가 단면 방향으로 형성된 것.
⑤ **편평 타이어** : 타이어 폭이 넓은 타이어

(2) 타이어의 구조

1) 카커스

고무로 피복 된 코드를 여러 겹 겹친 층에 해당되며, 타이어에서 타이어 골격을 이루는 부분이다.

2) 트레드

트레드(tread) 직접 노면과 접촉되어 마모에 견디고 적은 슬립으로 견인력을 증대시키는 곳이다.

① 트레드가 마모되면 구동력과 선회능력이 저하된다.
② 트레드가 마모되면 지면과의 마찰력이 작아진다.
③ 타이어의 공기압력이 높으면 트레드의 양단부보다 중앙부의 마모가 크다.
④ 트레드가 마모되면 열의 발산이 불량하게 된다.

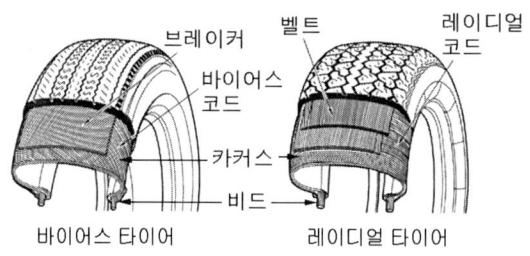

▲ 타이어의 구조

3) 브레이커

트레드와 카커스의 사이에 들어가는 코드 층이며, 비드부에 미치지 않는 것을 가리킨다. 트레드로부터 카커스에 전달되는 노면으로부터의 충격을 완화하고, 카커스를 보호할 목적으로 사용된다.

4) 비드

내부에는 고 탄소강의 강선(피아노 선)을 묶으므로 넣고 고무로 피복함 림 상태의 보강 부위로 타이어가 림에 견고하게 고정시키는 역할을 하는 부분이다.

(3) 타이어 트레드 패턴

트레드 패턴의 분류에는 리브 패턴(rib pattern or high-way type), 러그 패턴(lug pattern), 블록 패턴(block pattern)으로 분류되는데, 최근의 타이어는 이들을 혼합한 중간적인 패턴의 것이 많다.

> ☞ **타이어에서 트레드 패턴과 관련 있는 요소**는 제동력·구동력 및 견인력, 타이어의 배수 효과, 조향성·안정성 등이다.

1) 트레드 패턴의 종류

① **러그 패턴** : 회전방향이 직각으로 홈을 둔 것이며, 전후 방향에 대해 강인한 견인력을 주며 타이어 숄더부의 방열이 잘된다. 그러나 고속으로 주행하면 편마멸을 일으킨다.

② **리브 패턴** : 원둘레 방향으로 몇 개의 홈을 둔 것이며 옆방향 미끄럼에 대한 저항이 크고 조향성능이 우수하다.

③ **슈퍼 트랙션 패턴** : 진행방향에 대한 견인력을 지니도록 하여 기어와 같이 연약한 흙을 잡으면서 주행하며 패턴 사이에 흙 등이 끼이는 것을 방지한다.

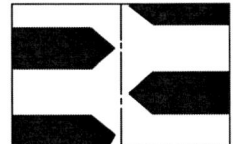 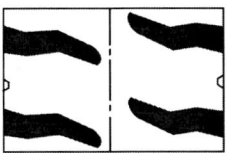 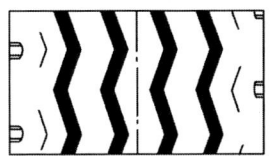 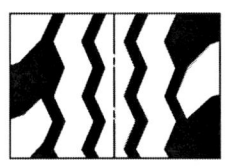

(a) 러그 패턴　　(b) 리브 패턴　　(c) 리브 러그패턴

▲ 타이어 트레드 패턴 (1)

④ **리브 러그 패턴** : 숄더부에는 러그형 중앙 부분에 리브형을 두어 좋은 길, 좋지 않은 길에 겸용 할 수 있다.

⑤ **블록 패턴** : 노면을 다지면서 주행하고 앞뒤, 옆방향으로 미끄러지는 것을 방지한다.

⑥ **오프더 로드 패턴** : 러그형의 홈을 깊고 넓게 한 것이며 좋지 않은 길이나 진흙 속에서도 강력한 견인력을 얻을 수 있다.

   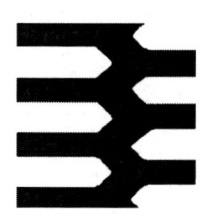

(a) 블록 패턴　　　(b) 슈퍼 트랙션 패턴　　　(c) 오브 더 로드 패턴

▲ 타이어 트레드 패턴 (2)

(4) 타이어 호칭치수

타이어 호칭치수는 타이어 폭, 타이어 내경, 외경 및 플라이수, 림에 지름과 최고 허용 속도를 표시한다.

1) 보통 타이어

① **저압 타이어** : 저압 타이어는 타이어 폭(인치)−타이어 내경(인치)−플라이 수로 표시한다.

> ☞ 타이어의 **11.00 − 20 − 12PR**에서
> 11.00은 타이어 폭을 인치로 표시한 것
> 20은 타이어 내경을 인치로 표시한 것이다.

② **고압 타이어** : 고압 타이어는 타이어 외경(인치) × 타이어 폭(인치))−플라이 수로 표시한다.

2) 레이디얼 타이어

레이디얼 타이어의 호칭 치수는 폭과 림의 지름으로 표시된다.

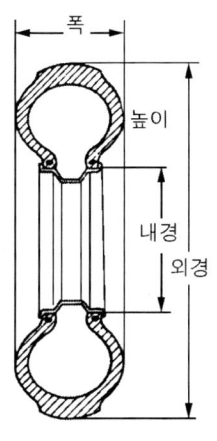

▲ 타이어 치수

▲ 저압 타이어의 호칭치수

레이디얼 타이어의 호칭치수

175　S　R　14

- **175** : 타이어의 폭(mm)
- **R** : 레이디얼 타이어를 나타내는 기호
- **S** : 최고 허용속도
- **14** : 림의 지름(inch)

(5) 기타 타이어의 구조

1) 튜브리스 타이어

① **튜브리스 타이어의 장점**
　㉮ 튜브가 없기 때문에 조금 가볍다.
　㉯ 펑크 수리가 간단하다.
　㉰ 고속 주행하여도 발열이 적다.
　㉱ 못 같은 것이 박혀도 공기가 잘 새지 않는다.

② **튜브리스 타이어의 단점**
　㉮ 유리 조각 등에 손상되면 수리하기가 어렵다.
　㉯ 림이 변형되면 공기가 새기 쉽다.

2) 레이디얼 타이어

　타이어의 원둘레 방향 중심선에 대하여 약 90°의 방향으로 배치된 플라이 위에 15~20°의 코드 각도를 가진 강성이 높은 벨트를 가지는 구조로 되어 있다.

① 레이디얼 타이어의 장점
　㉮ 접지 면적이 크다.
　㉯ 선회할 때에 옆방향의 힘을 받아도 변형이 적다.
　㉰ 하중에 의한 트레드의 변형이 적다.
　㉱ 타이어 단면의 편평률을 크게 할 수 있다.
　㉲ 로드 홀딩이 향상되며 스탠딩 웨이브 현상이 일어나지 않는다.

② 레이디얼 타이어의 단점
　㉮ 충격을 잘 흡수하지 않는다.
　㉯ 승차감이 좋지 않다.

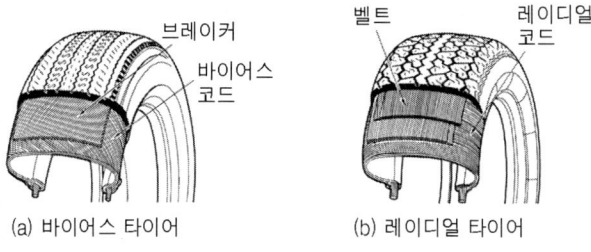

▲ 보통(바이어스) 타이어와 레이디얼 타이어

(6) 타이어에서 발생하는 이상 현상

1) 스탠팅 웨이브 현상

고속으로 주행할 때 타이어의 공기가 적으면 트레드가 받는 원심력과 공기압력에 의해 트레드가 노면에서 떨어진 직후에 찌그러짐이 생기는 현상이며, 이를 방지하기 위하여 공기압력을 10~20% 높여준다.

2) 수막(하이드로 플레이닝) 현상

비가 올 때 노면의 빗물에 의하여 타이어가 노면에 직접 접촉되지 않고 수막 만큼 떠 있는 상태를 말한다.

트랙 장치

❶ 트랙장치의 역할

트랙장치는 트랙에 의해 건설기계를 이동시키는 장치로서 트랙 프레임, 리코일 스프링, 상부롤러(캐리어 롤러), 하부롤러(트랙 롤러), 프런트 아이들러(전부 유동륜), 스프로킷(기동륜), 트랙 등으로 구성되어 있다.

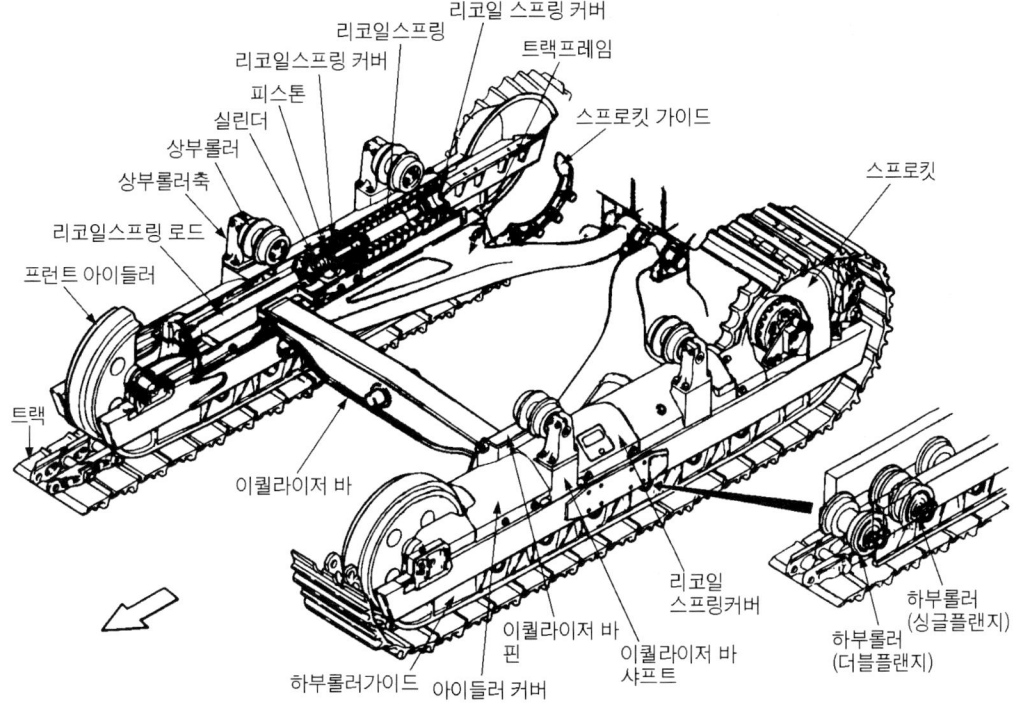

▲ 트랙장치의 구조

❷ 트랙장치의 구조

(1) 하부롤러(트랙 롤러)

하부롤러는 롤러, 부싱, 플로팅 실, 축, 칼라 등으로 구성되어 트랙 프레임 아래에 좌·우 각각 3~7개 설치되며 트랙터의 전체중량을 균등하게 트랙 위에 분배하면서 진동하고 트랙의 회전위치를 정확히 유지한다. 롤러에는 싱글 플랜지형과 더블 플랜지형이 있으며, 스러스트 방향의 하중을 플랜지가 받는다.

싱글 플랜지형은 트랙이 벗겨지는 것을 방지하고 더블 플랜지형은 트랙의 정렬을 바르게 유지한다. 5개의 하부롤러를 설치하는 경우 2번과 4번이 더블 플랜지형 롤러가 사용되며, 그 외는 싱글 플랜지형 롤러가 사용된다. 따라서 싱글 플랜지형 롤러는 반드시 프런트 아이들러와 스프로킷에 있는 쪽에 설치하여야 한다.

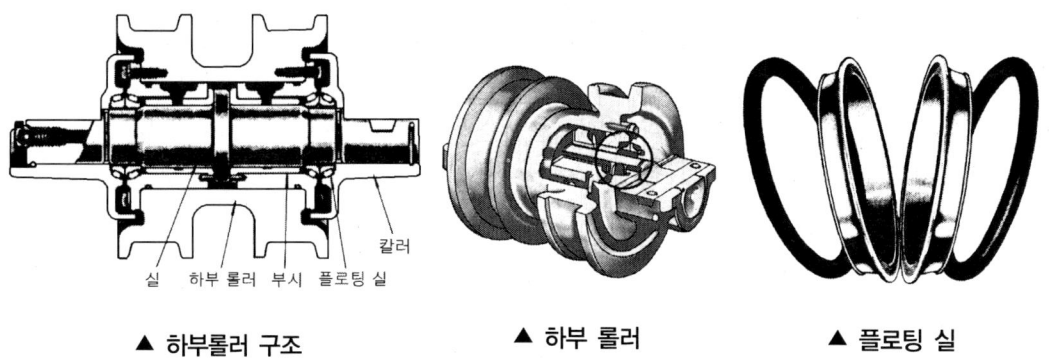

▲ 하부롤러 구조　　▲ 하부 롤러　　▲ 플로팅 실

(2) 상부롤러(캐리어 롤러)

(상부 롤러)는 트랙 프레임 위에 한쪽만 지지하거나 양쪽을 지지하는 브래킷에 1~2개가 설치되어 트랙 아이들러와 스프로킷 사이에서 트랙이 처지는 것을 방지하는 동시에 트랙의 회전위치를 정확하게 유지하는 역할을 한다.

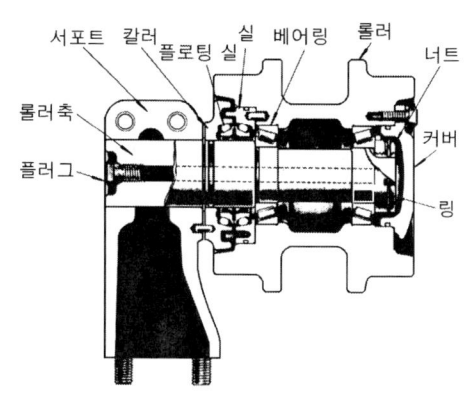

▲ 상부롤러의 구조

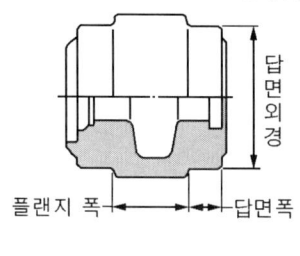

(a) 플랜지 타입　　(b) 돌기부 타입

▲ 상부롤러의 종류

(3) 프런트 아이들러(전부 유동륜)

프런트 아이들러는 트랙 프레임 위를 앞뒤로 미끄럼 운동을 할 수 있는 요크에 설치되어 있으며, 트랙의 진행방향을 유도해 주는 역할을 한다. 또 요크를 지지하는 축 끝에 조정 실린더가 연결되어 트랙유격을 조정한다.

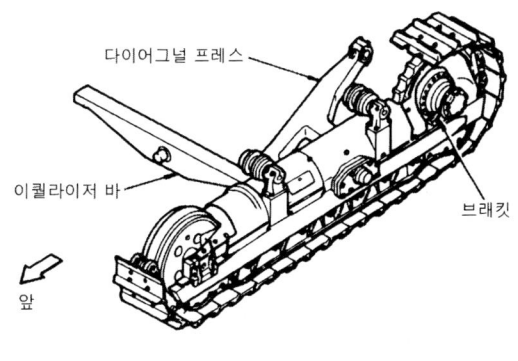

▲ 트랙 프레임

(4) 리코일 스프링

리코일 스프링은 인너 스프링(inner spring)과 아우터 스프링(outer spring)으로 되어 있으며 주행 중 트랙 앞쪽에서 오는 충격을 완화하여 차체의 파손을 방지하고 원활한 운전이 될 수 있도록 해주는 역할을 한다.

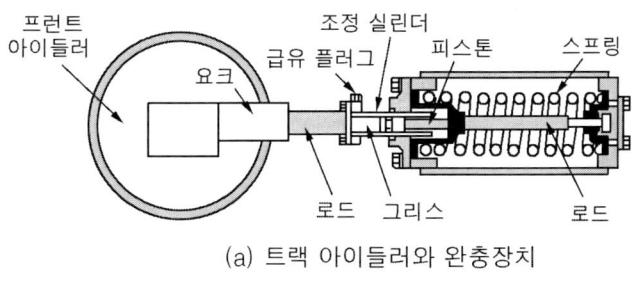

(a) 트랙 아이들러와 완충장치

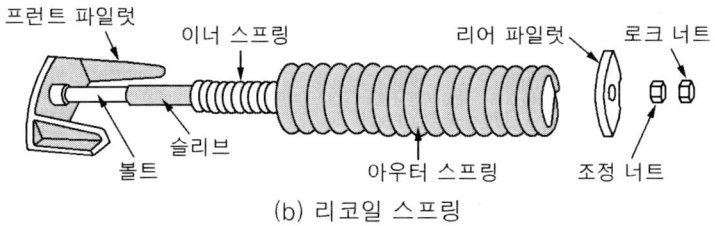

(b) 리코일 스프링

▲ 프런트 아이들러와 완충장치

(5) 스프로킷(기동륜)

기관의 동력이 종감속 기어를 거쳐 스프로킷에 전달되면 스프로킷은 최종적으로 트랙에 동력을 전달해 주는 역할을 하는 것으로서 스프로킷은 일체식과 분할식, 분해식이 있는데 분할식과 분해식은 신품과 교환하거나 용접하기가 편리하기 때문에 많이 이용된다. 스프로킷은 특수강을 단조하여 이 부분이 열처리되어 있으므로 내마모성 및 내구력을 갖도록 하였다.

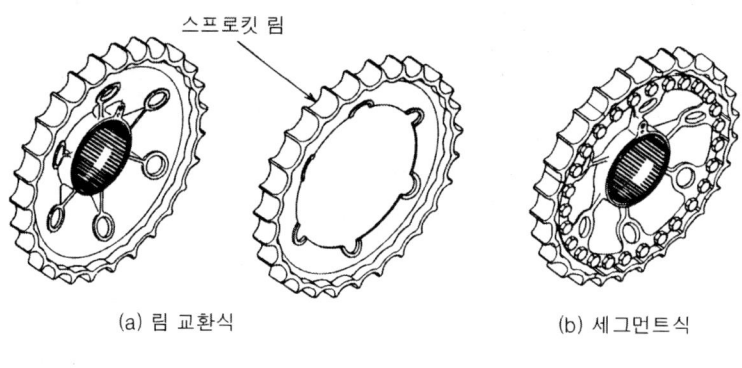

(a) 림 교환식   (b) 세그먼트식

▲ 스프로킷

(6) 트랙(크롤러, 무한궤도)

트랙은 트랙 슈, 링크, 핀, 부싱 등으로 구성되어 있으며 스프로킷, 프런트 아이들러, 상·하부 롤러와 접촉하면서 스프로킷에서 동력을 받아 트랙이 회전하며 트랙은 링크에 슈가 볼트로 설치되고 부싱 속에 핀을 끼워 결합한다. 이 핀은 링크의 바깥쪽에 위치하는 링크에 강하게 압입시켜 있으며 슈의 굴곡은 부싱과 핀에 의하여 이루어진다.

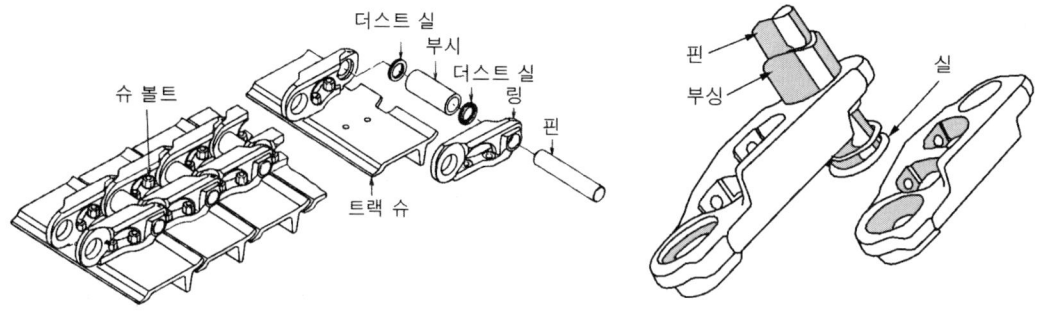

▲ 링크, 핀, 부싱 설치 관계

(7) 트랙 유격(긴도)

트랙 유격은 상부롤러와 트랙사이의 간격을 말하며, 건설기계의 종류에 따라 다소 차이는 있으나 일반적으로 유격은 25~40mm정도이다.

1) 트랙 유격 조정방법
① 건설기계를 평탄한 지면에 주차시킨다.
② 브레이크가 있는 경우에는 브레이크를 사용해서는 안 된다.
③ 전진하다가 정지시켜야 한다.(후진하다가 세우면 트랙이 팽팽해진다.)
④ 2~3회 반복 조정하여 양쪽 트랙의 유격을 똑같이 조정하여야 한다.
⑤ 트랙을 들고 늘어지는 양을 점검하기도 한다.(굴착기의 경우)

2) 트랙이 벗겨지는 원인
① 트랙의 유격(긴도)이 너무 클 때
② 트랙을 정열이 불량할 때(프런트 아이들러와 스프로킷의 중심이 일치되지 않았을 때)
③ 고속 주행 중 급선회를 하였을 때
④ 프런트 아이들러, 상·하부 롤러 및 스프로킷의 마멸이 클 때
⑤ 리코일 스프링의 장력이 부족할 때
⑥ 경사지에서 작업 할 때

3) 트랙을 분리하여야 할 경우
① 트랙 교환할 때
② 트랙이 벗겨졌을 때
③ 스프로킷, 프런트 아이들러를 교환할 때

4) 트랙의 유격을 크게 하거나 작게 할 경우
① **유격을 작게 하여야 할 경우** : 굳은 지반 또는 암반을 통과할 때
② **트랙 유격을 크게 하여야 할 경우**
  ㉠ 습지를 통과할 때
  ㉡ 사지(모래땅)를 통과할 때
  ㉢ 굴곡이 심한 노면 통과할 때

5) 트랙의 장력을 조정하여야 하는 경우

① 트랙의 이탈 방지
② 구성부품의 수명 연장
③ 스프로킷의 마모방지
④ 슈의 마모 방지

6) 프런트 아이들러가 중심부에서 바깥쪽으로 밀린 상태로 조립되면

① 프런트 아이들러(아이들 롤러)의 바깥쪽 마모가 심하다.
② 바깥쪽 링크의 내면이 심하게 마모된다.
③ 상·하부 롤러 안쪽 마모가 심하다.

7) 트랙 유격을 조정하는 방법

① 조정볼트에 의한 방법 – 구형 건설기계
② 그리스 실린더에 그리스를 주입하는 방법 – 신형 건설기계

Part 2

건설기계 유압

- 개요 / 작동유
- 이상현상 / 구성부품
- 속도제어회로 / 유압기호
- 플러싱

Chapter 1 유압장치의 개요

건\설\기\계\유\압

❶ 유압장치의 정의

액체의 압력 에너지를 이용하여 기계적인 일을 하도록 하는 것을 말한다.

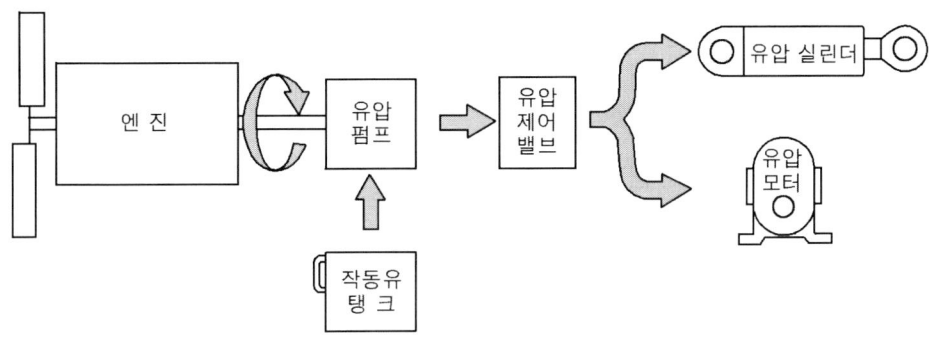

▲ 유압장치의 구성

❷ 파스칼(Pascal)의 원리

"밀폐된 용기 안에 정지하고 있는 액체의 일부에 가해진 압력은 세기가 변하지 않고 용기 안의 모든 액체에 전달되며 벽면에 수직으로 작용하며, 각 점의 압력은 모든 방향으로 같다".

❸ 유압장치의 장점 및 단점

(1) 유압장치의 장점

① 윤활성능, 내마멸성, 방청성능이 좋다.
② 속도 제어(speed control)가 용이하다.
③ 힘의 연속적 제어가 용이하다.
④ 작은 동력원으로 큰 힘을 낼 수 있다(소형 장치로 큰 출력을 발생한다).
⑤ 과부하에 대한 안전장치가 간단하고 정확하다.
⑥ 운동방향을 쉽게 변경할 수 있다.
⑦ 전기·전자의 조합으로 자동제어가 용이하다.
⑧ 에너지 축적이 가능하다.
⑨ 힘의 전달 및 증폭이 용이하다.
⑩ 무단 변속이 가능하고, 정확한 위치제어를 할 수 있다.
⑪ 미세 조작이 용이하다.
⑫ 원격조작이 가능하다.
⑬ 진동이 작고 작동이 원활하다.

(2) 유압장치의 단점

① 고압 사용으로 인한 위험성 및 이물질에 민감하다.
② 유온(작동유의 온도)의 영향에 따라 정밀한 속도와 제어가 곤란하다.
③ 폐유에 의한 주변 환경이 오염될 수 있다.
④ 작동유는 가연성이 있어 화재에 위험하다.
⑤ 유압회로 구성이 어렵고 누설되는 경우가 있다.
⑥ 작동유의 온도에 따라서 점도가 변하므로 기계의 속도가 변한다.

Chapter 2. 작동유

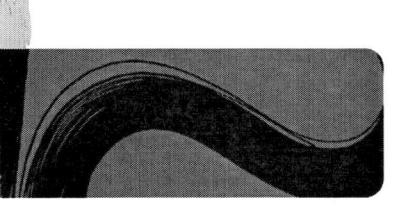

건\설\기\계\유\압

❶ 작동유(유압유)의 구비조건

① 동력을 확실히 전달하기 위하여 비압축성일 것
② 작동유 중의 물·먼지 등의 불순물과 분리가 잘 될 것
③ 장시간 사용하여도 화학적 변화가 적을 것(물리적으로나 화학적으로 안정되어 장기간 사용에 견딜 것)
④ 녹이나 부식 발생이 방지될 것(방청 및 방식성능(부식 방지성능, 산화 안정성)이 있을 것)
⑤ 체적 탄성계수가 크고, 밀도가 작을 것
⑥ 내열성이 크고, 거품이 적을 것
⑦ 화학적 안정성 및 윤활성능이 클 것
⑧ 점도 지수가 높을 것(넓은 온도 범위에서 점도 변화가 적을 것)
⑨ 적당한 유동성과 점성을 갖고 있을 것
⑩ 유압 장치에 사용되는 재료에 대해 불활성일 것
⑪ 실(seal)재료와의 적합성이 좋을 것
⑫ 온도에 의한 점도변화가 적을 것

❷ 작동유 열화 판정방법

① 점도상태로 확인
② 냄새로 확인(자극적인 악취)
③ 색깔의 변화나 침전물의 유무 확인
④ 수분 유무 확인

❸ 작동유가 과열하는 원인

① 작동유의 부족
② 작동유의 점도가 높을 때
③ 유압장치 내의 작동유가 누출될 때
④ 릴리프 밸브가 닫혀 있을 때

❹ 작동유 온도가 과도하게 상승하면 나타나는 현상

① 작동유의 산화작용을 촉진한다.
② 실린더의 작동불량이 생긴다.
③ 기계적인 마모가 생긴다.
④ 유압 기기의 작동이 불량해진다.
⑤ 중합이나 분해가 일어난다.
⑥ 고무 같은 물질이 생긴다.
⑦ 점도가 저하된다.
⑧ 유압 펌프의 효율이 저하한다.
⑨ 작동유 누출이 증대된다.
⑩ 밸브류의 기능이 저하된다.

☞ 유압회로에서 작동유의 정상온도는 60~80℃정도이다.

❺ 작동유 첨가제

소포제(거품 방지제), 유동점 강하제, 산화방지제, 점도지수 향상제 등이 있으며, 특히 산화방지제는 산의 생성을 억제함과 동시에 금속 표면에 부식 억제 피막을 형성하여 산화물질이 금속에 직접 접촉하는 것을 방지한다.

❻ 작동유 점도의 점도

① **점도** : 점성의 정도를 나타내는 척도로서, 작동유의 가장 중요한 성질이며, 온도가 상승하면 점도는 저하되고 온도가 내려가면 점도는 높아진다.

② 작동유의 점도가 너무 클 때 발생되는 현상
　㉮ 열 발생의 원인이 된다.
　㉯ 동력손실이 커진다.
　㉰ 관내의 마찰손실이 커진다.
　㉱ 유압이 높아진다.
　㉲ 소음이나 공동현상(캐비테이션)이 발생한다.

❼ 작동유의 취급방법

① 건설기계 해당 정비지침서나, 제작사에서 추천하는 작동유를 사용한다.
② 작동유량은 알맞게 하고 부족하면 보충한다.
③ 오염·노화된 오일은 교환한다.
④ 먼지·모래 및 수분에 의한 오염방지 대책을 세운다.

> ☞ **"압력"**이란 단위 면적에 작용하는 힘, 즉 유압 $= \dfrac{\text{힘}}{\text{면적}}$ 이다.
> 　압력의 단위에는 PSI, kgf/cm², kPa, cmHg, bar 등이 있다.

Chapter 3 유압장치의 이상현상

① 공동현상(캐비테이션 현상)

(1) 공동현상의 정의

① 펌프에서 소음과 진동을 발생하고, 양정과 효율이 급격히 저하되며, 날개 등에 부식을 일으키는 등 수명을 단축시키는 현상을 말한다.
② 유동하고 있는 액체의 압력이 국부적으로 저하되어, 포화 증기압 또는 공기 분리 압력에 달하여 증기를 발생시키거나 용해 공기 등이 분리되어 기포를 일으키는 현상이다
③ 유압장치 내부에 국부적인 높은 압력이 발생하여 소음과 진동 등이 발생하는 현상이다.

(2) 공동현상 방지방법

① 흡입구멍의 양정을 1m이하로 한다.
② 펌프의 운전속도를 규정 속도 이상으로 하지 않는다.
③ 흡입관의 굵기를 유압 본체의 연결 구멍의 크기와 같은 것으로 사용한다.

(3) 공동현상이 발생하였을 때 조치 방법

유압회로 내의 압력 변화를 없앤다. 즉, 일정압력을 유지시킨다.

❷ 서지 압력(surge pressure)

① 과도적으로 발생하는 이상 압력의 최대 값을 말한다.
② 유량 제어밸브의 가변 오리피스를 급격히 닫거나 방향 제어밸브의 유로를 급히 전환 또는 고속 실린더를 급정지시키면 유로에 순간적으로 이상 고압이 발생하는 현상이다.
③ 유압회로 내의 밸브를 갑자기 닫았을 때, 오일의 속도에너지가 압력에너지로 변하면서 일시적으로 큰 압력증가가 생기는 현상이다.

❸ 유압 실린더의 숨돌리기 현상이 생겼을 때 일어나는 현상

① 피스톤 작동이 불안정하게 된다.
② 시간의 지연이 생긴다.
③ 작동유의 공급이 부족해진다.
④ 서지 압력이 발생한다.

Chapter 4 유압장치의 구성부품

건\설\기\계\유\압

❶ 작동유 탱크

(1) 작동유 탱크의 기능

① 계통 내에 필요한 작동유량 확보
② 격판(배플)에 의해 기포발생 방지 및 소멸
③ 작동유 탱크 외벽의 냉각에 의한 적정 온도유지

(2) 작동유 탱크의 구비조건

① 배유구(드레인 플러그)와 유면계를 설치하여야 한다.
② 흡입관과 복귀관 사이에 격판(배플)을 설치하여야 한다.
③ 흡입 작동유를 위한 스트레이너(strainer)를 설치하여야 한다.
④ 유면은 적정 위치 "F"에 가깝게 유지하여야 한다.
⑤ 발생한 열을 방산 할 수 있어야 한다.
⑥ 공기 및 수분 등의 이물질을 분리할 수 있어야 한다.
⑦ 탱크의 크기는 중력에 의하여 복귀되는 장치 내의 모든 작동유를 받아들일 수 있는 크기로 하여야 한다.(유압펌프 토출량의 2~3배가 표준이다.).

(3) 작동유 탱크의 구조

작동유 탱크는 스트레이너, 드레인 플러그, 배플, 주입구 캡, 유면계 등으로 구성되어 있으며, 배플(격판)은 작동유 탱크로 귀환하는 작동유와 유압 펌프로 공급되는 작동유를 분리시키는 기능을 한다.

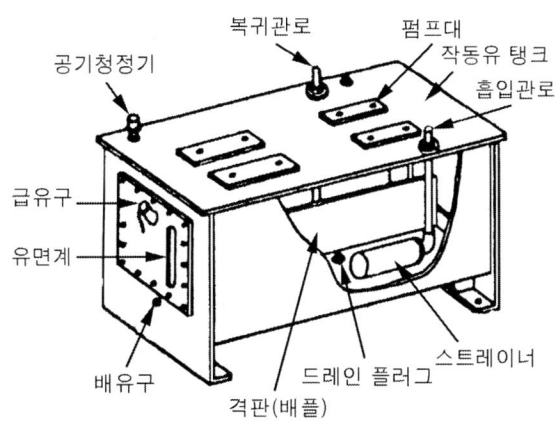

▲ 작동유 탱크의 구조

❷ 유압펌프

(1) 유압펌프의 기능

원동기의 기계적 에너지를 유압 에너지로 변환시키는 것이며, 건설기계의 유압펌프는 기관 플라이 휠에 의해 구동된다.

(2) 유압펌프의 종류

유압펌프의 종류에는 기어펌프, 베인펌프, 플런저(피스톤) 펌프 등이 있다. 또 회전형 펌프에는 기어(gear)펌프, 베인(vane)펌프, 나사(screw)펌프 등이 있다.

1) 기어펌프

① 기어펌프의 특징
 ㉮ 외접기어 방식과 내접기어 방식이 있다.
 ㉯ 작동유 속에 기포 발생이 적다.
 ㉰ 구조가 간단하고 흡입성능이 우수하다.
 ㉱ 소음과 토출량의 맥동(진동)이 비교적 크다.
 ㉲ 플런저 펌프에 비하여 효율이 낮다.
 ㉳ 정용량형 펌프이므로 구동되는 기어펌프의 회전속도가 변화하면 흐름용량이 바뀐다.

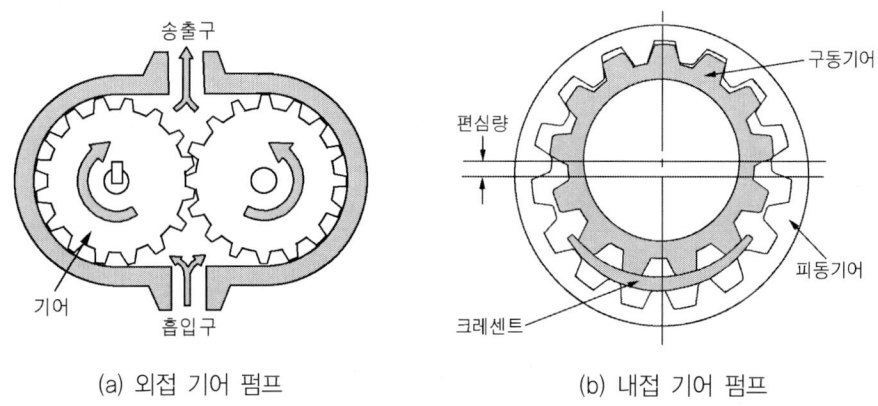

▲ 기어 펌프

② **기어펌프의 폐입 현상**

외접 기어펌프에서 토출된 유량의 일부가 입구 쪽으로 되돌려지므로 토출량 감소, 축 동력의 증가, 케이싱 마모 등의 원인을 유발하는 현상을 말한다.

2) 베인 펌프

① 날개(vane)로 펌프작용을 시키는 것이다.
② 수리와 관리가 용이하다.
③ 구조가 간단하고 값이 싸다.(소형·경량이다)
④ 자체 보상기능이 있다
⑤ 맥동과 소음이 적다.

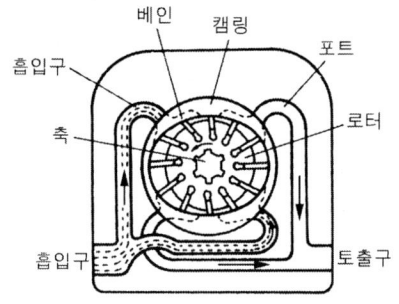

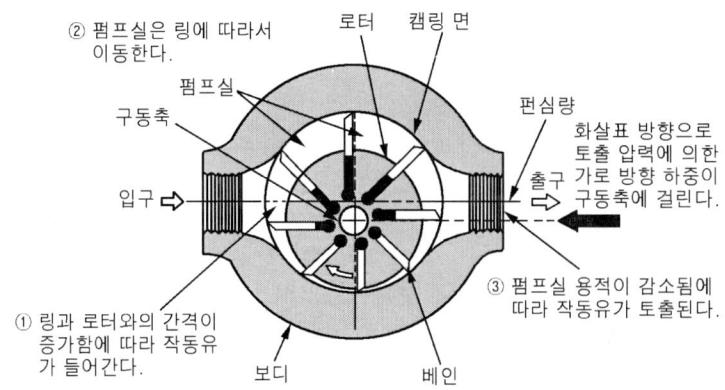

▲ 베인 펌프

3) 플런저(피스톤) 펌프

① 유압펌프 중 가장 고압, 고효율이며, 맥동적 출력을 하나 다른 펌프에 비하여 일반적으로 최고 압력 토출이 가능하고, 펌프 효율에서도 전체 압력범위가 높다.
② 가변용량에 적합하다(토출량의 변화 범위가 넓다).
③ 다른 펌프에 비해 수명이 길고, 용적효율과 최고압력이 높다.
④ 구조가 복잡하다.

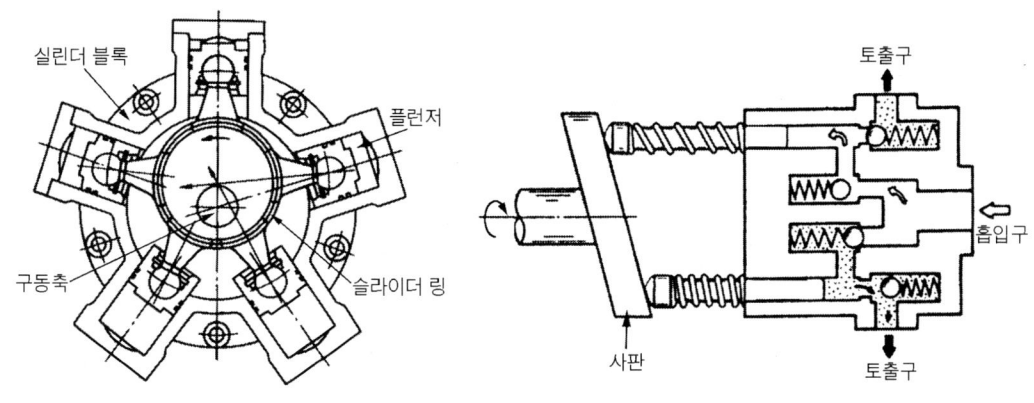

▲ 플런저 펌프

☞ **가변용량** : 회전속도가 같을 때 유압펌프의 토출량이 변화할 수 있는 것이다.

(3) 유압펌프의 크기 표시

유압펌프의 크기는 주어진 속도와 그때의 토출량으로 표시한다. 유압펌프에서 토출량이란 펌프가 단위 시간 당 토출하는 액체의 체적을 말한다. 또한 단위 시간에 이동하는 유체의 체적을 **유량**이라 한다.

☞ 유압펌프에서 사용되는 GPM(또는 LPM)이란 계통 내에서 이동되는 액체의 양을 말한다. 그리고 유압 기기의 작동 속도를 높이기 위해서는 유압 펌프의 토출량을 증가시켜야 한다.

(4) 유압펌프가 작동유를 토출하지 못하는 원인

① 유압펌프 회전속도가 너무 낮다.
② 흡입관 혹은 스트레이너가 막혔다.

③ 유압펌프의 회전방향이 반대로 되어있다.
④ 유압펌프 입구에서 공기를 흡입한다.
⑤ 작동유 탱크의 유면이 낮다.
⑥ 작동유의 점도가 너무 높다.

❸ 제어밸브(컨트롤 밸브)

(1) 제어밸브의 종류

① **압력 제어밸브** : 일의 크기 결정
② **유량 조절밸브** : 일의 속도 결정
③ **방향 변환밸브** : 일의 방향 결정

(2) 압력 제어밸브

압력 제어밸브의 종류에는 릴리프 밸브, 리듀싱(감압)밸브, 시퀀스(순차) 밸브, 언로드(무부하) 밸브, 카운터 밸런스 밸브 등이 있다.

1) 릴리프 밸브(relief valve)

① **릴리프 밸브의 기능**
㉮ 유압장치의 과부하 방지와 유압 기기의 보호를 위하여 최고 압력을 규제하고 유압 회로내의 필요한 압력을 유지하는 밸브이다.
㉯ 유압펌프의 토출 측에 위치하여 회로 전체의 압력을 제어하는 밸브이다.
㉰ 유압장치 내의 압력을 일정하게 유지하고, 최고압력을 제한하며 회로를 보호하며, 과부하 방지와 유압 기기의 보호를 위하여 최고 압력을 규제한다.

② **릴리프 밸브 설치위치**
릴리프 밸브는 유압펌프와 제어밸브 사이 즉, 유압펌프와 방향전환 밸브 사이에 설치되어 있다. 따라서 유압회로의 압력을 점검하는 위치는 유압펌프에서 제어밸브 사이이다

③ **채터링(chattering) 현상**
유압계통에서 릴리프 밸브 스프링의 장력이 약화될 때 발생되는 현상을 말한

다. 즉 직동형 릴리프 밸브(Relief valve)에서 자주 일어나며 볼(ball)이 밸브의 시트(seat)를 때려 소음을 발생시키는 현상이다.

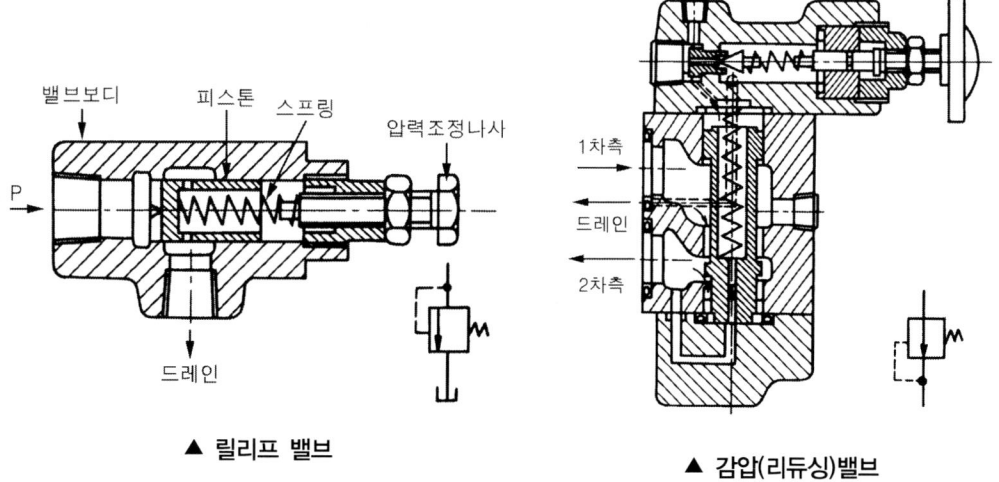

▲ 릴리프 밸브   ▲ 감압(리듀싱)밸브

2) 감압(리듀싱, reducing valve) 밸브

① 유압실린더 내의 유압은 동일하여도 각각 다른 압력으로 나눌 수 있는 밸브이다.
② 1차 쪽의 압력이 변화하거나 2차 쪽의 유량변동에 대하여 설정압력의 변동을 억제하는 밸브이다.

3) 시퀀스 밸브(sequence valve)

① 2개 이상의 분기회로가 있을 때 순차적인 작동을 하기 위한 압력제어 밸브이다.
② 2개 이상의 분기회로에서 실린더나 모터의 작동순서를 결정하는 자동 제어밸브이다.

☞ 분기회로에 사용되는 밸브는 **리듀싱 밸브**(reducing valve)와 **시퀀스 밸브**(sequence valve)이다.

4) 언로더 밸브(무부하 밸브, unloader valve)

① 유압회로의 압력이 설정 압력에 도달하였을 때 유압펌프로부터 전체유량을 작동유 탱크로 리턴시키는 밸브이다.
② 유압장치에서 통상 고압 소용량, 저압 대용량 펌프를 조합 운전할 때 작동압력이 규정압력 이상으로 상승 할 때 동력을 절감하기 위하여 사용하는 밸브이다.

③ 유압장치에서 두 개의 펌프를 사용하는데 있어 펌프의 전체 송출량을 필요로 하지 않을 경우, 동력의 절감과 유온 상승을 방지하는 밸브이다.

5) 카운터 밸런스 밸브(counter balance valve)

유압 실린더 등이 중력에 의한 자유낙하를 방지하기 위하여 배압을 유지하는 압력 제어밸브이다.

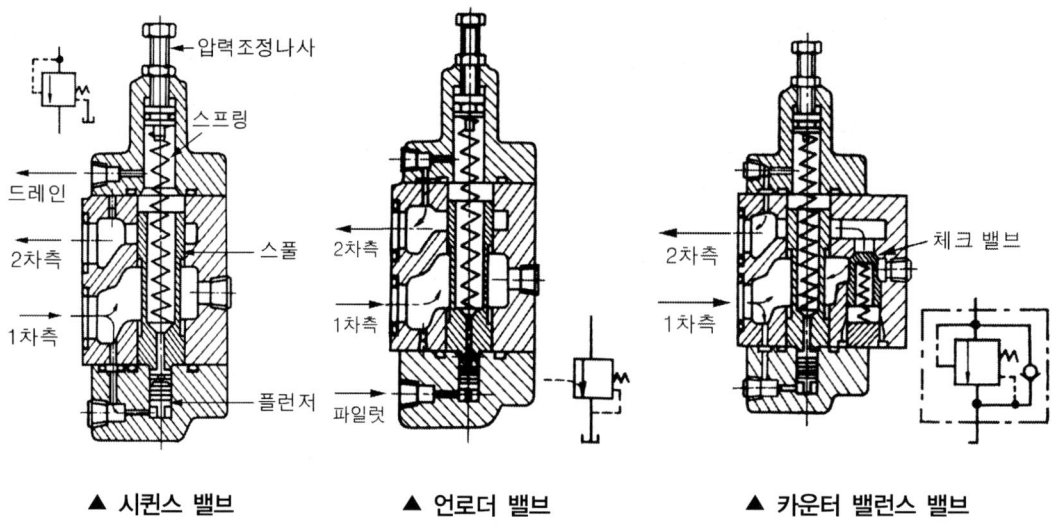

▲ 시퀀스 밸브   ▲ 언로더 밸브   ▲ 카운터 밸런스 밸브

(3) 유량 제어밸브

① 액추에이터의 운동속도를 조정하기 위하여 사용되는 밸브이다.
② 유량 제어밸브의 종류에는 분류밸브(dividing valve), 니들밸브(needle valve), 오리피스 밸브(orifice valve), 교축밸브(throttle valve), 급속 배기밸브 등이 있다.
③ 교축 밸브는 점도가 달라져도 유량이 그다지 변화하지 않도록 설치된 밸브이다.
④ 니들 밸브는 내경이 작은 파이프에서 미세한 유량을 조정하는 밸브이다.

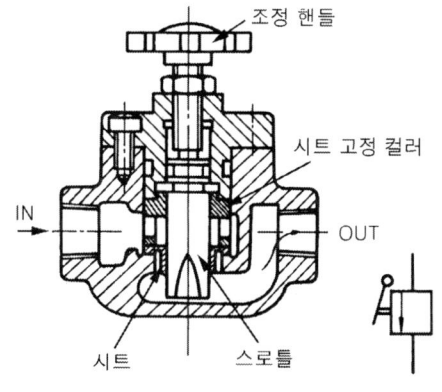

▲ 교축 밸브

(4) 방향 제어밸브

1) 방향 제어밸브의 기능

① 유체의 흐름방향을 변환한다.
② 유체의 흐름방향을 한쪽으로만 허용한다.
③ 유압실린더나 유압모터의 작동 방향을 바꾸는데 사용한다.
④ 방향 제어밸브를 동작시키는 방식에는 수동식, 전자식, 전자·유압 파일럿식 등이 있다.

2) 방향 제어밸브의 종류

방향 제어밸브의 종류에는 디셀러레이션 밸브, 체크밸브, 스풀밸브[매뉴얼 밸브(로터리형)] 등이 있다.

① **디셀러레이션 밸브**(deceleration valve) : 유압 실린더를 행정 최종 단에서 실린더의 속도를 감속하여 서서히 정지시키고자할 때 사용되는 밸브이다.
② **체크밸브**(check valve) : 역류를 방지하는 밸브 즉, 한쪽 방향으로의 흐름은 자유로우나 역방향의 흐름을 허용하지 않는 밸브이다.
③ **스풀밸브**(spool valve) : 작동유 흐름방향을 바꾸기 위해 사용하는 밸브이다.

(5) 서보 밸브(servo valve)

① 작동유 흐름이나 압력 및 유량을 조절하는 밸브이다.
② 전기 또는 그 밖의 입력 신호에 따라서 유량 또는 압력을 제어하는 밸브이다.

④ 유압 액추에이터

유압 액추에이터는 작동유의 압력에너지(힘)를 기계적 에너지(일)로 변환시키는 작용을 하는 장치 즉 유압펌프를 통하여 송출된 에너지를 직선운동이나 회전운동을 통하여 기계적 일을 하는 기기를 말하며 그 종류에는 유압실린더와 유압모터가 있다.

(1) 유압 실린더

유압 실린더는 직선 왕복운동을 하는 액추에이터이며, 종류에는 단동 실린더 피스톤(piston)형, 단동 실린더 램(ram)형, 복동 실린더 양로드(double rod)형 등이 있다.

1) 유압 실린더를 정비할 때 주의사항

① 조립할 때 O링, 패킹에는 그리스를 발라서는 안 된다.
② 분해 조립할 때 무리한 힘을 가하지 않는다.
③ 도면을 보고 순서에 따라 분해 조립을 한다.
④ 쿠션기구의 작은 유로는 압축공기를 불어 막힘 여부를 검사한다.

> ☞ 쿠션기구는 유압실린더에서 피스톤 행정이 끝날 때 발생하는 충격을 흡수하기 위해 설치하는 장치이다.

2) 유압 실린더의 누유 검사방법

① 정상적인 작동 온도에서 실시한다.
② 각 유압 실린더를 몇 번씩 작동 후 점검한다.
③ 얇은 종이를 펴서 로드에 대고 앞뒤로 움직여본다.

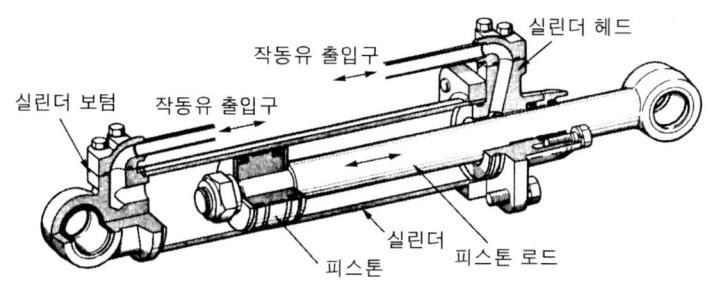

▲ 유압 실린더의 구성

(2) 유압모터

유압모터는 회전운동을 하는 액추에이터이며, 종류에는 기어모터, 베인모터, 피스톤(플런저)모터 등이 있으며, 장점 및 단점은 다음과 같다.

1) 유압모터의 장점

① 넓은 범위의 무단변속이 용이하다.
② 소형·경량으로서 큰 출력을 낼 수 있다.
③ 변속·역전 제어도 용이하다.
④ 속도나 방향의 제어가 용이하다.
⑤ 작동이 신속·정확하다.
⑥ 전동모터에 비하여 급정지가 쉽다.

2) 유압모터의 단점

① 작동유의 점도변화에 의하여 유압모터의 사용에 제약이 있다.
② 작동유는 인화하기 쉽다.
③ 작동유에 먼지나 공기가 침입하지 않도록 특히 보수에 주의해야 한다.
④ 공기와 먼지 등이 침투하면 성능에 영향을 준다.

☞ 유압모터의 용량은 입구압력(kgf/cm^2)당 토크로 나타낸다.

❺ 어큐뮬레이터(축압기, Accumulator)의 기능

① 유압 에너지의 저장, 충격흡수 등에 이용되는 기구이다.
② 유압 기기 중 유압펌프에서 발생한 유압을 저장하고, 맥동을 소멸시키는 장치이다.
③ 용도는 충격 압력의 흡수, 보조적 압력원, 서지 압력(surge pressure)발생 완화, 맥동류의 감쇄 등이다.
④ 기액(기체 액체)형 어큐뮬레이터에 사용되는 가스는 질소이다.

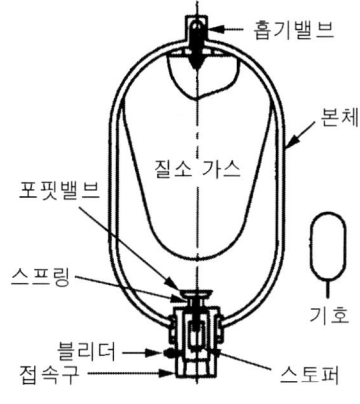

▲ 어큐뮬레이터(축압기)

❻ 오일 필터(Oil filter)

① 관로용 필터의 종류에는 흡입 여과기(스트레이너), 리턴 여과기, 라인 여과기 등이 있다.

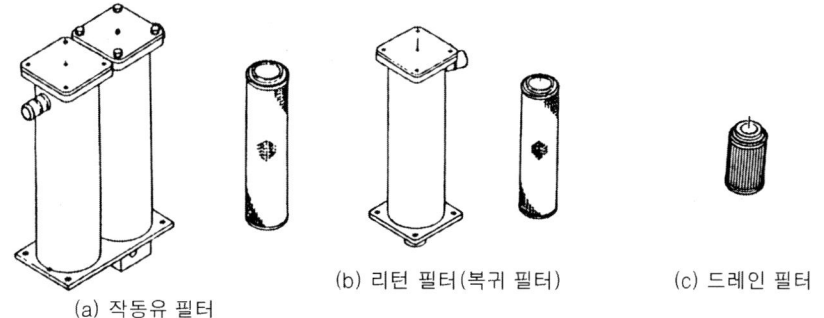

(a) 작동유 필터   (b) 리턴 필터(복귀 필터)   (c) 드레인 필터

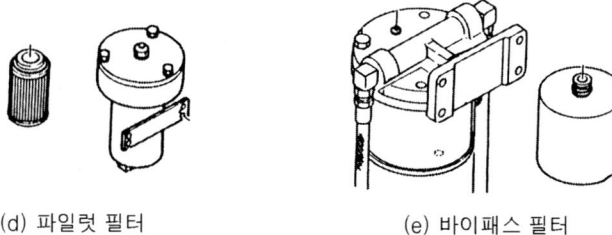

(d) 파일럿 필터   (e) 바이패스 필터

▲ 오일필터의 종류

② 스트레이너(strainer)는 펌프의 흡입 측에 붙여 여과 작용을 하는 필터(filter)이다.
③ 오일필터의 여과 입도가 너무 조밀하면(여과 입도수(mesh)가 높으면) 공동현상(캐비테이션)이 발생한다.

❼ 유압 호스

유압호스 중 가장 큰 압력에 견딜 수 있는 것은 나선 와이어 블레이드 호스이며, 고압 호스가 자주 파열되는 원인은 릴리프 밸브의 설정 유압 불량(유압을 너무 높게 조정한 경우)이다.

유압 호스의 노화 현상

- 호스가 굳어 있는 경우
- 표면에 크랙(Crack, 균열)이 발생한 경우
- 정상적인 압력 상태에서 호스가 파손될 경우

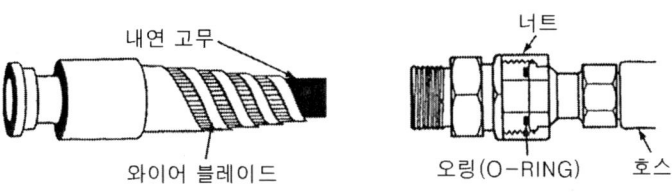

▲ 고압 호스의 구조   ▲ 유니언 피팅

8 패킹(packing)

(1) 유압 실린더용 패킹

유압 실린더와 같은 왕복운동을 하는 부분에 U 패킹, 피스톤 링(슬리퍼 실) V패킹 등이 사용된다. 이 밖에 피스톤 실(piston seal)로서 O링을 사용하는 경우도 있다. U패킹의 재질은 니트릴 고무(nitril rubber)가 많으나 최근에는 우라텐 계열도 있으며 이 경우에는 백업 링 없이도 충분히 고압에 견딘다. U패킹은 V패킹에 비하여 미끄럼 저항이 적고 비교적 컴팩트하다.

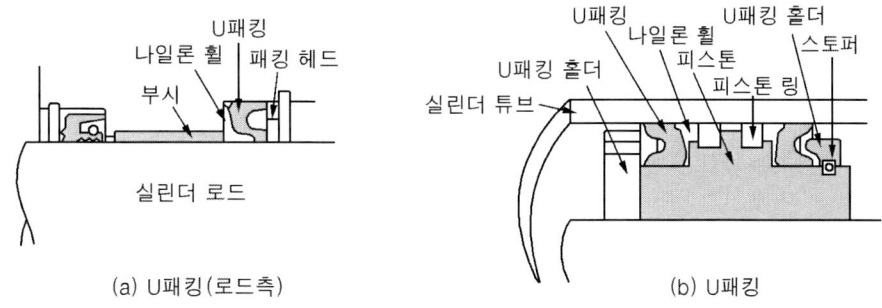

▲ 실린더용 패킹의 종류

(2) 피스톤 링(슬리퍼 실)

O링(또는 각 링)과 테프론을 조합한 것으로서 피스톤링 실로 많이 사용된다. 그림에서 미끄럼 운동 부분에 테프론의 엔드리스 링(endless ring)을 사용하고 그 뒷면에 탄성체인 O링(또는 패킹)을 조립하여 찌그러진 양에 따라서 접촉면의 누설을 방지한다.

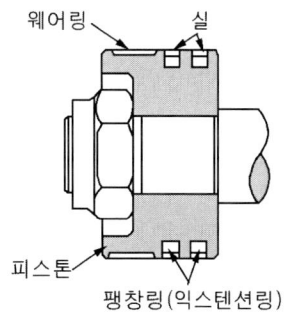

▲ 피스톤 링

(3) V 패킹

V 패킹은 단면이 V형으로서 U패킹과 동일하게 안 둘레와 바깥 둘레에 립(lip)을 지닌 립 패킹이 있다. 이 패킹은 저압으로부터 고압에 걸쳐서 넓은 범위에 사용되며, 유압 실린더에서는 로드 패킹을 많이 사용한다. 압력 크기에 따라서 여러 장 포개어 사용하고 가혹한 운전 조건에 적용될 수 있으며 내구성 실(seal) 성능으로 우수하다.

● 압력과 V 패킹의 장수

사용 압력	장 수
50 kg/cm² 까지	3장
100 kg/cm² 까지	4장
300 kg/cm² 까지	5장
500 kg/cm² 까지	6장

V 패킹은 니트릴 고무 또는 천이 들어 있는 고무로 만들어지나 천이 들어 있는 V 패킹은 내압성 내마모성이 우수하고, 니트릴 고무 V패킹은 밀봉성능이 우수하므로 각각의 특성을 살리기 위하여 조합되어 사용되는 경우도 있다. V 패킹은 다른 실린더 패킹에 비하여 미끄럼 운동하는 면적이 크고 마찰 저항도 많으나 사용 중 오일의 누설이 있을 때에는 더 조일 수 있는 이점이 있다.

(4) O링

O링은 단면이 원형인 매우 간단한 것으로서 설치 공간도 적고 값이 싸다. O링은 고정용(가스킷), 운동용 패킹으로서 유압기기나 고압기기에 널리 사용되며 특히 가스킷으로서는 대부분 O링을 사용한다. O링은 단면이 구형의 홈 또는 삼각형의 홈에 삽입되는 것으로 찌그러지는 양은 10~30%이다.

(5) 더스트 실(dust seal)

스크레이퍼라고도 하며 싱글 립 더스트 실과 더블 립 더스트 실이 있다.

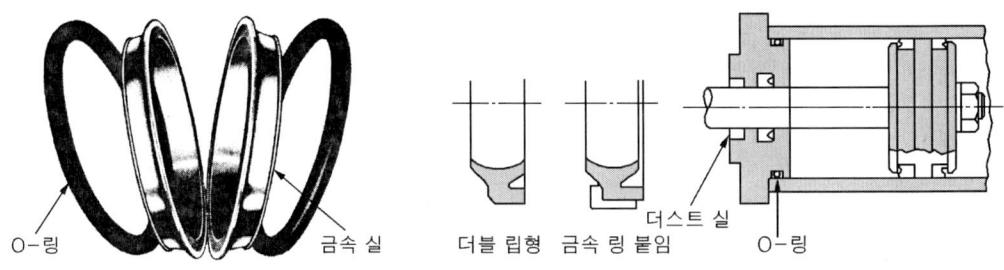

▲ 더스트 실 구조

1) 더블립 더스트 실

외부로부터 먼지, 오물, 진흙 등의 이물질이 실린더 내에 침입하는 것을 방지함과 동시에 안쪽으로부터 패킹을 통과하여 누설되는 것을 방지하는 역할을 한다. 더스트 실은 유압 실린더 로드 패킹의 바깥쪽에 설치되기 때문에 윤활성능이 나쁘며, 외부의 온도와 햇볕에 직접 노출되기 때문에 손상되기 쉽다. 재료로는 우레탄이 많이 사용된다. 건설기계에는 더블립형으로서 금속 링이 붙어 있는 플로팅 실(floating seal)이 많이 사용된다.

(6) 오일 실

유압모터 축의 실에는 오일 실이 사용된다.

형식			사용한계		특징
			속도	압력	
표면형	싱글 메인립 스프링 내장 S		12	0.5	가장 일반적인 오일 실
	싱글 메인 립 스프링 내장 더스트 커버 붙임 D		9	0.5	더스트 실 겸용의 일반적인 오일 실
	싱글 메인 립 스프링 없음 G		6	0.3	그리스 더스트 실용
내압형	싱글 메인 립 스프링 내장 변형 방지링		5	5	내압용
	더블 링 스프링 장치 더스트실 붙임 D		0.3	7	왕복용, 내압용
	다단 메인점 스프링 내장 더스트 실 붙임 G		6	3	내마모, 내압용
설치 특수형	싱글 메인 립 스프링 없음 사다리꼴		6	0.3	사다리꼴 홈용
	접 형상 임의의 링 플랜지 붙임				간이 교환용

Chapter 5
속도제어 회로

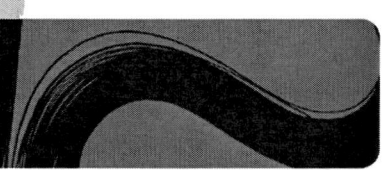

건\설\기\계\유\압

유압 회로의 속도 제어회로에는 **블리드 오프 회로, 미터 아웃 회로, 미터인 회로**가 있다.

❶ 미터-인 회로(meter-in circuit)

유압 작동기의 입력 측에 유량 제어밸브를 직렬로 연결하여 작동기로 유입되는 유량을 제어함으로써 작동기의 속도를 제어하는 회로이다.

❷ 미터-아웃 회로(meter-out circuit)

유압 작동기의 출력 측에 유량 제어밸브를 직렬로 연결하여 작동기로 유입되는 유량을 제어함으로써 작동기의 속도를 제어하는 회로이다.

❸ 블리드 오프 회로

유압 작동기로 유입되는 유량의 일부를 작동유 탱크로 바이패스 시키고, 이 관로에 부착된 유량 제어밸브에 의해 유량을 제어하여 작동기의 속도를 제어하는 회로이다.

Chapter 6 유압기호

건\설\기\계\유\압

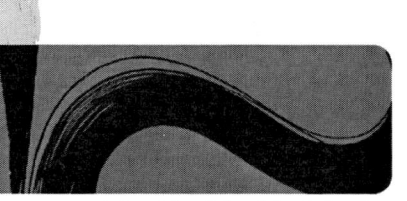

❶ 기본적인 유압기호

표시 사항	기 호		표시 사항	기 호
관로	L > 10E, L < 5E L : 선의 길이, E : 선의 두께		필터, 열교환기, 루브 리케이터, 배수기	◇
관로, 통로의 접속점	d ≒ 5E		밸브	□ (여러 형태) 총칭하여 부를 경우에는 밸브라 하고, 수식어를 붙일 경우에는 ○○ 밸브라 한다. 例 : 압력제어 밸브
축, 레버 로드	D < 5E			
펌프, 압축기, 모터, 압력원	○	대원 (大圓)	흐름방향	↑↓↑
계측기	○	중원대 (中圓大)	회전방향	↰↱
체크밸브 계수	○	중원소 (中圓小)	조립유닛	▭
			조정이 가능할 경우	↗
링크, 연결부, 롤러	○	소원 (小圓)	흐름방향, 유체 출입구	▼ 흑색은 액체 ▽ 백색은 기체

❷ 관로 및 접속

명 칭	기 호	명 칭	기 호
주관로	———————	통기관로	
[비고] 흡입관로, 압력관로, 리턴관로		[비고] 주로 액체 관로의 경우에 사용된다.	
파일럿 관로	— — — — — —	출구 닫힘 상태	
[비고] 공기압력 회로에 한하여 혼동할 염려가 없을 때는 간략한 기호로 실선을 사용해도 좋다.		열림(접속)의 상태	
드레인 관로	··············		
관로의 접속		[비고] 출구의 관로←는 기기와 접속되어 있다.	
플렉시블 관로		고정스로틀 초크	
관로의 교차			
[비고] 혼동할 염려가 있을 때는 +의 사용을 피하는 것이 바람직하다.		오리피스	
흐름의 방향 유체의 흐름	——▶——▶	금속이음 〈연결되지 않은 상태〉 ① 체크밸브가 없다. ② 체크밸브 부착 (셀프 실 이음)	
기체의 흐름	—▷——▷		
[비고] 기호를 관로에 가깝게 표시해도 좋다. ▶ ▷			

벨브 내의 흐름의 방향		〈연결된 상태〉
		① 체크밸브가 없다.
		② 한쪽만 체크밸브가
		  부착(셀프 실 이음)
		③ 양쪽 체크밸브부착
		  (셀프 실 이음)	

기름 탱크에 연결된 관로 관 끝을 액중에 넣지 않은 관로			
관 끝을 액중에 넣은 관로		회전이음	(1) 일관로의 경우 (2) 이관로의 경우
헤드 탱크에 연결된 관로			
[비고] 관의 끝에 작동유 탱크에 연결된 선에는 들어가지 않도록 할 것.			

명 칭	기 호	명 칭	기 호
기계식의 연결 회전축	(1) 1방향일 경우 (2) 양 방향의 경우	신호전달로 전기신호 그 외의 신호	
		기계식연결 연결부	
		고정점부착 연결부	
【비고】 회전 방향을 나타내는 화살표는 그 원호의 중심을 원동기 쪽으로 접속시킨다.		【비고】 연결부는 가동 또는 고정의 어느 것이라도 좋고 또한 직각으로 되지 않아도 좋다.	
레버, 로드			

❸ 펌프 및 모터

명 칭	기 호	비 고	명 칭	기 호	비 고
정용량형 유압펌프	(1) (2)	삼각형은 유체의 출구를 나타낸다. 삼각형의 높이는 원 직경의 약 1/5로 한다. ① 1방향만의 흐름일 경우 ② 양방향의 흐름일 경우	정용량형 유압모터	(1) (2)	삼각형은 유체의 입구를 나타낸다. ① 한 방향으로만 흐를 경우 ② 양방향으로 흐를 경우
가변용량형 유압펌프	(1) (2)		가변용량형 유압모터	(1) (2)	
유압기 및 송풍기			공기압 모터	(1) (2)	
진공펌프					

❹ 실린더 [(1)은 상세한 기호, (2)는 간략한 기호를 나타낸다.]

명 칭	기 호	명 칭	기 호
단동 실린더 스프링 없음	(1) (2)	쿠션이 부착된 실린더편 쿠션형	(1) (2)
스프링 부착	(1) (2)	양 쿠션형	(1) (2)
램형 실린더		【비고】 쿠션이 부착된 것을 나타내는 ⌐ 는 실린더의 쿠션이 듣는 정지 끝에 향하도록 기입한다. ╱는 외부로부터 조정가능할 경우에 표시한다.	
복동 실린더편 로드형	(1) (2)	텔레스코프형 실린더	단동 복동
양로드형	(1) (2)	다이어프램형 실린더	
차동 실린더	(1) (2)	압력 전달기	
압력 변환기 같은 종류 유체	(1) (2)	압력변환기 다른 종류(異種)유체	(1) (2)
【비고】 이것이 공기압력일 경우			

❺ 제어방식

명 칭	기 호	명 칭	기 호	명 칭	기 호
스프링방식		인력방식 페달방식		실린더방식 〈복동형〉	(1)
조정스프링 방식		푸시로드 방식			(2)
파일럿방식 직접 작동형 【비고】 이것은 공기압력일 경우	(1) (2)	스프링 방식		【비고】 ① 상세기호 ② 간략기호	
		롤러방식		유압모터방식 1방향형	
간접작동식	(1) (2) (3)	편작동 롤러 방식		2방향형	
		【비고】 푸시로드 방식의 기호를 기계방식의 기본 기호로서 사용해도 좋다.		전동기방식 1방향형	M
【비고】 ① 가압하여 제어할 경우 ② 감압하여 제어할 경우		실린더방식 〈단동형〉 스프링 없음	(1) (2)	2방향형	M
인력방식 인력방식 〈기본기호〉		스프링 부착	(1) (2)	전자방식 단코일형 복코일형	
레버방식					
푸시버튼방식					

명 칭	기 호	비 고
조합시킨 방식 〈순차 작동방식〉 전자 – 유압제어 전자 – 공기압제어		2개 이상의 제어 방식을 사용하여 기기를 제어 하더라도 기기의 기호에서 한번 작동한 장방형에는 외부로부터 받는 제1차의 제어 기호를 기입하고 기기에 인접하는 장방형에는 최종적으로 기기를 작동시키는 제2차 제어 기호를 기입 한다.
〈선택작업방식〉 전자 또는 유압제어 전자 또는 공기압제어		2개 이상의 제어방식 어느 것이라도 좋고 기기를 제어시키는 것으로서 열기(列記)된 장방형에는 여러 가지 기호를 기입한다.
보조방식 위치정지방식		세로가 짧은 선은 위치가 멈춰진 것을 나타낸다. *표의 개소에는 록을 떼어낸 제어 방식을 표시하는 임의의 기호를 기입한다. 중간 위치에 멈춰지지 않고 그 양끝 위치에 기기를 멈춘다.
록 방식		
오버센터 방식		

❻ 압력 제어밸브

명칭	기호	명칭	기호	명칭	기호
기본표시 상시 닫힘 상시 열림		외부 파일럿 방식 【비고】▽는 대기방출을 의미한다. ① 유압용　② 공기압용 내부 파일럿 방식의 기호는 작동형에도 사용된다.		시퀀스 밸브 내부 파일럿 방식 외부 파일럿 방식	
릴리프 밸브 및 안전밸브 내부 파일럿		정비(定比) 릴리프 밸브 언로드 밸브		감압밸브 〈릴리프 없음〉 내부 파일럿 방식 외부 파일럿 방식	
외부 파일럿 방식		정차감압 밸브		〈릴리프부착〉 내부 파일럿 방식	
〈릴리프부착〉 외부 파일럿 방식		정비감압 밸브		간이표시 【비고】정방형의 *는 숫자, 문자를 　　　기입하고 밸브의 사양을 별기 　　　(別記)한 색인으로 할 수 있 　　　다.	
【비고】① 유압용　② 공기압용					

❼ 유량 제어밸브

명 칭	기 호	명 칭	기 호	명 칭	기 호
가변교축 밸브 인력방식	(1) (2)	【비고】 기본 표시는 전항(前項)의 비고 1에 준하지만 가변 교축 밸브에서는 관로를 나타내는 실선과 흐름의 방향을 나타내는 화살표를 이동시켜 기입하는 것으로 하고 흐름이 교차되는 것을 표시한다. (1) 상세기호 (2) 간략기호		〈가변형〉 가변형 (기본기호) 릴리프 부착	
기계방식	(이것은 롤러방식의 예에 있음)	유량조정밸브 〈고정형〉		온도보상 부착	
분류(分流) 밸브		간이표시	*	정방형의 *표는 숫자, 문자를 기입하고 밸브의 사양을 별기(別記)한 색인으로 할 수 있다.	

⑧ 방향 제어밸브

명 칭	기 호	명 칭	기 호
기본표시 2포트 2위치 변환 밸브		4포트 2위치 변환 밸브 스프링 오프세트 전자 내부 파일럿 방식	(1) 상세기호 (2) 간이기호
4포트 3위치 변환 밸브			
4포트 교축 변환 밸브			
2포트 2위치 변환 밸브 인력방식 스프링오프셋 전자방식		5포트 2위치 변환 밸브 외부 파일럿방식	
3포트 2위치 변환 밸브 외부파일럿 방식 스프링 오프셋 전자 방식		교축변환밸브 2포트 교축 변환 밸브(트레이서 밸브) 3포트 교축 변환 밸브 4포트 교축 변환 밸브(트레이서 밸브) 전기압축서보 밸브 일단식 자동식	
【비고】 변환의 과도적인 중간 위치를 나타낼 필요가 있을 경우에는 점선의 절선(切線)을 사용하고 그것을 표시한다.			
간이표시	*		2중 코일형 전자 방식의 기호에 부착된 화살표는 작동의 연속성을 나타낸다.
【비고】 정방형의 *표는 숫자, 문자를 기입하고 밸브의 사양을 별기(別記)한 색으로 할 수 있다.			

예					예 외	
BR접속	ABR접속	크로즈드 센터	오픈 센터	교축 오픈센터	교축 ABR 접속

⑨ 체크밸브

명 칭	기 호	명 칭	기 호
체크밸브		고정교축 체크밸브	
파일럿 조작 체크밸브	① 제어신호에 따라 열릴 경우 ② 제어신호에 따라 닫힐 경우	셔틀밸브	
		급속배기 밸브	

⑩ 부속기기

명 칭	기 호	명 칭	기 호	명 칭	기 호
작동유 탱크 개방탱크 예압탱크		필터 〈배수기 없음〉 〈배수기 부착〉 인력방식 자동방식		가열기	
첵 또는 콕				루브리게이터	
압력스위치				방음기	
어큐뮬레이터	[비고] 유압용	[비고] 공기압력의 흡입 필터 및 작동유 탱크 내에 설치된 탱크용 필터에 대해 간략한 기호를 사용해도 좋다.		압력계	
				접점부착 압력계	
공기탱크	[비고] 공기압용			온도계	

명 칭	기 호	명 칭	기 호	명 칭	기 호
전동기	Ⓜ	에어드라이어	◇	유량계 순간지시방식 적산지시방식	
내연기관 그외의열기관	[M]	온도조절기	◇		
압력원	(1) ● (2) ○	냉각기		계측기의 간이표시	⊛
	【비고】① 유압용 ② 공기압용		【비고】 냉각용 배관을 표시한 경우	【비고】 원내의 ∗표에는 본 규격에서 정한 이외의 계측기 내용을 나타내는 임의의 기호를 기입하여 사용한다. 또한 숫자, 문자를 기입하고 계측기의 사양을 별기(別記)한 색인으로 할 수 있다.	
배수기 인력방식 자동방식		공기압조정 유닛	(1) (2) 【비고】① 상세기호 ② 간이기호		

Chapter 7 플러싱

유압 기기의 장치 내에 검이나 슬러지 등이 생겼을 때 이것을 용해하여 장치 내를 깨끗이 하는 작업을 말한다.

그리고 플러싱 후의 처리 방법은 다음과 같다.
① 작동유 탱크 내부를 다시 청소한다.
② 작동유 보충은 플러싱이 완료된 후 즉시 하는 것이 좋다.
③ 잔류 플러싱 오일을 반드시 제거하여야 한다.
④ 라인 필터 엘리먼트를 교환한다.

Part 3

건설기계**구조**

- 토목용 / 적하용
- 포장용 / 쇄석기
- 골재살포기 / 공기압축기
- 천공기 / 롤러
- 해상용 건설기계

Chapter 1
토목용 건설기계

도저(Dozer)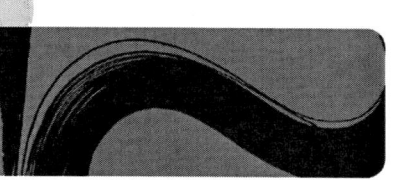

❶ 도저의 정의

도저란 트랙터(tractor) 앞에 블레이드(blade, 토공판) 설치한 것으로 송토, 굴토, 삭토 및 확토 작업을 하는 건설기계의 대표적인 장비이다.

▲ 도저

❷ 트랙터의 용도

트랙터는 견인력만 가진 견인 건설기계로서 단독적인 작업을 하지 못하고 각종 작업장치를 부착하여 사용하게 된다. 작업장치의 부착에 따라 앞에 블레이드를 부착한 것이 **도저**이며, 블레이드 대신 버킷(bucket)을 부착한 것이 **로더**(loader)라 부른다.

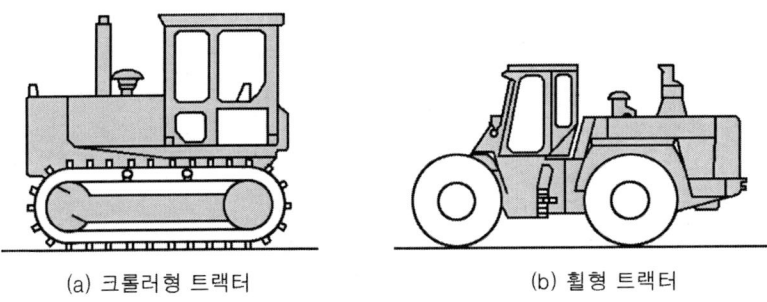

(a) 크롤러형 트랙터 (b) 휠형 트랙터

▲ 트랙터의 구조

❸ 도저의 분류

(1) 주행 장치별 분류

1) 휠형(타이어식)

휠형은 기동성이 좋아 평탄지면이나 포장도로에서 작업에 효과적이다. 그러나 접지압력이 2.5~3.5kg/cm² 정도로 높아 습지·사지(砂地)에서의 작업이 어렵다.

▲ 휠형 도저

2) 크롤러형(무한궤도형)

크롤러형은 접지면적이 넓고 접지압력이 적어 습지(濕地), 사지, 부정지에서 작업이 용이하고 견인력이 크다. 약 1.5~1.7m수심의 통과가 가능하며 심해형 도저는 6~7m까지 수중 통과가 가능하며, 작업거리는 15~100m이내가 적합하다. 자주적 이동거리는 2km 이내이며 2km 이상일 때는 트레일러를 사용함이 경제적이다.

(2) 용도별 분류

1) 불도저 또는 스트레이트 도저(Bull dozer or straight dozer)

블레이드(blade)를 상하로 움직일 수 있으나 각도를 지울 수는 없다. 다만 블레이드 바의 길이를 조절하여 10°정도의 각도를 변화시켜 굴토력을 조정할 수 있다. 점토, 송토, 성토, 배수로 매몰 등에 적합하다.

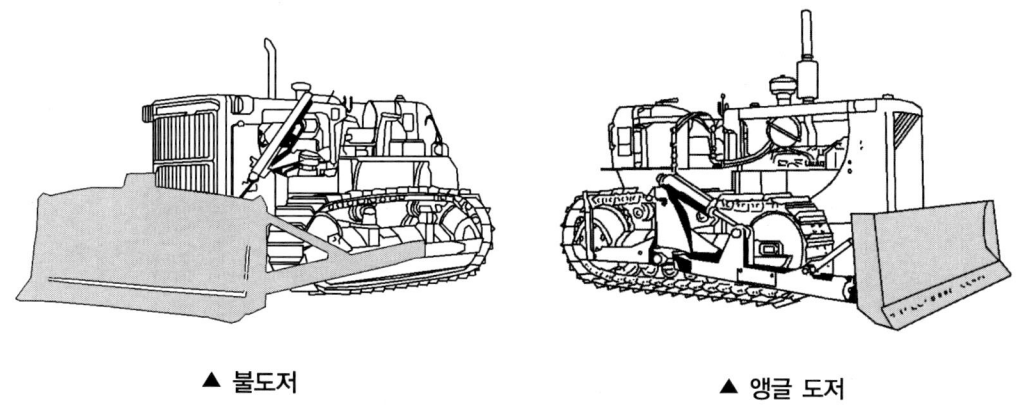

▲ 불도저 ▲ 앵글 도저

2) 앵글 도저(angle dozer)

블레이드를 좌·우 20~30°정도 각도를 줄 수 있고 블레이드의 길이가 길고 높이가 낮다. 토사를 좌·우로 밀어 붙여 측능(測陵) 절단작업, 제설, 지균작업 등에 효과적이다. 또 틸팅 실린더를 조정할 수 있어, 불도저, 틸트, 도저의 기능을 다 할 수 있다.

3) 틸트 도저(tilt dozer)

블레이드가 불도저와 같은 모양이며 틸트 실린더가 부착된 것으로 블레이드를 좌·우로 20~30°(30cm)까지 기울일 수 있다. 용도는 배수로 구축과 제방경사 작업, 나무뿌리 제거 작업에도 효과적이다.

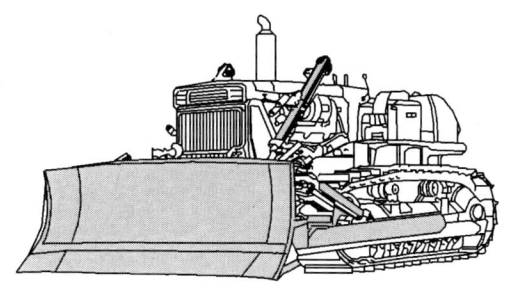

▲ 틸트 도저

(3) 작업장치별 분류

1) 트리밍 블레이드(trimming blade)

유압 실린더를 사용하여 블레이드 면의 각도를 변화시켜 광석이나 석탄 등을 긁어모을 때 사용되며 도저가 후진할 때도 작업을 할 수 있어 다듬질 작업에도 일부 사용된다.

2) 푸시 블레이드(push blade)

스크레이퍼가 작업할 때 견인력을 주기 위해 스크레이퍼를 뒤에서 미는데 주로 사용된다.

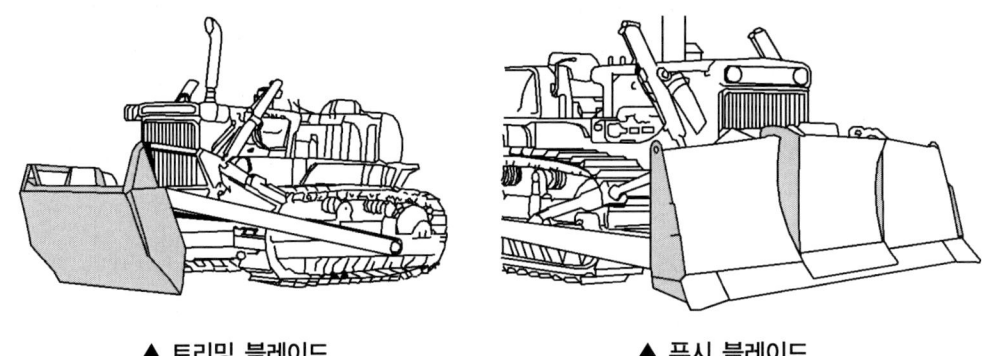

▲ 트리밍 블레이드 　　　　　▲ 푸시 블레이드

3) 레이크 블레이드(rake blade)

블레이드(삽날) 대신 레이크를 설치하여 나무뿌리 뽑기, 잡목 제거, 굳은 땅 파헤치기, 암석 제거 등에도 쓰인다. 40~50cm 이하의 비교적 작은 수목이 적당하다.

4) 토윙 윈치(towing winch)

기관의 동력을 이용하여 드럼을 회전시켜 케이블을 감아 무거운 물체를 끌어당기기, 자체 구난작업에 쓰인다.

▲ 레이크 블레이드 　　　　　▲ 토윙 윈치

4) 스노 플로 블레이드(snow plow blade)

시가지의 적설량이 그다지 많지 않을 때의 제설에는 그레이더를 사용하나 시외지역의 제설이나 눈이 많이 쌓인 경우에는 제설성능이 우수한 스노 플로 블레이드를 사용한다.

5) 스케리파이어(리퍼, scarifies)

도저의 뒤쪽 아래 부분에 갈퀴가 핀으로 연결되어 있기 때문에 도저가 후진할 때 지면을 깎아 들어가서 굳은 흙을 깨뜨리고 전진 때에는 굳은 땅 파헤치기, 암석 제거 등에 쓰인다.

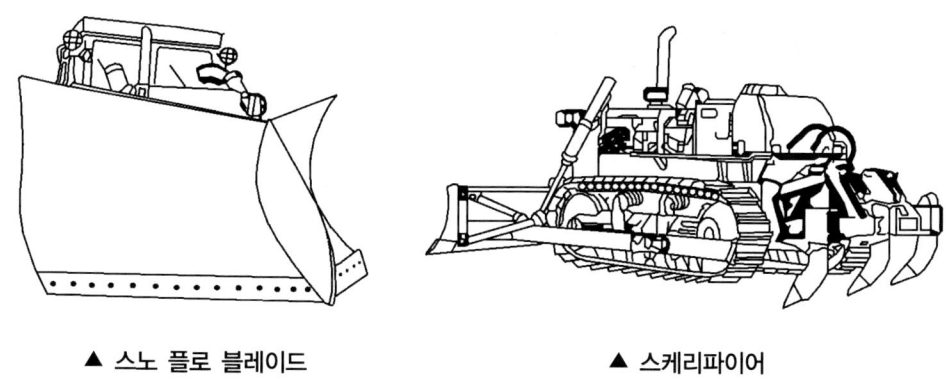

▲ 스노 플로 블레이드   ▲ 스케리파이어

④ 도저의 구조와 작용

(1) 기관

도저용 기관은 주로 디젤기관이 사용되며 기관의 출력은 80~285ps 정도이다.

(2) 동력 전달장치

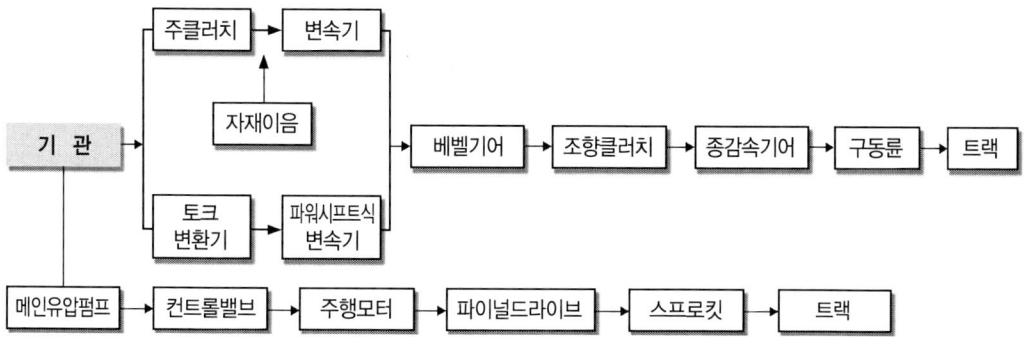

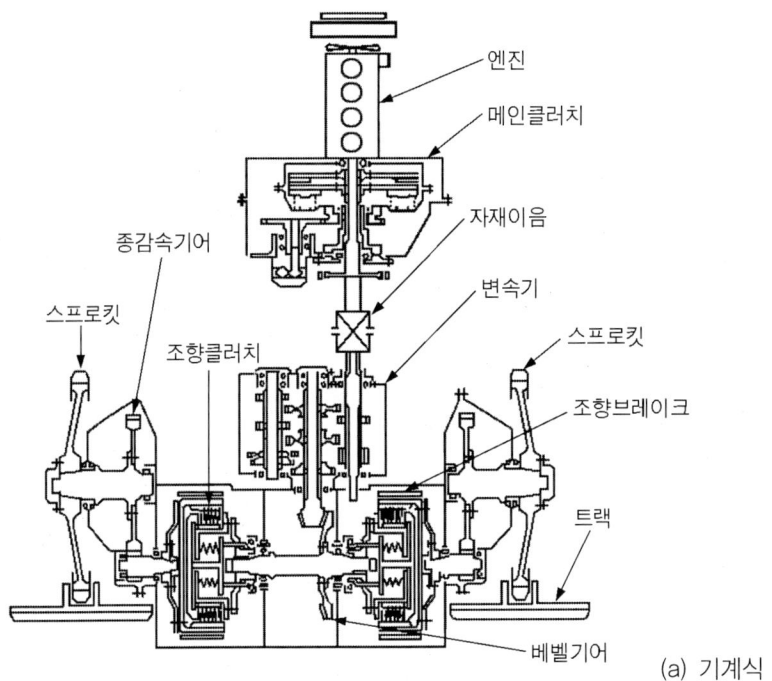

(a) 기계식 클러치 방식

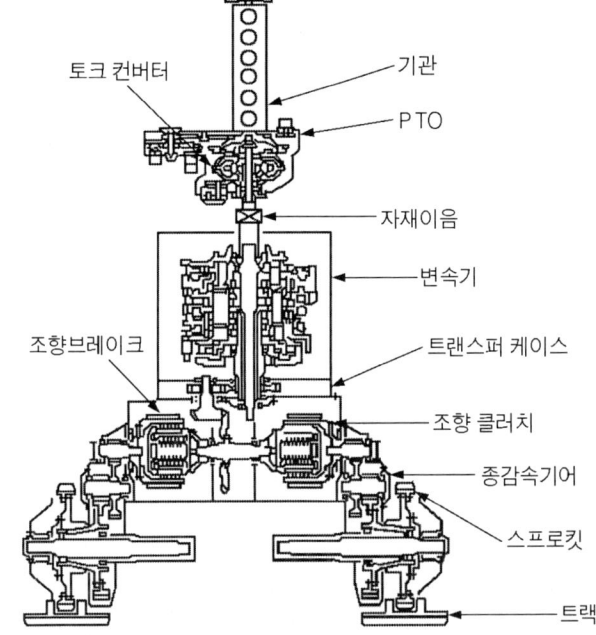

(b) 토크 컨버터 방식

▲ 동력전달계통

(3) 유성기어 변속기

유성기어 변속기는 선기어, 유성기어 캐리어, 링기어 3요소 중 어느 하나를 구동, 또는 고정함에 따라 직결(direct drive), 감속(reduction), 후진(reverse), 중립(neutral), 증속(over drive) 상태를 얻은 변속이다.

(4) 드라이브 라인

자재이음은 토크 분배기의 출력축 또는 변속기의 압력축에 전달하는 역할을 하며 자재이음(universal joint), 슬립 이음, 커플링 등으로 되어 있다.

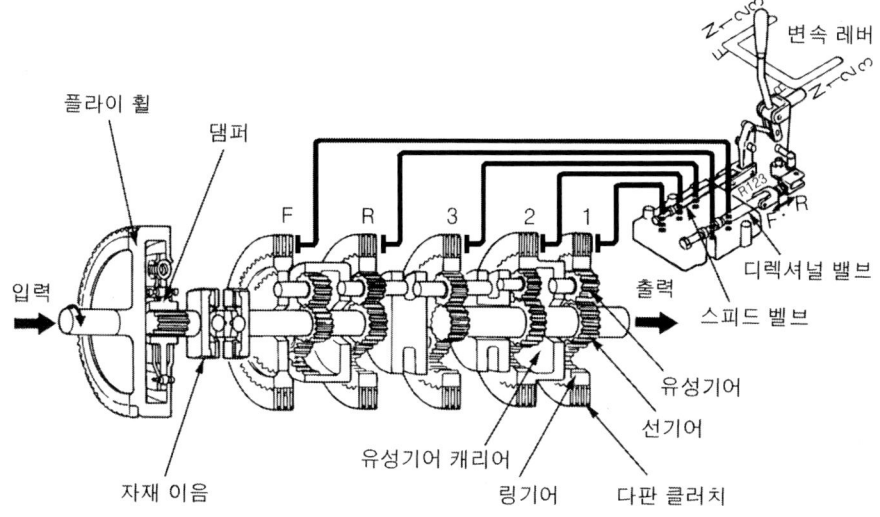

▲ 하이드로 시프트 드라이브

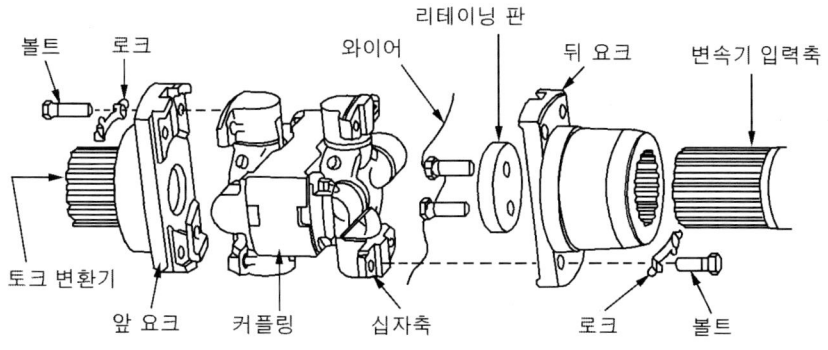

▲ 드라이브 라인

(5) 베벨기어와 피니언

변속기 출력축 끝에 붙어 있는 베벨기어와 피니언은 동력을 직각의 좌우방향으로 바꾸는 장치로서 회전 동력을 좌·우의 베벨기어 축에 전달함과 동시에 회전속도를 1.8~2.8 : 1로 감속한다. 베벨기어는 베벨 기어축 플랜지에 볼트로 고정되어 있으며 조향 클러치의 하우징 중앙에 설치되어 있다.

(6) 조향장치

조향장치는 건설기계의 진행방향을 바꾸기 위한 것으로서 도저에서는 좌·우 양쪽에 전해지는 동력을 어느 한쪽을 끊고 다른 쪽의 스프로킷만으로 트랙을 돌려 조향한다.(동력을 끊는 스프로킷 쪽으로 진행 방향이 된다).

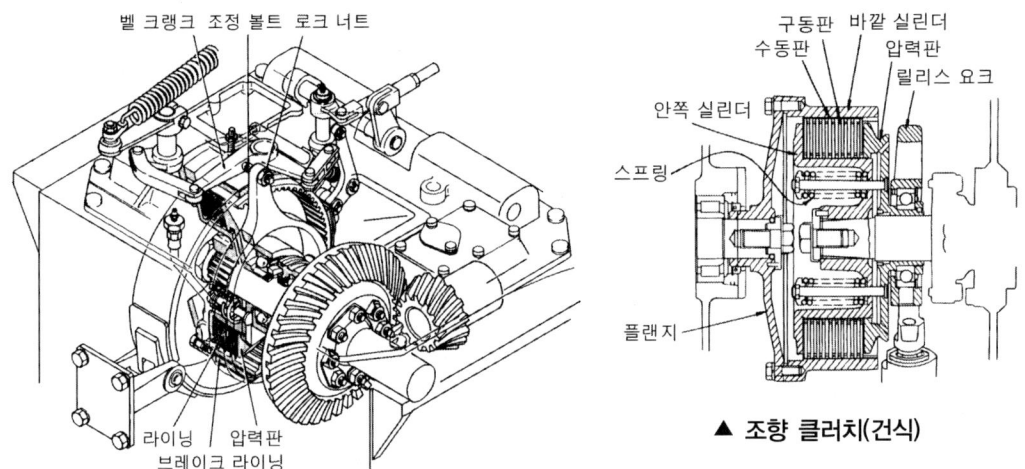

▲ 조향 클러치(건식)

▲ 조향 장치

이때 동력을 끊는 쪽도 완전 차단이 안 되고, 반대쪽 트랙의 추진력에 차단 쪽의 트랙도 어느 정도 끌림 현상이 일어나 완만한 조향이 된다. 따라서 외부 수축형 브레이크를 두어 수동 드럼을 제동시켜 차단 쪽 트랙은 완전히 멈추어 급·조향을 할 수 있게 되며 정차·주차할 때 제동상태를 유지시키는 트래블 로크로 주차 브레이크의 역할도 한다.

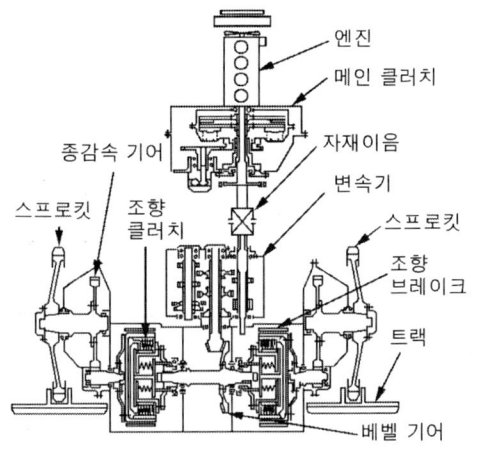

▲ 동력전달계통(직접 구동방식)

불도저에 사용되는 조향 장치는 클러치 브레이크 방식이 주로 사용되며, 조향 브레이크 조작은 발로하며 좌·우 1개씩 설치되어 있다.

(7) 클러치

1) 메인 클러치(플라이 휠 클러치)

메인 클러치는 기관과 변속기 사이에서 동력을 전달 또는 절단하는 역할을 한다. 구조에 따라 복판(습식) 스프링식과 다판(습식) 오버센터식, 유체 클러치가 구형 도저에 많이 사용되었으나 근래에는 토크 변환기가 주로 사용된다.

2) 관성 브레이크

관성 브레이크는 메인 클러치 페달과 연동하여 작동하도록 되어 있어서 페달을 밟으면 클러치가 끊어지고 브레이크 밴드가 수축하여 메인 클러치에 고정되어 있는 관성 브레이크 드럼을 압박하므로 클러치 축이 플라이 휠과 함께 회전하는 것을 방지하는 역할을 한다. 따라서 변속할 때 변속이 원활히 이루어지도록 한다.

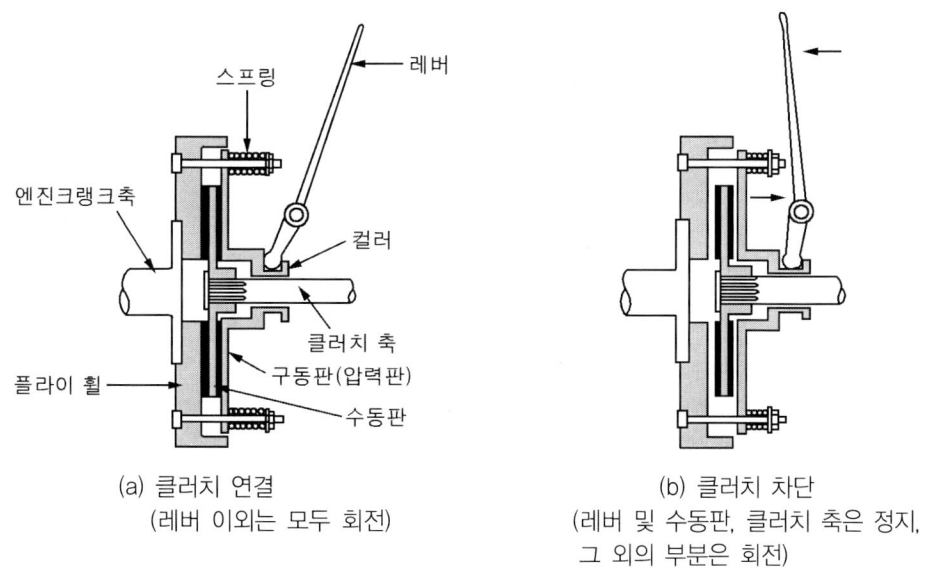

▲ 마찰 클러치의 작동

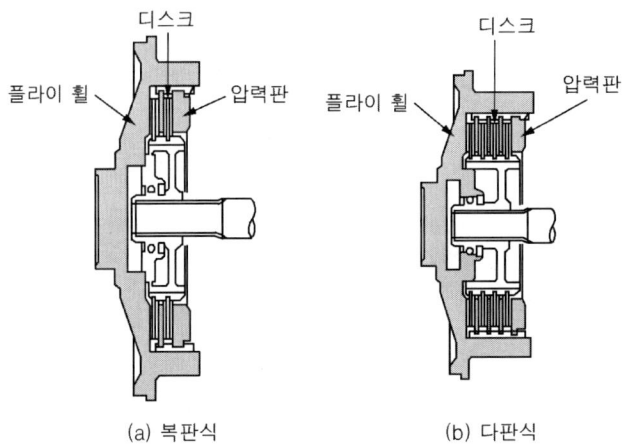

▲ 수동판(디스크)의 수

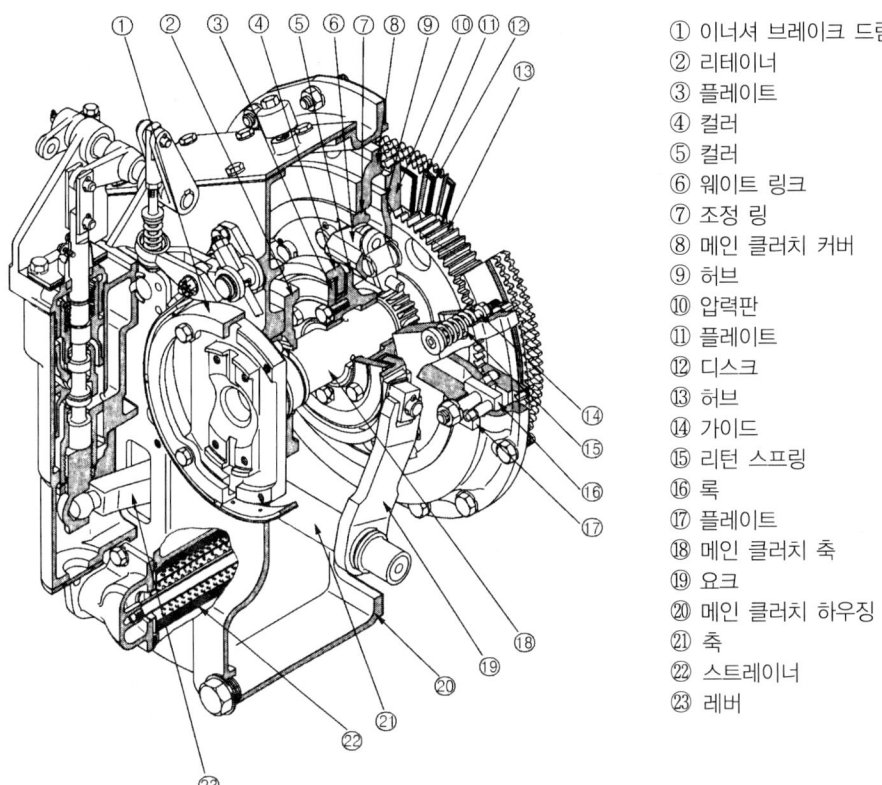

① 이너셔 브레이크 드럼
② 리테이너
③ 플레이트
④ 컬러
⑤ 컬러
⑥ 웨이트 링크
⑦ 조정 링
⑧ 메인 클러치 커버
⑨ 허브
⑩ 압력판
⑪ 플레이트
⑫ 디스크
⑬ 허브
⑭ 가이드
⑮ 리턴 스프링
⑯ 록
⑰ 플레이트
⑱ 메인 클러치 축
⑲ 요크
⑳ 메인 클러치 하우징
㉑ 축
㉒ 스트레이너
㉓ 레버

▲ 마찰 클러치(습식, 다판 오버 센터식)

3) 토크 분배기

토크 분배기는 스플릿 변환기(split converter)라고도 하며 이 형식은 기관의 동력일부가 유체를 통하여 전달하고 나머지 동력을 기계적으로 전달하여 유체 구동의 특징과 기계구동의 특징을 살려 출력축에 동력을 전달한다.

① **입력 분할**(input, split) : 기관에서 토크 변환기로 입력되는 토크와 직접 기계적으로 출력에 전달되는 토크비가 유성기어 장치에 의하여 일정하게 된다.
② **출력 분할**(output split) : 기관에서 토크 변환기를 통하여 전달된 토크와 직접 기계적으로 전달된 토크가 유성기어 장치에 의하여 합쳐져서 전출력 토크가 된다.

(8) 변속기

클러치에서 동력을 받아 작업상태나 주행상태에 알맞게 회전력을 변화시키는 장치로서 섭동 기어식, 상시 물림식 등은 구형이고 근래에는 부축형 유압식 변속기(control type power transmission)와 유성 기어 변속기(planetary gear transmission) 등이 사용된다.

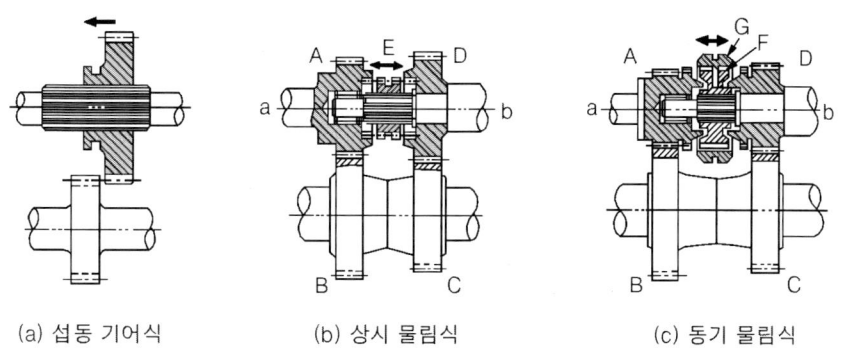

(a) 섭동 기어식　　(b) 상시 물림식　　(c) 동기 물림식

▲ 기어식, 변속기의 각종 형식

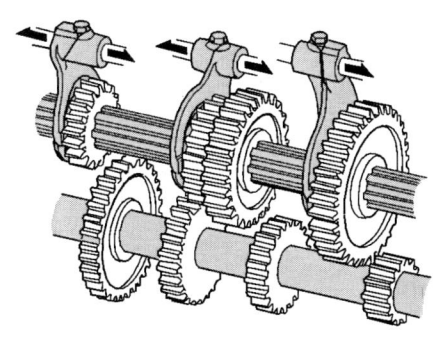

▲ 간단한 변속기

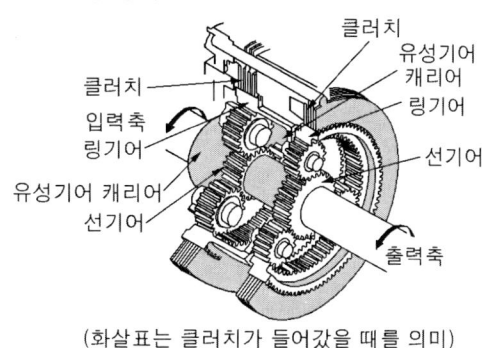

(화살표는 클러치가 들어갔을 때를 의미)

▲ 유성기어 기구

1) 부축형 유압식 변속기(파워 시프트 변속기)

이 변속기는 상시 물림식 변속기로서 기어물림은 드럼 내 분리판을 중심으로 압력판과 클러치 판 각도는 8~9°이다.

(9) 클러치 브레이크

이 장치는 베벨기어로부터 전달된 동력을 좌·우 별도로 단속할 수 있는 조향 클러치와 동력을 끊은 다음 제동하는 제동장치로 구성되는데 조향 클러치로서 회전력을 끊은 쪽의 기동 트랙을 자유롭게 두면 도저는 천천히 회전하나 제동을 끊고 브레이크를 걸면 급회전 할 수 있다. 조향 클러치는 원판마찰 클러치가 사용되는데 이것은 건식, 습식 스프링 가압식과 유압식이 있다.

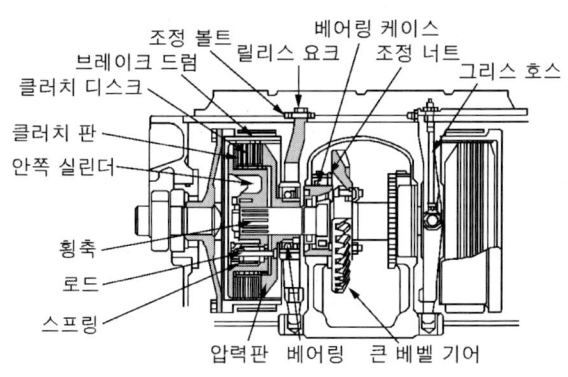

▲ 건식(스프링 가압식)조향 장치

조향 클러치를 끊지 않을 때는 스프링에 의하여 압력판과 클러치 판이 붙어 일체로 드럼이 회전되고 클러치를 끊을 때는 조향 레버를 조작하여 릴리스 요크를 움직이므로 스프링을 눌러 압력판을 움직여 클러치 판과 디스크 판의 밀착을 해제시켜 동력의 전달을 끊는다. 유압식(습식)은 클러치 차단 및 접속을 유압으로서 조작하며 이 조작은 조향 조정 밸브에 의하여 이루어진다.

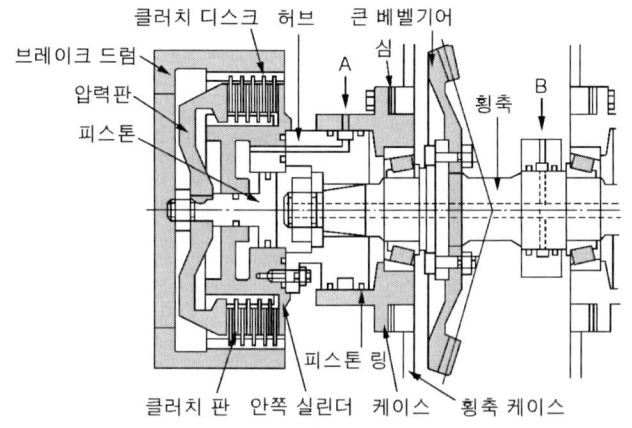

▲ 습식(유압식)횡축 조향 장치

(10) 브레이크 장치

브레이크 장치는 외부 수축형이며, 브레이크 밴드가 드럼의 바깥둘레에 감겨져 있어 작동하지 않을 때에는 드럼에 거의 균일한 간극을 유지하고 있으나 브레이크가 작용할 때에는 밴드가 브레이크 드럼을 조여서 제동하게 된다.

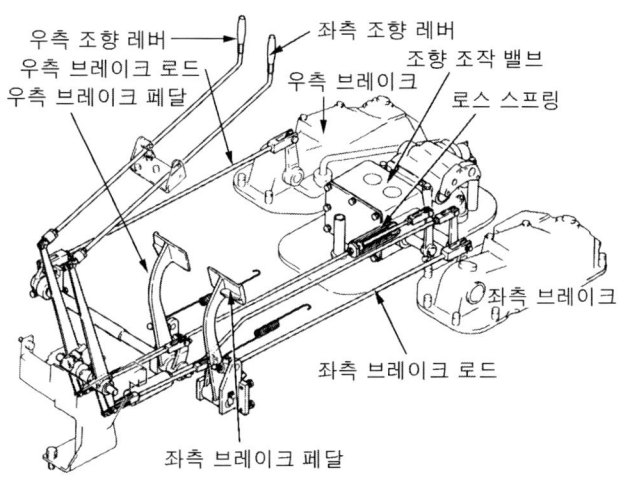

▲ 조향 클러치 레버

(11) 종감속 장치

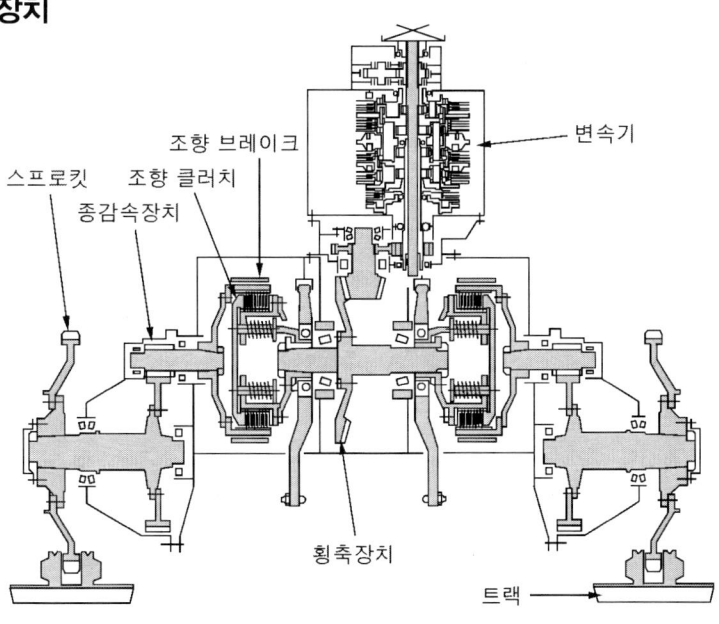

▲ 동력전달계통(하이드로 시프트 드라이브)

종감속 장치는 회전속도를 좌·우 조향장치의 바깥쪽에 설치되어 있고 1~2쌍의 스퍼 기어(spur gear)에 의하여 감속되며, 스프로킷을 구동시킨다. 감속비율은 약 10 : 1 정도의 감속을 하며 대형 트랙터에서는 유성기어 감속장치를 사용하여 더 큰 감속을 얻는다. 종감속 기어 케이스 내에는 윤활유가 들어 있는데 윤활유가 외부로 누설되는 것을 방지하고 외부로부터 물이나 먼지 등이 유입되는 것을 방지하기 위하여 플로팅 실(floating seal)이 사용되고 있다.

(12) 트랙 프레임

트랙 프레임은 섀시로 구성하는 뼈대이며, 기관, 클러치, 조향장치 등이 설치되어 중량을 지탱하며 여기에 균형 스프링(equalizer spring)이 설치되어 완충작용을 하고 뒷부분에는 대각지주(diagonal brace)가 설치되어 스프로킷 축을 지지한다. 트랙의 무게는 프레임을 통하여 트랙 롤러(하부 롤러)가 지지한다.

대각지주(diagonal brace)는 프레임 내측에 용접되어 있으며 이것은 롤러, 프레임의 정렬을 유지시킨다. 대각지주는 스프로킷 축에 피벗(pivot)되어 좌·우 트랙 프레임이 각각 상·하의 독립적으로 작용한다.

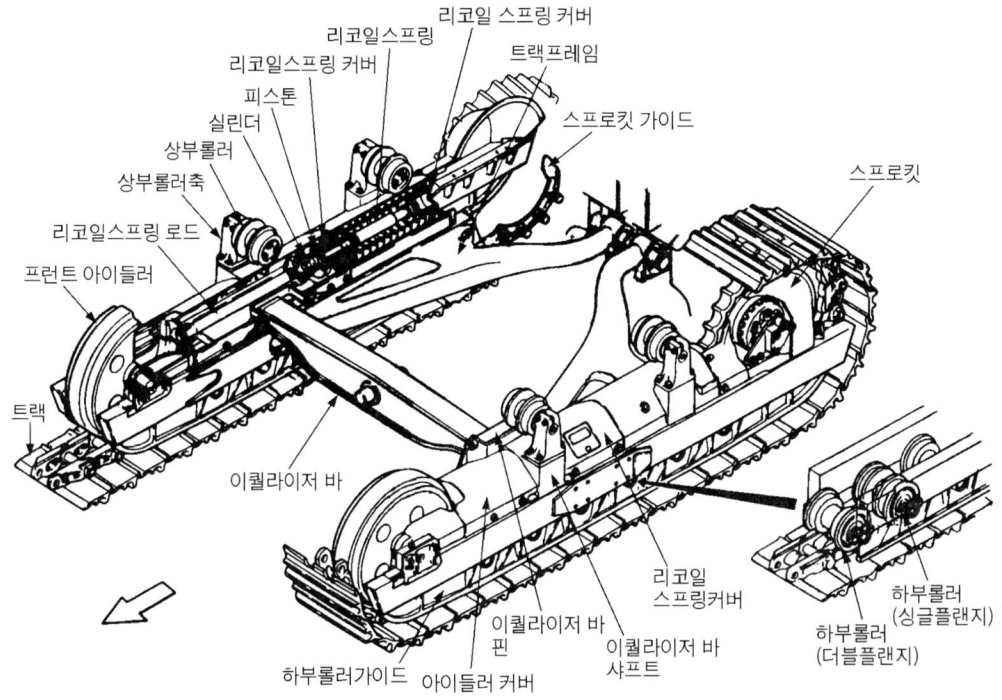

▲ **트랙 프레임의 구성부품**

(13) 균형 스프링

균형 스프링은 강판을 겹친 판 스프링(leaf spring)으로 그 양쪽 끝은 트랙 프레임에 얹혀 있고 그 중앙에 트랙터 앞 부분의 중량을 받는다. 형식에는 스프링 형식과 빔 스프링 형식이 있다. 균형 스프링은 주행 중, 좌·우 트랙 프레임의 상·하 운동에 대하여 스프링의 양쪽 끝은 프레임의 상부를 좌·우로 요동하면서 완충 작용을 하기 때문에 좌·우의 트랙 프레임에 작용하는 하중을 항상 균일하게 한다.

☞ 균형 스프링을 쿠션 스프링(cushion spring) 또는 메인 스프링이라고 한다.

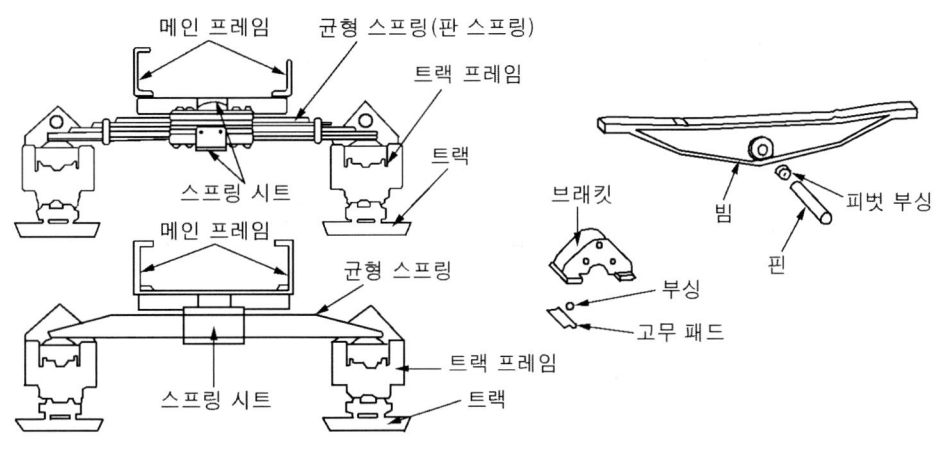

▲ 균형 스프링

(14) 블레이드(토공판)

블레이드는 용접 접합 가공한 것이며 2~4m의 2중 철판으로 되어 있고 토사 작업을 할 때 토사를 밀어낼 때, 흙의 저항을 감소시키기 위하여 곡면 모양으로 만들고 아래쪽 끝에는 마멸이나 파손을 방지하기 위하여 강인한 특수강의 장삽날(블레이드 날)이 볼트로 체결되어 있으며 그 양쪽에는 내마멸성이 큰 귀삽날(엔드 비트)이 부착되어 있다.

블레이드와 프레임은 앵글도저는 암과 브레이스로 연결하고 불도저는 브레이스로 연결하도록 되어 있다. 결합부분은 핀 또는 볼 조인트로 되어 있으며, 브레이스 길이는 나사로서 신축되므로 틸트 각도, 절삭 각도를 조정할 수 있도록 되어 있다.

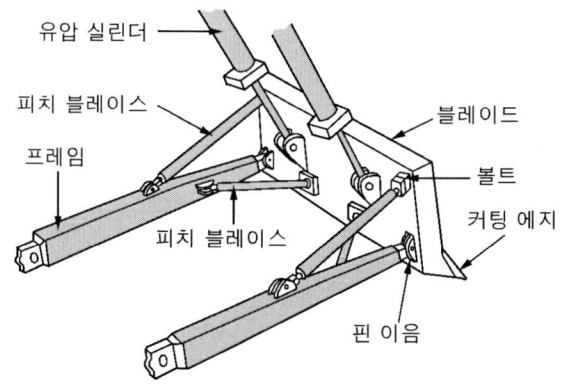

▲ 블레이드(유압식)

블레이드

1. 블레이드의 용량

$$Q = BH^2$$

Q : 블레이드 용량 [m³]   B : 블레이드 폭 [m]
H : 블레이드 높이 [m]

2. 불도저의 블레이드(배토판) 상승이 늦는 원인
- 유압 작동실린더의 내부누출이 있을 때
- 작동유압이 너무 낮을 때
- 릴리프 밸브의 조정이 불량할 때
- 펌프가 불량할 때

도저에 의한 완성 작업방법

- 토공 판을 내리기 전에 먼저 트랙의 완성 면과 평행한 면 위에 있는가를 확인한다.
- 완성작업은 토공 판이 빈 것 보다 흙을 가득히 채운 편이 쉽다.
- 거친 완성은 고속으로, 치밀한 완성일수록 저속으로 작업한다.
- 도저는 거친 마무리작업에 적합한 기계이다.

로더(Loader)

❶ 로더의 개요

트랙터 앞에 커다란 버킷을 설치한 것으로 각종 토사, 자갈, 골재 등을 퍼서 다른 곳으로 운반하거나 덤프차를 적재하는 장비이다. 규격은 버킷의 평적 용량으로 표시하며 버킷이외 특수한 작업장치를 부착하기도 한다.

❷ 로더의 종류

(1) 주행상태에 따른 분류

1) 휠 로더(wheel loader)

트랙터의 주행장치가 대형 저압 타이어, 크롤러형에 비하여 기동성이 좋아 고속작업이 용이하며, 도로 포장 노면을 파손시키지 않는 장점이 있으나 접지압력이 높아 습지에서의 작업이 어렵다.

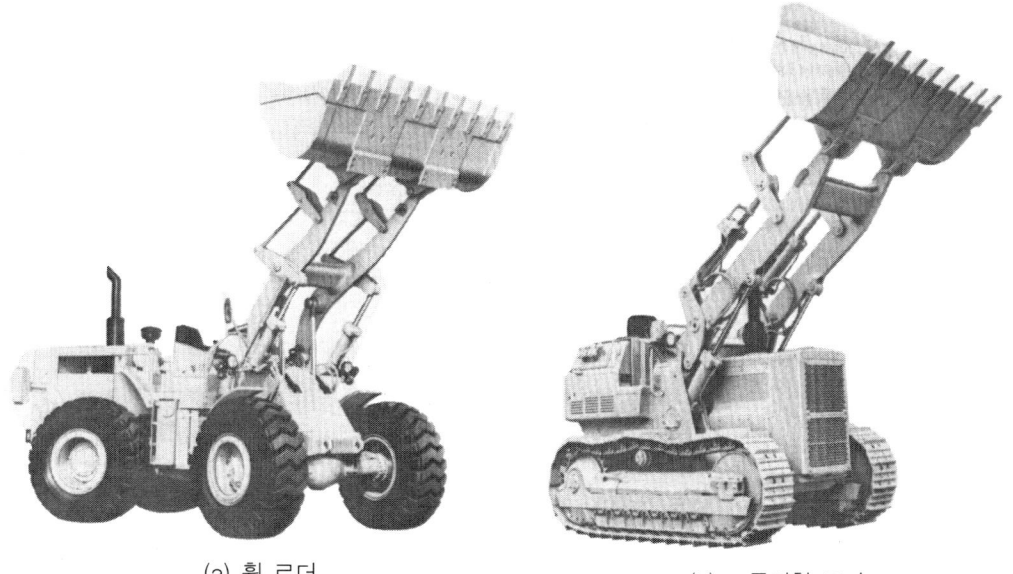

(a) 휠 로더   (b) 크롤러형 로더

▲ 로더의 종류

2) 크롤러 로더(crawler type loader)

타이어 대신에 무한궤도를 설치한 것으로 강력한 견인력과 접지압력이 낮아 습지, 사지에서의 작업이 용이하나 기동성이 낮아 장거리 작업이 불리하다.

3) 쿠션형(cushion type)

쿠션형은 튜브리스 타이어(tubeless tire)에 강철제 트랙을 감은 것으로 무한궤도형과 휠형의 단점을 보완한 것이다.

(2) 적하 방식에 의한 분류

1) 프런트 엔드형

트랙터 앞쪽에 버킷이 부착되어 굴착·적재 작업을 하는 것으로 이 방식이 주로 사용된다.

2) 사이드 덤프형(side dump type)

버킷을 좌·우 어느 쪽으로나 기울일 수 있어 터널이나 좁은 장소에서 트럭에 적재 할 수 있는 것으로 운반기계와 병렬 작업을 할 수 있는 특징이 있다.

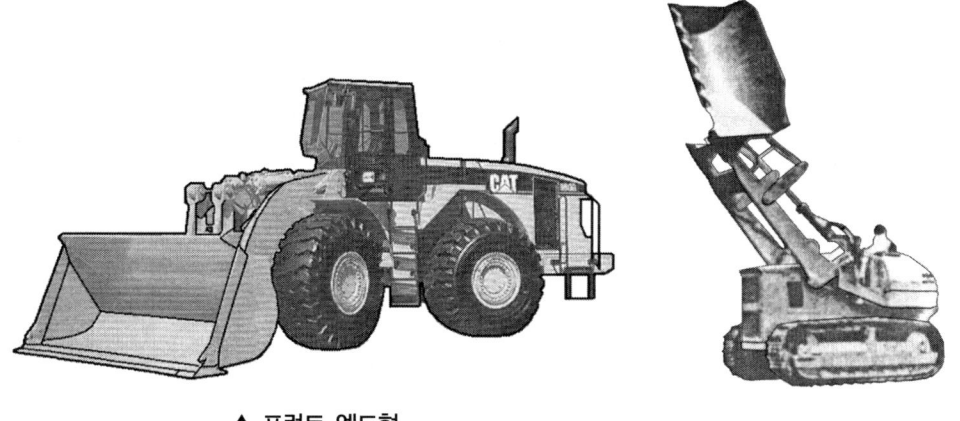

▲ 프런트 엔드형　　　　　▲ 사이드 덤프형

3) 스윙형

프런트 엔드형과 오버 헤드형을 함께 채택하여 전후 양쪽으로 적재하는 형식이다.

4) 오버 헤드형(over head type)

앞 부분에서 굴착하여 장비 위를 넘어 뒷면에 적재할 수 있는 것으로 터널 공사 등에 효과적이다.

5) 백호 셔블형(back hoe shovel type)

트랙터 후면에 유압식 백호 셔블을 장착하고 앞부분에는 버킷이 부착되어 깊은 굴착과 적재를 함께 할 수 있는 로더로서 수도 공사나 하수도 공사에 적합하다.

▲ 스윙형   ▲ 백호 셔블형

(3) 버킷의 용도별 분류

① **일반 버킷** : 일반 토사, 자갈 등의 적재에 적합하다.
② **통나무 집게** : 파이프 등의 길고 둥근 물체를 집어서 고정시킨 후 운반한다.
③ **다목적 버킷** : 버킷이 열리게 되어 있으며 일반 버킷 도저와 같은 송토작업, 집게작업 등을 동시에 작업할 수 있으며 적재작업은 유압 실린더로 버킷을 열어 행한다.

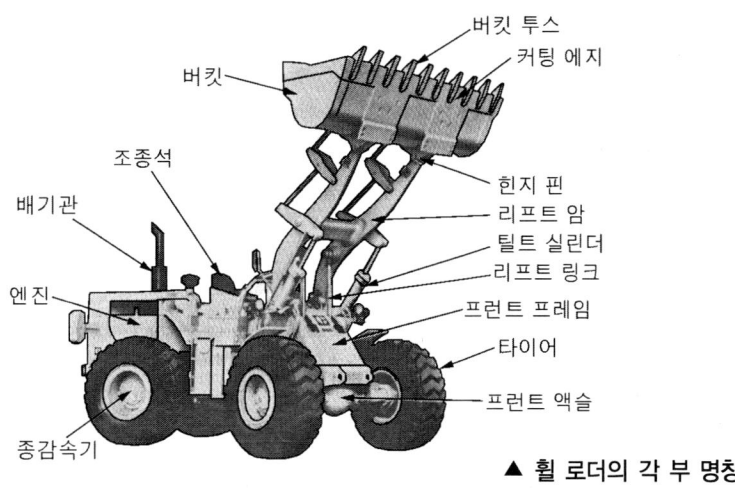

▲ 휠 로더의 각 부 명칭

④ **스켈리턴(skeleton) 버킷** : 강(江)가에서 골재 채취 등에 적합하며 작은 골재, 물 등이 빠져나가는 구조로 되어 있다.
⑤ **암석용 버킷(rock bucket)** : 돌, 자갈 등의 채취에 적합하다.
⑥ **래크 블레이드 버킷(rack blade bucket)** : 나무 뿌리 뽑기, 제초, 지반이 매우 굳은 땅의 굴착 등에 쓰인다.

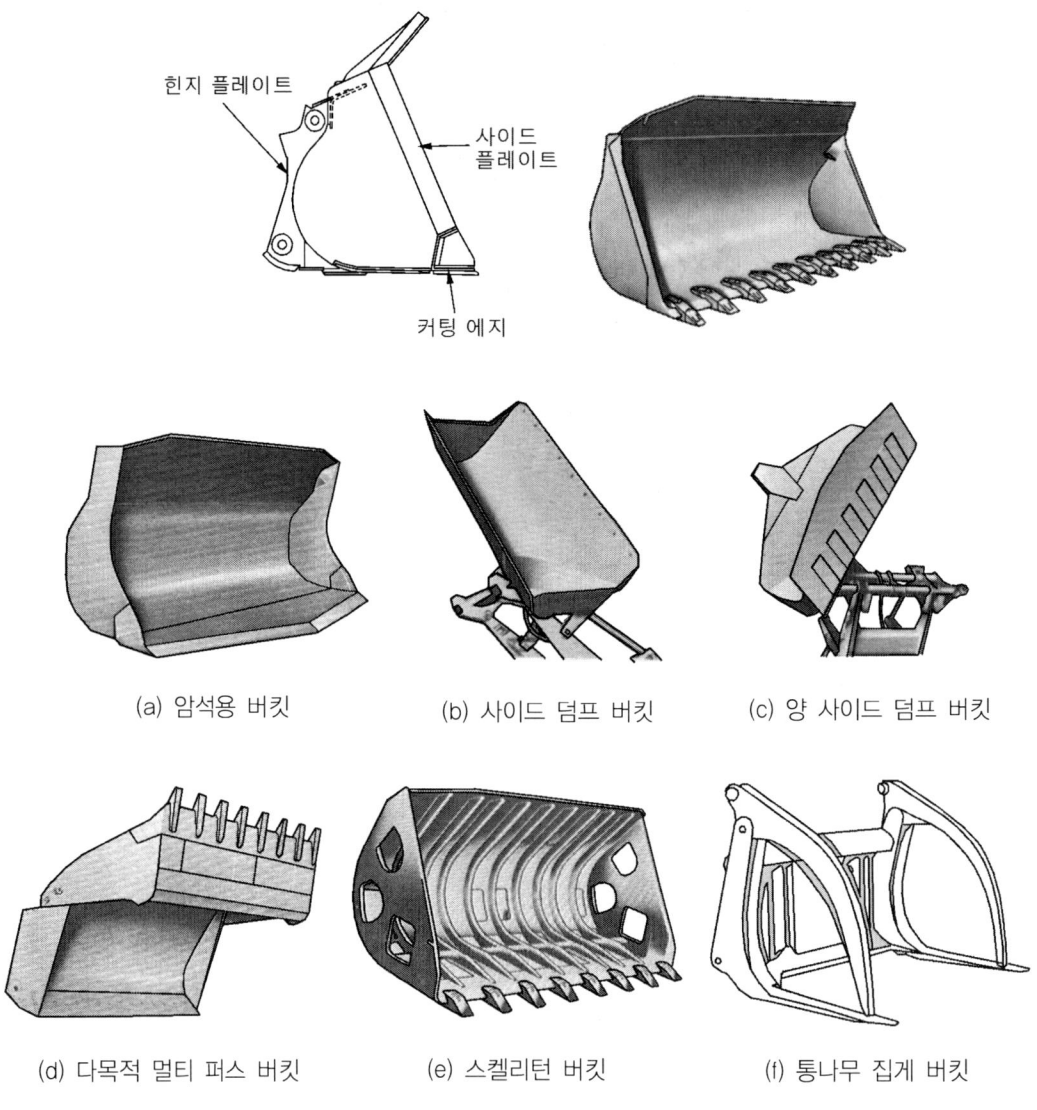

▲ 버킷의 종류

❸ 로더의 구조와 작용

(1) 로더의 동력 전달장치

1) 동력 전달순서

로더의 동력전달 순서는 **기관 → 토크컨버터 → 유압변속기 → 종감속 장치 → 구동바퀴**이다.

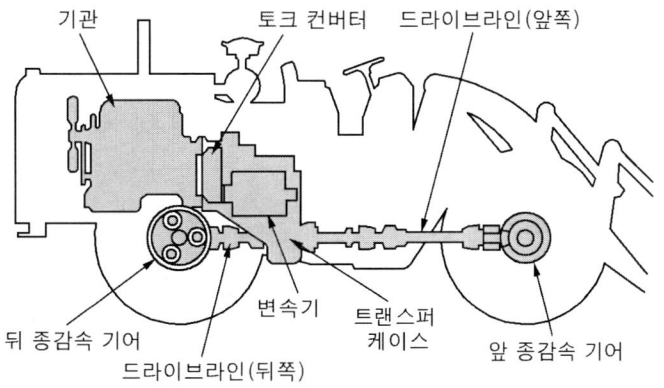

▲ 휠 로더의 동력 전달장치

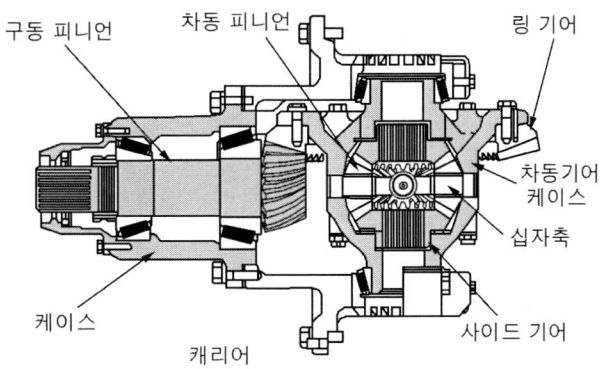

▲ 디퍼런셜 구조

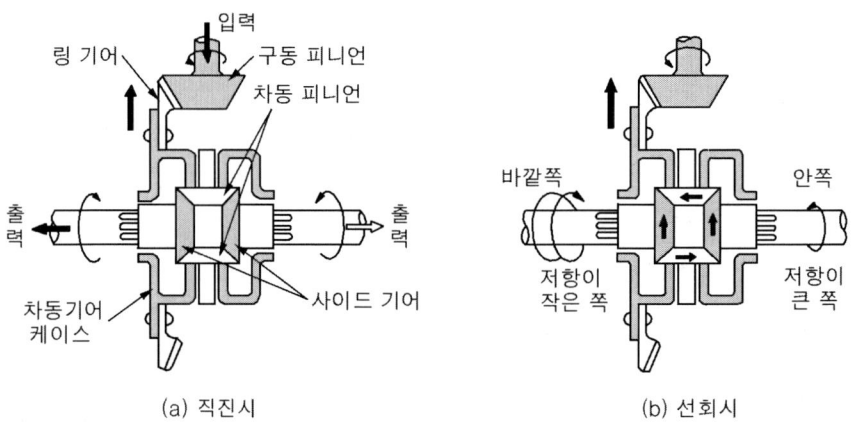

▲ 차동 기어장치의 작동

2) 토크 변환기 변속기

변속기는 토크 컨버터와 유성기어 조합에 의하여 부하 변동에 따라 알맞은 회전속도와 토크 비율을 조정하는 일을 한다. 토크 변환기는 2단 토크 변환기(쌍 터빈)가 사용된다.

3) 종감속 장치

종감속 기어, 차동 기어장치로 구성되어 있으며 차동 제한장치가 있어 사지, 습지 등에서 타이어가 미끄러지는 것을 방지한다.

4) 유성기어 감속기

구동 차축 끝에 선 기어, 바깥쪽에 유성 기어 캐리어가 연결되고 허브에 링 기어가 고정된다. 선 기어가 회전하면 고정된 링 기어 안쪽 면을 따라 유성 기어가 움직이면 유성 기어 캐리어가 바퀴를 구동하므로 바퀴는 감속되어 큰 구동력을 발생한다.

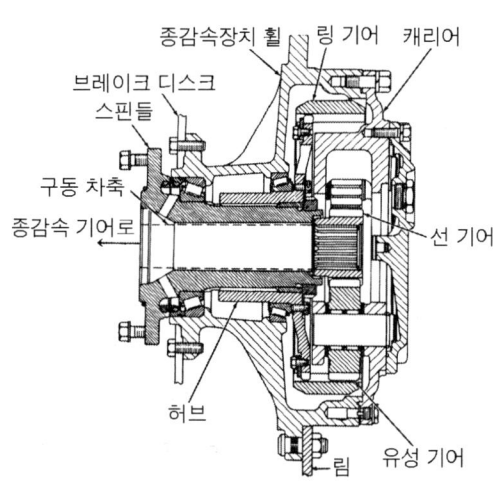

▲ 종감속 장치

☞ 휠 허브에 있는 유성기어 장치에서 유성기어가 핀과 용착되면 바퀴가 돌지 않는다.

(2) 브레이크 장치

로더는 공기-유압 브레이크 계통으로 되어 있다. 브레이크 계통은 공기압축기를 조정하는 조속기, 공기 탱크, 컨트롤 밸브, 마스터 실린더 및 휠 브레이크용, 유압 실린더로 구성되어 있다. 공기 압축기는 공기탱크로 압축공기를 공급하는 일을 한다.

압축공기는 튜브를 통하여 좌우측 컨트롤 밸브로 흐르며, 브레이크 페달을 밟으면 압축공기는 2개의 라인을 통하여 앞·뒤 공기 체임버로 흐른다. 각각의 공기 체임버에서 압축공기는 유압 피스톤과 연결된 공기 피스톤을 밀어 마스터 실린더 피스톤아 작용하도록 함으로써 유압을 발생하여 차축의 휠 브레이크가 작동하도록 한다(공기 압축기의 약 7kg/cm²).

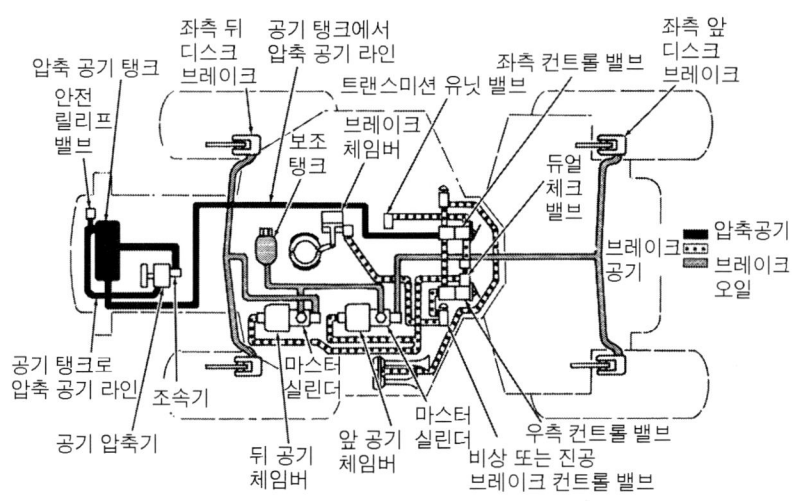

▲ 동력 브레이크 회로

① **공기탱크의 드레인콕** : 공기탱크 안에 생긴 응축 수분 및 오일 등을 배출시킬 때 사용한다.
② **공기탱크 릴리프 밸브** : 공기탱크 내의 압력이 10.5kg/cm² 이상일 때 브레이크 계통을 보호하기 위하여 사용되며 탱크 안의 압력이 규정압력 이상 되었을 때 공기를 바깥쪽으로 배출한다.
③ **컨트롤 밸브** : 브레이크 페달의 움직임에 따라 공기 체임버에 압축공기를 보내 주거나 차단하는 일을 한다. 브레이크 페달을 많이 밟으면 보다 많은 공기가 공기 체임버에 보내져 브레이크의 작동 효과가 커진다.
④ **마스터 실린더** : 2중 공기-유압 브레이크 계통에서 압축공기의 에너지를 유압으

로 전환시키는데 사용되며 클러스터는 약 15 : 1의 압축비로 작동 압력을 증가시 킨다. 따라서 약 7kg/cm²의 공기압력은 최대 10.5kg/cm²의 유압을 발생시킨다.

⑤ **비상 또는 진공 조정밸브** : 계기판에 있는 비상 브레이크 조정밸브는 브레이크 페달 밸브에 예기치 않은 결함이 발생되었을 때 컨트롤 밸브 대신에 작동하도록 하는 밸브이다.

⑥ **브레이크** : 마스터 실린더의 유압에 의해 작동되며, 내부 확장형이다.

⑦ **저압 스위치** : 공기탱크에 있는 저압 스위치는 브레이크 계통의 압력이 정상작동을 위한 최소 압력이하로 떨어졌을 때 운전자에게 자동 경고신호를 알려주는 안전장치로서 전기적인 경보등과 경보기로 구성된다. 이 스위치는 공기압력이 정상 압력(4.2±0.7kg/cm²)이하 일 때 작동한다.

⑧ **브레이크 페달** : 브레이크 페달은 2개로서 우측 페달을 밟으면 컷 오프 밸브가 작동하여 변속기로부터 동력이 끊어짐과 동시에 제동되며 좌측 페달은 브레이크로만 작동된다. 컷 오프 밸브는 운전석 뒤쪽에 위치하여 경사지 작업에서는 「up」, 평지 작업을 할 때 「down」 위치에 놓아야 한다.

(3) 조향장치

크롤러형은 페달로 조향되는 조향 클러치 방식의 조향장치이고, 휠형은 조향핸들에 의한 동력 조향방식으로 뒷바퀴 조향과 허리꺾기 조향 방식이 있다.

1) 뒷바퀴(후륜) 조향방식

뒷바퀴를 조향시키는 방식으로 동력 조향방식이 사용된다. 이 형식은 안정성은 좋으나 선회반경이 커서 좁은 장소의 작업이 불리하다.

2) 허리꺾기 조향방식

앞 몸체와 뒤 몸체를 핀(또는 아티큘레이션 이음)으로 연결하고 유압 실린더에 의해 굴절시키는 형식으로 회전반경이 적어 좁은 장소에서의 작업이 유리하고 작업능률을 향상시킬 수 있기 때문에 근래에는 거의 이 방식이 사용되고 있다.

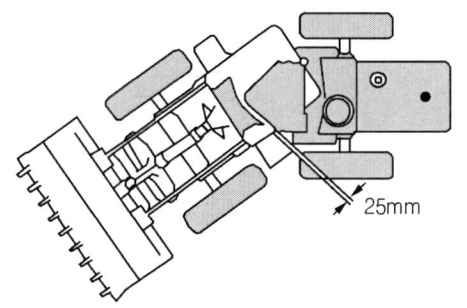

▲ 허리꺾기 조향방식

3) 조향 클러치방식

조향 클러치 방식은 크롤러형 로더에서 사용되며, 조향 클러치와 브레이크가 설치되어 조향을 한다. 도저는 레버로 조향 클러치를 조작하지만 로더는 페달로 한다.

(4) 버킷장치

버킷의 날은 마멸에 견디도록 경화된 것이 사용되어 버킷 끝에는 심한 마멸에도 견딜 수 있도록 투스(tooth)를 붙여서 사용하며 이 투스가 마멸될 경우에는 이를 교환하여 사용한다.

버킷의 작동은 모두 유압 조작으로 이루어지고, 리프트 암을 올리고 내리는 것은, 리프터 실린더에 의해 작동되며 틸트 백 덤핑 작업은 틸트 실린더에 의하여 이루어진다.

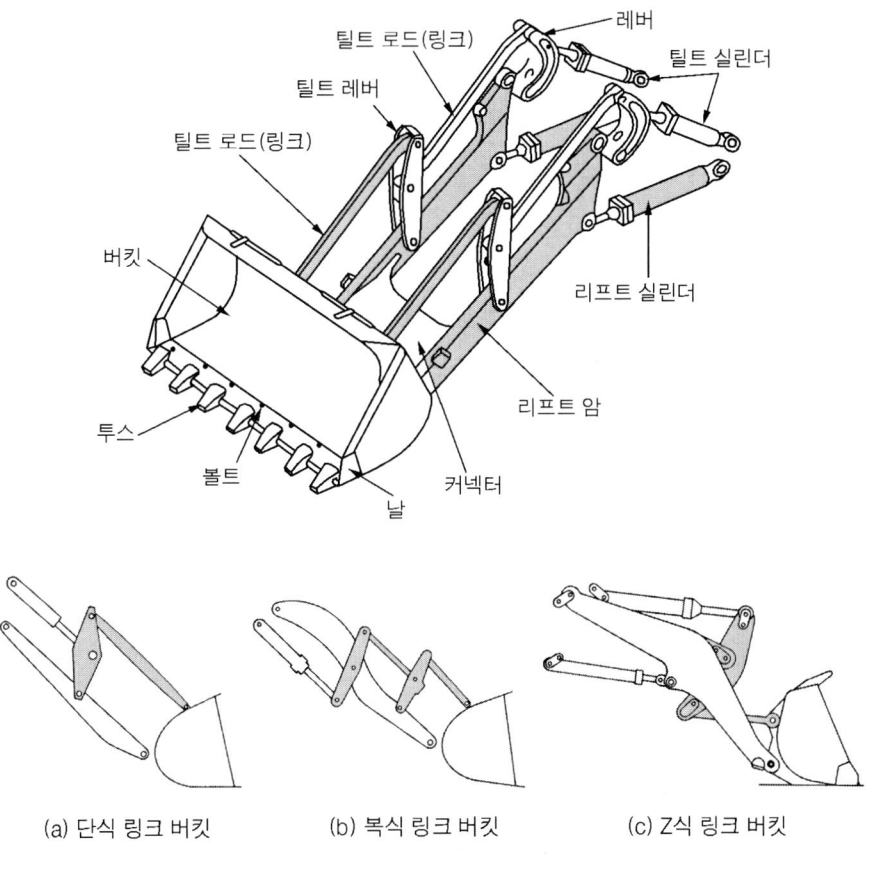

▲ 버킷의 구조 및 종류

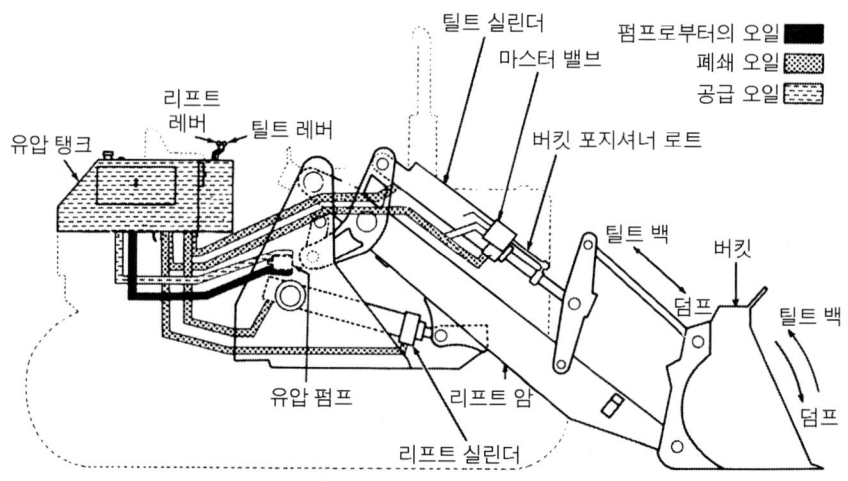

▲ 유압 회로

1) 유압계통

유압의 흐름은 작동유 탱크 → 유압펌프 → 작업장치 제어밸브 → 액추에이터(작동기) → 제어밸브 → 작동유 탱크이다.

① **버킷 실린더** : 버킷의 오므림과 적재작용을 한다.
② **붐 실린더** : 붐 상승, 하강시킨다.
③ **조향 실린더** : 유압펌프 유압을 공통으로 사용하며, 좌우, 1개씩 있고 조향을 담당한다.
④ **작동유 탱크** : 작동유 저장, 적정 온도유지, 기포 발생방지의 역할을 한다.
⑤ **유압펌프** : 유압을 발생시켜 액추에이터(actuator)를 움직여 준다.

2) 버킷의 용량

버킷의 용량은 버킷의 기하학적 형상으로부터 다음의 공식으로 계산한다.

$$Vr = Vs = \frac{b^2 W}{8} - \frac{b^2}{b}(a+c)$$

Vr : 버킷의 용량(산적 m³)　　Vs : 버킷의 용량(평적 m³)
A : 버킷의 중앙에서의 횡단 면적(m²)　W : 버킷 안쪽의 너비(m)
d : 버킷 중앙에서의 평적선에 수직한 스필 가이드 높이(m)

$$Vs = AW - \frac{2}{3}db \ [\text{m}^3] \qquad b : \text{버킷 중앙에서의 개구 치수(m)}$$

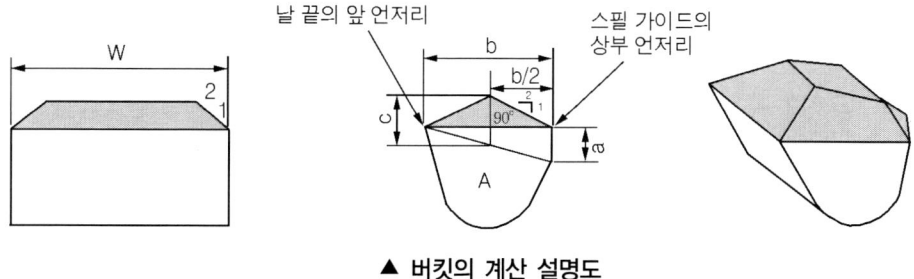

▲ 버킷의 계산 설명도

❹ 로더의 작업방법

(1) 로더의 토사 깎기 작업방법

① 로더의 무게가 버킷과 함께 작용되도록 한다.
② 특수 상황 외에는 항상 로더가 평행 되도록 한다.
③ 깎이는 깊이 조정은 붐을 약간 상승시키거나 버킷을 복귀시켜서 한다.
④ 버킷의 각도는 5°로 깎기 시작하는 것이 좋다.

(2) 타이어 로더를 운전할 때 주의사항

① 새로 구축한 구축물 주변부분은 연약 지반이므로 주의한다.
② 경사지를 내려 갈 때는 클러치를 연결하고 변속레버를 저속에 놓는다.
③ 토양의 조건과 기관의 회전속도를 고려하여 운전한다.
④ 버킷의 움직임과 흙의 부하에 따라, 변화 있게 대처하여 작업한다.

(3) 무한궤도형 로더의 주행방법

① 가능하면 평탄한 길을 택하여 주행한다.
② 요철이 심한 곳은 천천히 통과한다.
③ 돌 등이 스프로킷에 부딪치거나 올라타지 않도록 한다.
④ 연약한 땅은 피해서 간다.

☞ 로더의 버킷에 토사를 적재 후 이동할 때 지면으로부터 약 60~90cm 위치하고 이동한다.

스크레이퍼

❶ 스크레이퍼의 일반

스크레이퍼는 굴착, 적재, 운반, 하역 등의 작업을 할 수 있는 운반 건설기계이다. 특히 비행장이나 도로의 신설 등과 같은 대규모 정지작업에 적합하며, 또 얇게 깎으면서 흙을 싣거나, 주어진 거리에서 빠른 속도로 운반하고 일정한 두께로 얇게 깔기도 한다.

모터 스크레이퍼는 자력으로 **굴착 → 운전 → 적재**의 순서로 작업을 행한다. 또 이동거리가 500~1,500m정도로 그 운반범위가 넓으며, 2륜 구동방식과 4륜 구동방식이 있는데 4륜 구동방식은 주행할 때 안전성이 좋고 장거리에 걸친 고속도의 작업에 알맞다.

▲ 스크레이퍼

❷ 스크레이퍼의 구조

(1) 동력 전달장치

기관-토크 컨버터-자재이음-변속기(파워 시프트)-차동 기어장치(differential)-차축-유성기어 감속기어-바퀴로 전달되며, 기관이 1개 있는 형식은 앞바퀴로 구동되며 기관이 2개 있는 형식은 4륜으로 구동된다.

① **바퀴** : 튜브리스 타이어 사용
② **제동장치** : 브레이크 페달을 밟아 제동하며 공기 브레이크 또는 공기 배력 브레이크가 사용된다.

③ **조향장치** : 허리꺾기 앞바퀴 조향방식이다. 유압 실린더에 의해 굴절되어 조향 하거나 동력 조향장치(power steering system)에 의해 앞바퀴가 조향된다.

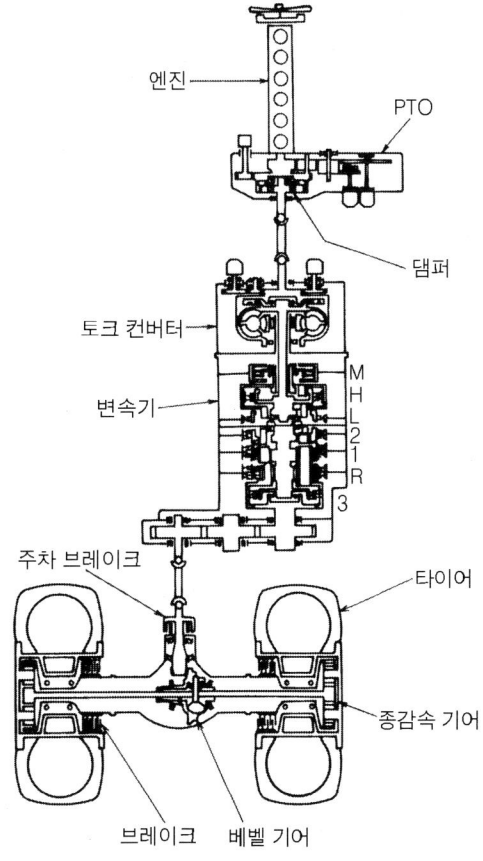

▲ 모터 스크레이퍼 동력 전달 계통(싱글 기관)

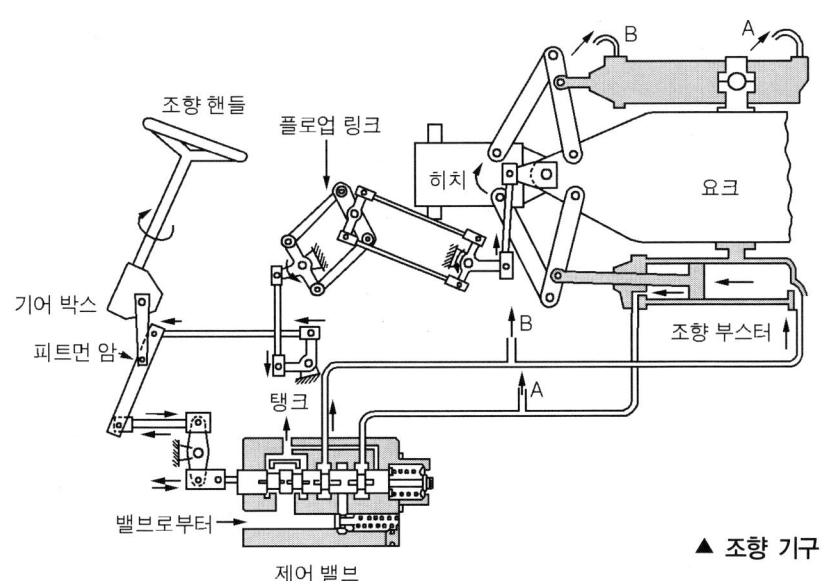

▲ 조향 기구

④ **현가장치**(suspension system) : 운반을 위한 주행 또는 스프레딩을 할 때 차체의 흔들림을 방지하기 위해 유압과 질소가스 압력의 평형을 이용한 현가장치를 사용한다. 바퀴의 충격이 작동유를 통해 질소가스에 전달되면 질소가스의 신축성에 의해 충격이 흡수되며 하중의 변화에 적응하기 위해 레벨링 밸브를 두고 있다. 레벨링 밸브에 의해 공차·적차 및 적차시의 하중에 따라서 스프링 정수가 항상 최저의 주기에 관계없이 피칭 등이 발생하지 않는다.

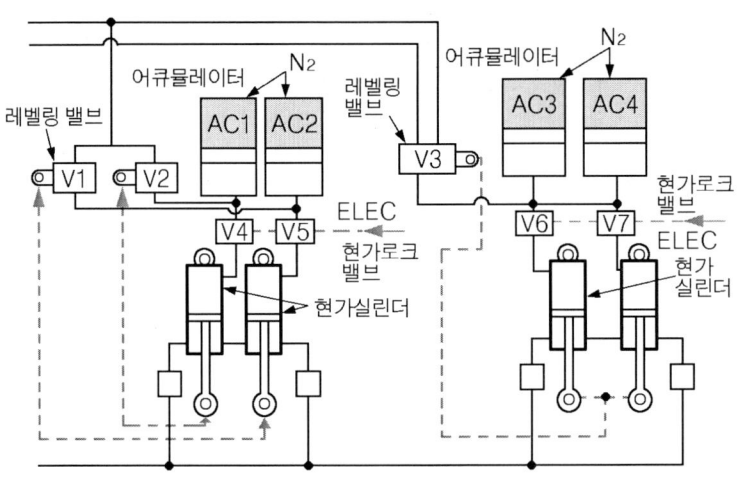

▲ 현가장치 유압 계통도

(2) 유압장치

모터 스크레이퍼는 볼 상·하 장치, 이젝터 전·후진 장치로 구성되어 있으며 구조 및 작용은 다른 장비와 거의 같으나 유압 제어밸브가 압축공기에 의해 작동되는 것이 다르다. 압축공기는 기관의 벨트나 기어에 의해 구동되는 공기 압축기에 의해 얻는다.

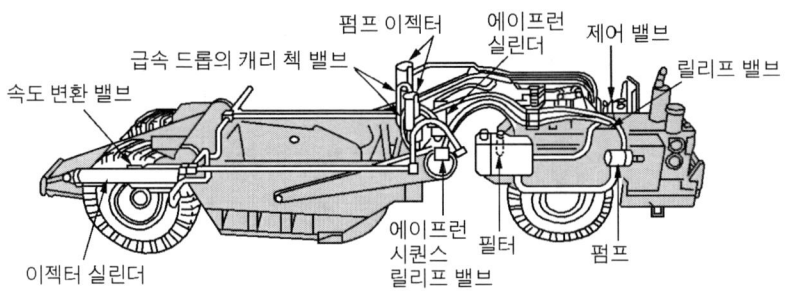

▲ 모터 스크레이퍼 유압 계통도

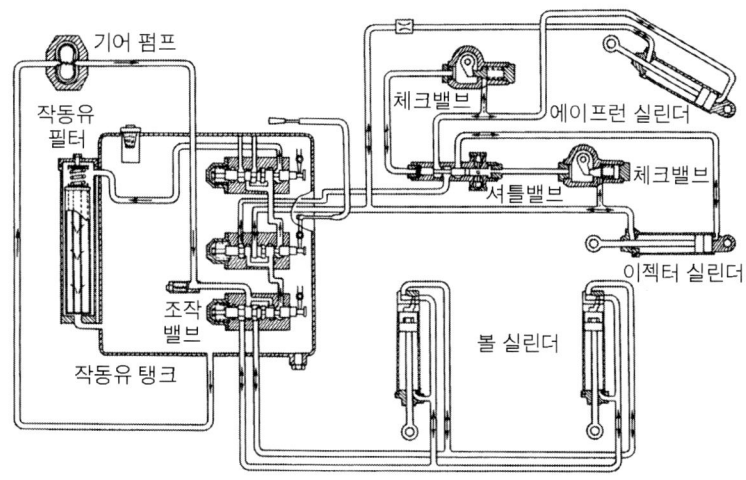

▲ 모터 스크레이퍼 유압 회로

(3) 작업장치

1) 볼(bowl)과 커팅 에지(cutting edge)

볼을 흙을 파서 실을 수 있는 상자를 말하는데 이 볼은 유압에 의해 상·하 운동을 한다. 볼 앞부분에 커팅 에지(절삭날)가 설치되어 마모가 일어나는 것을 방지하고 굴토력을 증가시킨다.

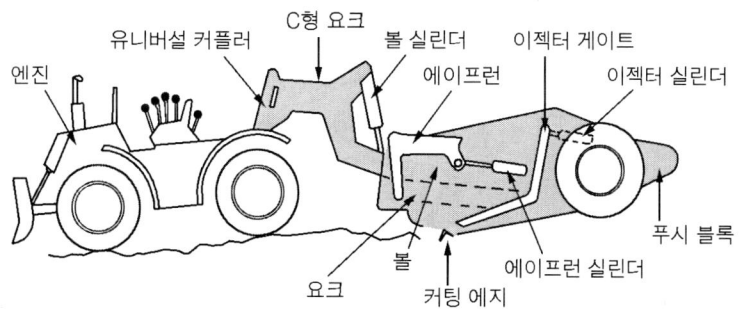

▲ 작업장치

2) 에이프런(apron)

에이프런은 메인 보디에 고정되어 상하운동 할 수 있게 되어 있는데 흙을 적재할 때와 내릴 때는 열리게 되어 있다.

3) 이젝터(ejector)

볼 뒷부분에 설치되어 유압에 의하여 볼 내에서 전·후진하며, 흙을 부릴 땐 에이프런을 열고 이젝터 레버를 당기면 앞으로 전진하면서 볼 내에 흙을 밀어낸다.

4) 작업 조종장치

스크레이퍼의 작동 사이클은 절삭물의 적재(loading) → 메우기 위한 부하의 운반(hauling) → 메우기 위한 하역과 메우기(spreading) → 깎기 위하여 리터닝(returning) 하는 순서이다.

❹ 스크레이퍼의 작업

(1) 주행

주행할 때에는 중심을 되도록 낮추고 경사면에서 방향전환을 하여서는 안되며 급회전할 때 견인식의 경우 무한궤도가 스크레이퍼 본체에 닿지 않도록 한다.

> **스크레이퍼를 운전할 때의 주의사항**
> - 경사면에서 방향을 바꾸지 않도록 한다.
> - 스크레이퍼의 중심을 가능한 낮추어야 한다.
> - 필요 이상 중심을 높여 고르지 못한 지반을 주행하면 전복되기 쉽다.

(2) 흙 깎기

점토질이 적고 모래가 많은 땅은 에이프런을 조금 열고 볼을 지면으로부터 10~15cm 정도 침투시키고 작업하며 점토질인 경우에는 에이프런을 20cm 정도 열고 볼을 조금 침투시키고 작업한다.

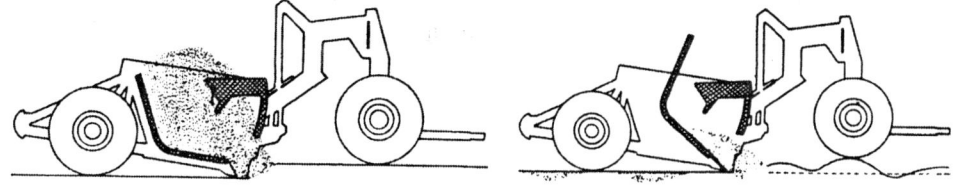

▲ 스크레이핑과 적재, 절삭과 채우는 경사 위치

또 점토질인 경우에는 에이프런을 20cm 정도 열고 볼을 조금 침투시키고 작업하여 부하가 걸리면 볼을 조금씩 들어준다. 모래땅의 경우에는 에이프런을 50cm 이상 열고 트랙터의 타력을 이용하여 급히 내리는 작업을 한다.

(3) 운반

에이프런을 닫고 볼을 지면으로부터 30~50cm 정도 들고 되도록 빨리 이동하여 능률적인 작업을 한다.

(4) 스프레딩 작업

볼을 흙 쌓기 소요높이(약 30cm 정도)로 들고 에어프런을 연 다음 이젝터를 전진시켜 스프레딩(spreading)을 한다. 이젝터는 한번에 작동시키지 말고 30cm 전진 시켰다가 15cm 정도 후퇴시키고 다시 전전시키는 방법으로 되풀이한다.

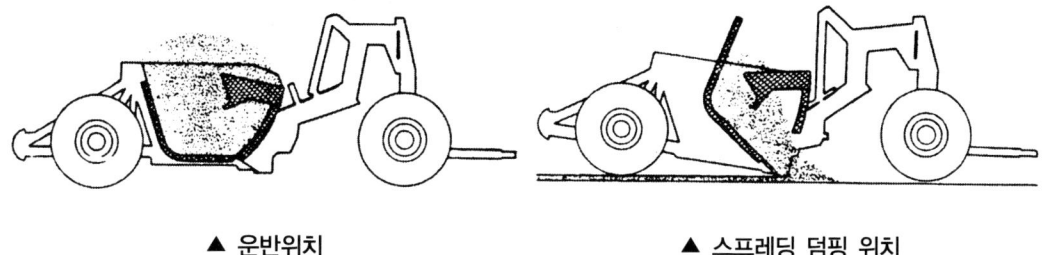

▲ 운반위치   ▲ 스프레딩 덤핑 위치

(5) 스크레이퍼 계산공식

1) 스크레이퍼 작업량

$$W = \frac{Q \cdot f \cdot 60 \cdot E}{C_m} \ [\text{m}^3/\text{h}]$$

Q : 볼의 용량(1회의 운반량) f : 흙 환산계수
E : 스크레이퍼 작업 효율 C_m : 사이클 시간(분)

2) 볼의 용량

스크레이퍼의 용량은 산적용량과 평적용량으로 표시한다. 산적량은 토질에 따라 다르나 평적 용량보다 약 30% 정도가 많다. 볼의 산적 용량은 재료의 종류에 따르는 적재 계수를 곱한 값이다.

예를 들면 산적 $10m^3$의 스크레이퍼에 점토물을 상차할 때에는 $10 \times 0.7 = 7$에서 $Q = 7.0m^3$이 된다.

3) 스크레이퍼의 작업효율(E)

① 작업이 순조롭게 진행될 때 : W=0.90
② 작업이 보통일 때 : E=0.83
③ 작업이 순조롭지 못할 때 : E=0.75
④ 흙을 고르는 시간 = $\dfrac{볼의\ 용량[m^3]}{고르는\ 속도[m/min] \times 반출\ 두께[m] \times 반출\ 폭[m]}$

굴착기(excavator) 04

❶ 굴착기의 개요

굴착기의 작업으로는 택지조성 작업, 건물 기초작업, 토사 적재, 화물 적재, 말뚝 박기, 고철적재, 통나무 적재, 구덩이 파기, 암반 및 건축물 파괴 작업, 도로 및 상하수도 공사 등 다양한 작업을 한다.

▲ 굴착기의 구조

(1) 주행 장치별 분류

1) 크롤러형(crawler type)

접지면적이 넓어 견인력이 커서 습지(濕地), 사지(砂地)에서 작업이 용이하며, 주행속도는 약 2.5~3.5km/h 정도이므로, 장거리 이동이 곤란하다. 따라서 2km이상 이동할 때에는 트레일러(trailer)를 이용하여야 한다.

① 크롤러형의 장점
  ㉮ 접지압이 낮고, 견인력이 크다.
  ㉯ 암석지에서 작업이 가능하다.

② 크롤러형의 단점
  ㉮ 주행저항이 크다.
  ㉯ 포장도로를 주행할 때 도로 파손의 우려가 있다.
  ㉰ 기동성이 나쁘다.

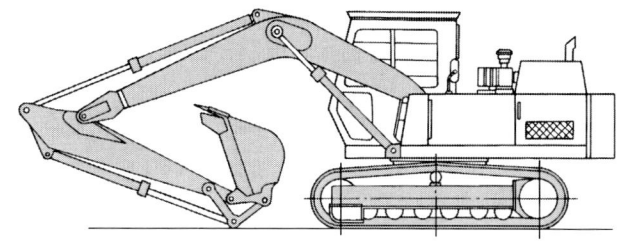

▲ 크롤러형 굴착기

2) 휠형(타이어형)

휠형은 주행속도가 25~35km/h 정도로 기동력이 양호하여 도심지 등 근거리 작업에 효과적이다.

① 휠형의 장점
  ㉮ 기동성이 좋다.
  ㉯ 주행저항이 적다.
  ㉰ 자력으로 이동한다.

② 휠형의 단점
  ㉮ 평탄하지 않은 작업장소나 진흙땅 작업이 어렵다.
  ㉯ 암석·암반지대에서 작업할 때 타이어가 손상된다.
  ㉰ 견인력이 약하다.

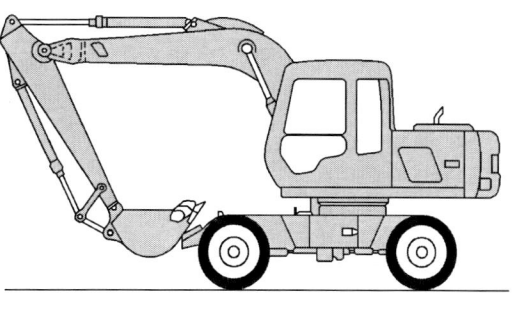

▲ 휠형 굴착기

❷ 굴착기의 구조

굴착기의 3주요부는 작업장치, 상부 회전체, 하부 주행체로 구성되어 있다.

(1) 하부 주행체

상부 회전체와 작업장치 등의 하중을 지지하고 이동시키는 장치이다. 크롤러형은 유압에 의하여 동력이 전달되는 것으로 하부롤러(트랙 롤러), 상부롤러(캐리어 롤러), 트랙 프레임, 트랙장력 조정기구, 프런트 아이들러(전부 유동륜), 리코일 스프링, 스프로킷 및 트랙 등으로 구성되어 있다.

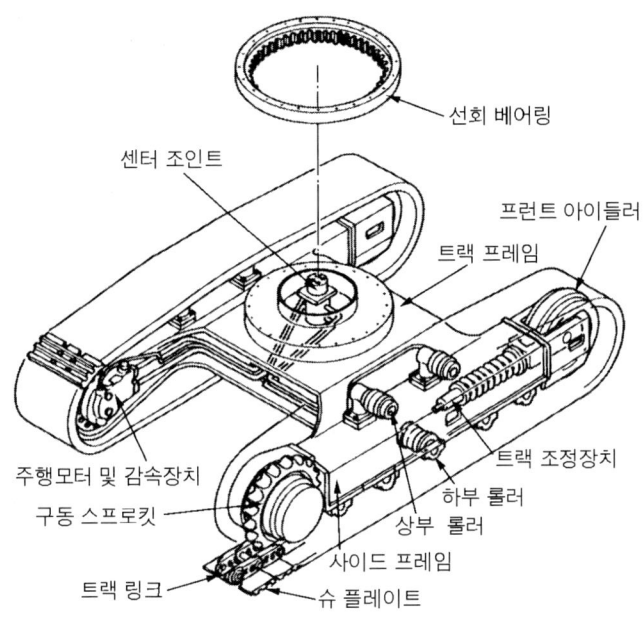

▲ 하부 주행체

1) 트랙 프레임

트랙 프레임은 하부 주행체의 몸체로서 상부롤러, 하부롤러, 프런트 아이들러, 스프로킷, 주행모터 등으로 구성 되어 있다.

2) 하부 주행체

① 크롤러형 굴착기의 주행 동력전달순서

하부 주행체의 유압전달순서는 펌프 → 제어밸브 → 센터조인트 → 주행모터이다.

② 센터 조인트(center joint)의 기능 및 구조

　　센터 조인트는 상부 회전체의 중심부에 설치되어 있으며, 상부 회전체의 오일을 하부 주행체 (주행 모터)로 공급해 주는 부품이다. 또 이 조인트는 상부 회전체가 회전하더라도 호스, 파이프 등이 꼬이지 않고 원활히 송유한다.

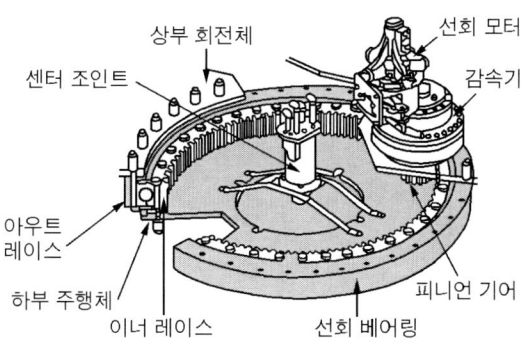

▲ 센터 조인트

센터 조인트(선회 이음)

- 스위블 조인트라고도 부른다.
- 압력 상태에서도 선회가 가능한 관이음이다.
- 상부 회전체의 오일을 주행모터로 전달한다.

③ 주행 모터(track motor)

　　주행모터는 센터 조인트로부터 유압을 받아서 회전하면서 감속기어·스프로킷 및 트랙을 회전시켜 주행하도록 하는 일을 한다. 주행모터는 양쪽 트랙을 회전시키기 위해 한쪽에 1개씩 설치하며, 기능은 주행(travel)과 조향(steering)이다.

(2) 상부 회전체

　　상부 회전체는 하부 주행체 프레임에 스윙 베어링에 의하여 결합되어 360° 선회(swing)할 수 있게 되어 있다. 상부 회전체는 메인 프레임(main frame)과 보디(body)로 나누어져 있으며 여기에는 기관 및 유압 조정장치 등이 설치되어 있다. 메인 프레임 뒤쪽에 기관이 설치되어 있고, 그 뒤에 굴착기에 안전성을 유지하기 위해 평형추(balance weight)가

프레임에 고정되어 있다. 평형추는 주철 일체로 되어 있는 것과 박스형 용접 구조의 상자 속에 중량물로 광재(鑛材)를 채우거나 철판 등을 부착한 것 등이 있으며 버킷 등에 중량물이 실릴 때 장비의 뒷부분이 들리는 것을 방지하는 역할을 한다.

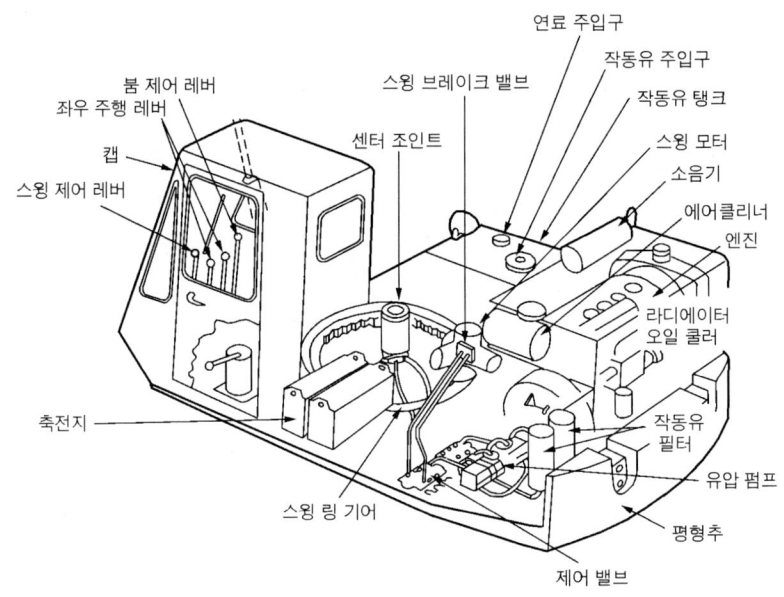

▲ 상부 회전체

1) 선회장치(swing device)

① 선회 감속장치

선회 감속장치는 선기어, 유성기어, 캐리어, 선회 피니언, 링 기어로 구성되어 있다. 링기어는 하부 주행체에 볼트에 의하여 고정되어 있고 링기어는 스윙 피니언과 물려 스윙 피니언이 회전하면 상부 회전체가 회전한다.

② 상부 프레임 지지장치

스윙 피니언과 링기어 물림방법에는 링기어 외부 물림형과 링기어 내부 물림형이 있다. 내부 물림형은 먼지 오물 등이 들어가지 않기 때문에 기어의 수명이 긴 장점은 있지만 정비 수리가 어렵다.

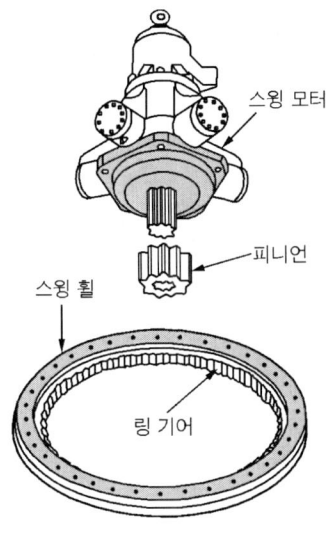

▲ 선회 장치의 구성

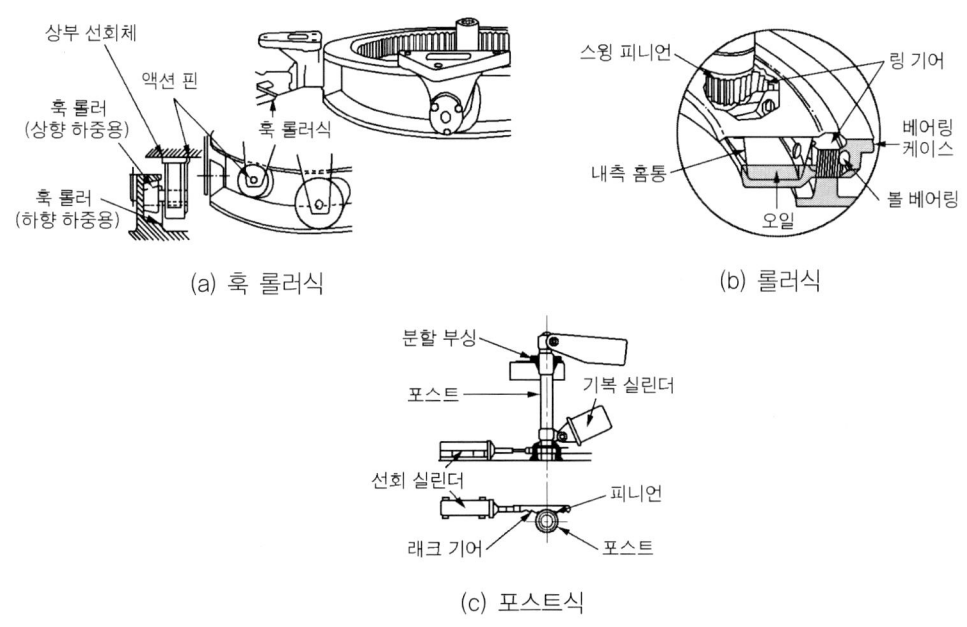

▲ 상부 프레임 지지장치의 종류

③ **선회 고정장치(swing lock system)**

선회 고정장치는 굴착기가 트레일러에 의하여 운반될 때 상부 회전체와 하부 주행체를 고정시켜 주는 역할을 한다.

(3) 작업장치(전부장치)

굴착기의 작업장치는 붐(boom), 암(Arm), 버킷 등으로 구성되어 있으며 유압 실린더에 의해 작동된다.

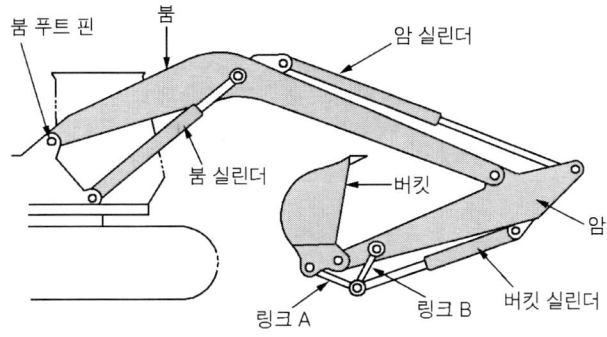

▲ 백호의 작업장치

1) 붐(boom)

붐은 강판을 사용한 용접 구조물로서 원 붐(one boom)이라고도 하며 상부 회전체에 푸트핀(foot pin)에 의해 설치되어 있으며 2개 또는 1개의 유압 실린더에 의하여 붐이 상·하로 움직인다.

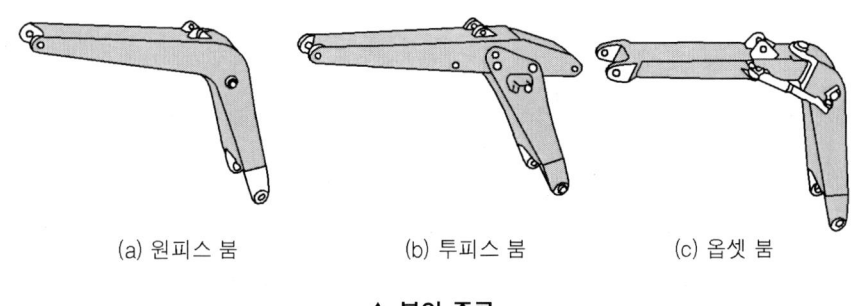

(a) 원피스 붐   (b) 투피스 붐   (c) 옵셋 붐

▲ 붐의 종류

2) 암(arm)

붐과 버킷 사이의 연결 암으로 디퍼스틱(dipper stick)이라고도 한다. 붐과 암의 각도가 80 ~110° 정도가 가장 굴삭력이 크기 때문에 가능한 한 이 각도 내에서 작업하는 것이 좋다.

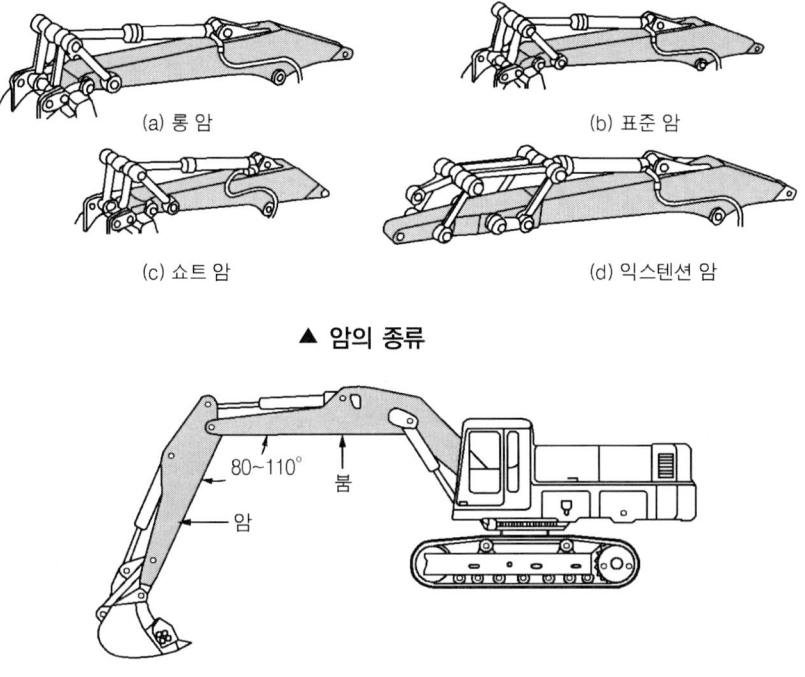

(a) 롱 암   (b) 표준 암

(c) 쇼트 암   (d) 익스텐션 암

▲ 암의 종류

▲ 굴삭력이 가장 클 때 붐과 암의 각도

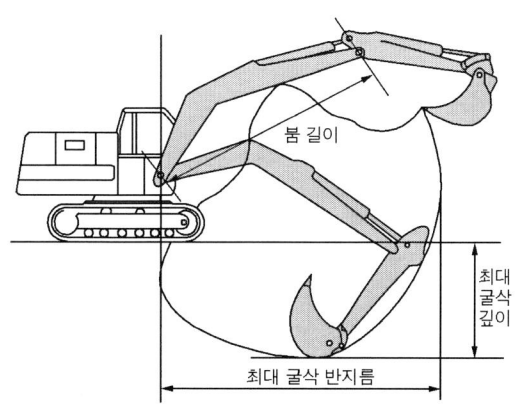

▲ 최대 굴삭 반경

> 굴착기
>
> - 굴착기의 조정과정은 **굴착 → 선회 → 적재 → 선회 → 굴착**이다.
> - 굴삭 작업과 직접 관계되는 것으로는 암(스틱) 제어레버, 붐 제어레버, 버킷 제어레버 등이다.
> - 유압 실린더에 충격을 방지하기 위한 실린더 쿠션장치는 붐 상승, 암(스틱)오므림, 암(스틱) 펼침 등에 설치되어 있다.

③ 작업장치의 종류

굴착기의 작업장치는 여러 가지가 있으나 어느 것이나 기계의 본체는 거의 바꾸지 않고 용도에 따라 작업장치를 바꾸어 사용한다.

(1) 작업장치의 종류

1) 셔블(shovel)

장비가 있는 지면보다 높은 곳을 굴착하는 데 알맞은 것으로, 페이스 셔블(face shovel)이라고도 하며 산지에서의 토사, 암반, 점토질까지 트럭에 싣기가 편리하다(일반적으로 백호 버킷을 뒤집어 사용하기도 한다).

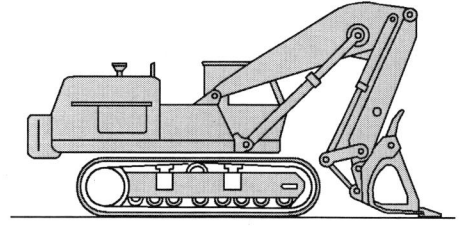

▲ 셔블

2) 백호(back hoe)

장비가 위치한 지면보다 낮은 곳의 땅을 파는데 적합하며 수중 굴착도 가능하다.

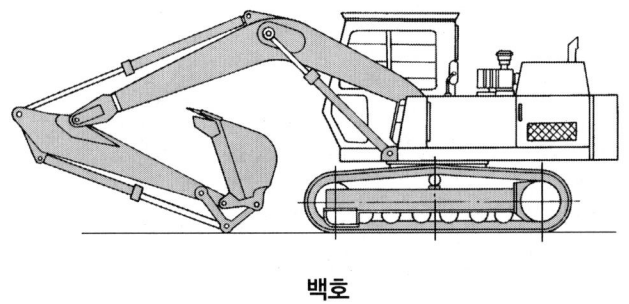

▲ 백호

3) 브레이커(breaker)

브레이커는 암석, 콘크리트, 아스팔트 파괴 등에 사용되는 것으로 유압식과 압축 공기식이 있다.

4) 파일 드라이브 및 어스 오거(pile drive and earth auger)

파일 드라이브 장치를 붐 암에 설치하여 주로 항타 및 항발작업에 사용된다. 유압식과 공기식이 있다.

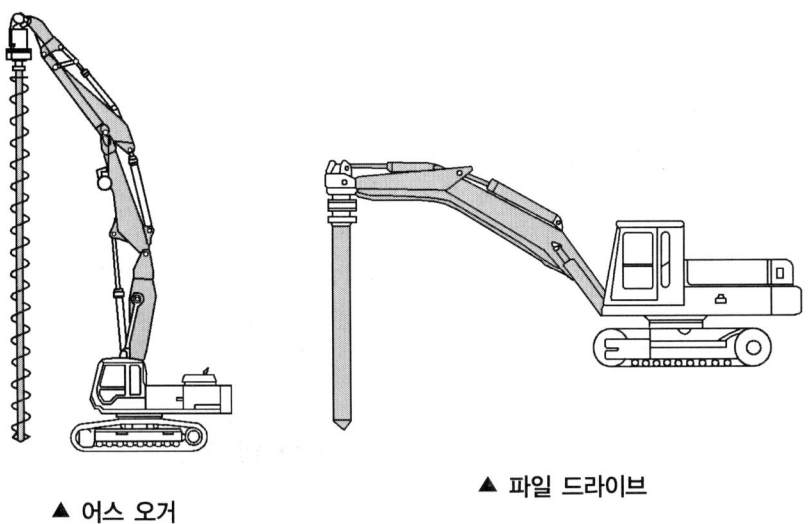

▲ 어스 오거　　　▲ 파일 드라이브

(2) 버킷

버킷은 주로 굴착작업과 토사를 싣는 작업에 사용되며 굴착기의 크기나 작업장의 토사 및 종류에 따라 그 용량을 바꾸어야 하며 적절한 용량의 형을 사용하여야 한다. 버킷의 용량은 1회 담을 수 있는 용량 입방미터(m^3)로 표시하며 일반적으로 평적 용량으로 나타낸다.

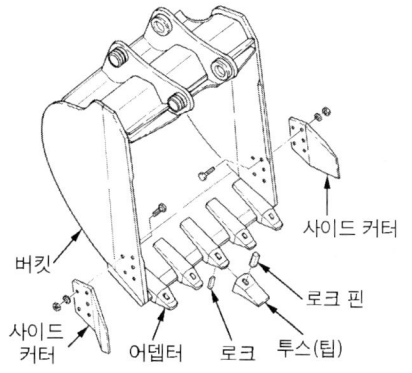

▲ 버킷의 각부 장치

작업량을 구하는 공식

$$Q = \frac{3600 \cdot q \cdot k \cdot f \cdot E}{Cm}$$

C_m : 사이클 타임(s)　　　q : 버킷의 용량(m^3)
k : 버킷 계수　　　f : 토량 환산계수　　　E : 작업 효율

1) 사이클 타임과 관계있는 요소
① 선회장소의 넓이
② 절토 높이와 덤프 높이
③ 운반 기계의 적재함 용적
④ 작업 면적의 적부
⑤ 운전기사의 기능

④ 굴착기의 운전 조작방법

(1) 굴착기 워밍업 운전방법

유압기기 내의 작동유 온도는 40~80℃ 범위가 정상이다. 그러나 기관을 시동하여 작업에 바로 착수하면 유압기기의 급작스러운 조작으로 인하여 유압장치의 고장을 유발하게 되므로 작업 전에 작동유 온도가 최소한 20℃ 이상이 되도록 하기 위한 운전을 워밍업(난기) 운전이라 한다.

따라서 워밍업 운전 방법은 다음과 같다.
① 기관을 공전속도로 5분간 실시한다.
② 기관을 중속 위치로 하고 버킷 레버만 당긴 채 5~10분간 운전한다.
③ 기관을 고속 위치로 하고 버킷 또는 암 레버를 당기거나 밀어 놓은 채로 5분간 운전한다.
④ 붐 상하 동작과 스윙 및 전·후 주행을 5분간 운전한다.

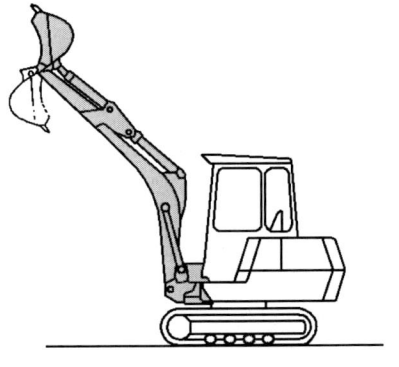

▲ 워밍업 운전

☞ 겨울철에는 상기의 워밍업 운전을 2배 정도의 시간으로 실시함이 좋다. 또한 기관이 워밍업 되기 전에는 스윙 모터나 주행 모터의 급격한 조작은 피해야 한다.

❺ 굴착기의 주행 운전방법

(1) 크롤러형 굴착기

프런트 아이들러가 앞에 있을 때 주행레버 2개를 동시에 앞으로 밀면 전진, 뒤로 당기면 후진이 된다. 그러나 스프로킷이 앞에 있을 때는 주행레버를 앞으로 밀면 후진, 당기면 전진이 된다.

따라서 주행운전 방법은 다음의 요령으로 운전을 함이 좋다.
① 버킷, 암을 오므리고 붐은 낮추어서 버킷의 높이를 30~50cm 높이로 한다.

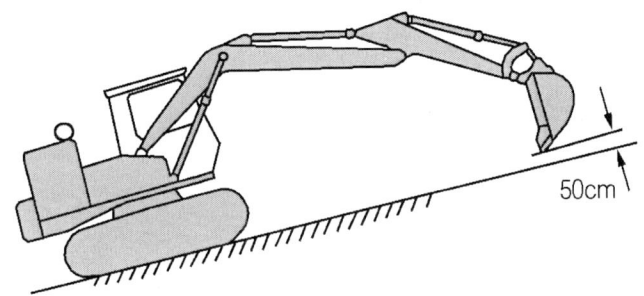

▲ 경사지 주행

② 가능한 평탄지면을 택하여 주행하고 기관은 중속 범위가 적합하다.

③ 부정지의 암반 등 악조건 상태에서 주행하는 경우 저속으로 주행해야 한다.
④ 경사지를 주행할 때 등판 각도 7~12° 이상 될 때는 스프로킷을 뒤로하고, 암과 버킷을 쭉 펴서 지상 30~50cm 높이로 하고 주행한다.
⑤ 급 경사지의 자력 주행이 불가능한 경우에는 버킷을 지면에 박고 당기면서 전진하면 주행이 가능하다.
⑥ 주행 중 트랙에 돌과 흙이 끼어서 주행이 불가능한 경우에는 붐과 암은 90~110° 범위로 하고 상부 회전체를 하부 주행체에 대해 90°로 선회시킨 후 버킷의 바닥으로 지면을 누른 후 트랙을 전, 후진시키면 흙과 자갈이 떨어져 나가게 된다.

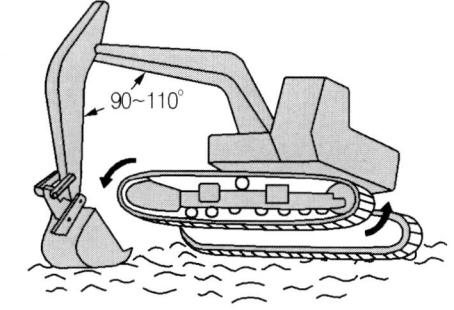

▲ 흙 털기 운전

(2) 크롤러형 굴착기의 조향방법

1) 프런트 아이들러가 앞에 있을 때

① **좌회전할 때**

우측 주행레버를 조종자 앞으로 밀면 우측 트랙이 전진하므로 좌회전이 완만하게 이루어진다. 단, 경사지에서의 조향시는 좌측 레버를 조종자 앞으로 당기면 좌측 트랙이 후진을 하게 되므로 좌회전이 이루어지게 된다.

② **우회전할 때**

좌측 주행레버를 조종자 앞으로 밀면 좌측 트랙이 전진을 하게 되므로 완만한 우회전을 이루게 된다. 그러나 급경사면 등에서의 조향은 우측 레버를 조종자 앞으로 당기면 우측 트랙이 후진을 하게 되므로 우회전을 하게 된다.

2) 스프로킷이 앞쪽 있을 때

① **좌회전할 때**

좌측 주행레버를 조종자 앞으로 당기면 우측 트랙이 전진 주행을 하게 되므로 좌회전이 되고 경사면에서의 조향은 우측 주행레버를 조종자 앞으로 밀면 좌측 트랙이 후진을 하게 되므로 좌회전이 이루어진다.

② 우회전할 때

우측 주행 레버를 조종자 앞으로 당기면 좌측트랙이 전진하므로 우회전을 이루게 된다. 단, 경사지에서의 조향은 좌측 주행레버를 조종자 앞으로 밀면 우측트랙이 후진을 하게 되므로 우회전을 할 수 있다.

3) 조향의 종류

① 피벗턴(pivot turn, 완회전)

좌·우측의 한쪽 주행레버만 밀거나, 당기면 한쪽 트랙만 전·후진시켜져 조향을 시키는 방법을 피벗 턴이라 한다.

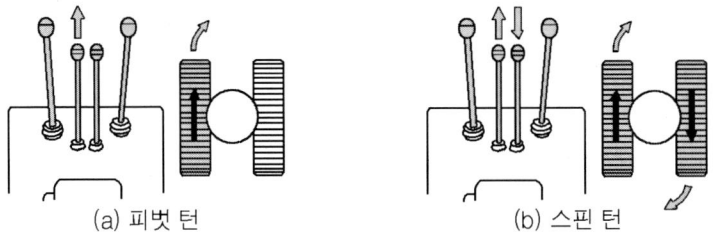

(a) 피벗 턴   (b) 스핀 턴

▲ 조향의 종류

② 스핀턴(spin turn, 급회전)

좌·우측 주행레버를 동시에 한쪽 레버를 앞으로 밀고, 한쪽 레버는 조종자 앞으로 당기면 차체 중심을 기점으로 급회전이 이루어진다.

6 굴착기 작업 안전사항

① 연료, 오일, 그리스 주유나 점검, 정비를 할 때에는 기관시동을 끄고 버킷을 지면에 내린 다음 각 조작레버를 작동하여 유압회로 내의 압력을 개방(해제)하여야 한다.
② 엔진 과열시 냉각수를 보충할 때는 냉각수가 분출할 우려가 있으므로 주의하여야 한다.
③ 기관 시동을 하고자 할 때는 각 조작레버가 중립에 있는지 확인하여야 한다.
④ 각 조작레버를 작동시키기 전에 주변에 장애물이 없는가를 확인하여야 한다.
⑤ 작업장치로 차체를 잭업(jack up)한 후 차체 밑으로 들어가지 말아야 한다.
⑥ 굴착기 전부장치에서 가장 큰 굴삭력을 발휘할 수 있는 암의 각도는 전방 50°~후방 15°까지 사이의 각도이다.

⑦ 경사지에서 기관의 시동이 정지할 때는 버킷을 땅에 속히 내리고 모든 조작레버는 중립으로 해야 한다.
⑧ 경사지 작업에서 측면절삭(병진 채굴)은 피해야 한다.
⑨ 유압 실린더의 행정 끝까지 사용해서는 안 된다. 유압 실린더 및 실린더 설치 브래킷의 파손이 올 수 있기 때문에 피스톤 행정 양단 50~80mm 여유를 두고 작업을 해야 한다.
⑩ 흙을 파면서 또는 버킷으로 비질하듯이 스윙 동작으로 정지작업을 해서는 안 된다.
⑪ 버킷을 이용하여 낙하력으로 굴착 및 선회동작과 토사 등을 버킷의 측면으로 타격을 가하는 일이 없도록 해야 한다.
⑫ 경사지 작업에서는 차체의 밸런스(평형)에 유의해야 한다.
⑬ 굴착장소에 고압선, 수도배관, 가스 송유관 등이 매설되어 있지 않는가 확인해야 한다.
⑭ 작업조종(PCU) 레버를 급격하게 조작하지 않는다.
⑮ 한쪽 트랙을 들 때는 암과 붐 사이의 90~110° 범위로 해서 들어주어야 한다.
⑯ 작업이 끝나고 조종석을 떠날 경우에는 반드시 버킷을 지면에 내려놓아야 한다.

7 굴착기의 굴착 작업방법

(1) 굴착위치 선택

붐을 상승하면서 암과 버킷을 굴착위치에 붐을 하강시켜 버킷을 내려놓는다.

(2) 굴착작업

암과 버킷을 동시에 크라우드(오므리기)하면서 붐은 서서히 상승시킨다. 이때 암과 버킷은 90°, 암과 붐도 90°의 범위를 유지할 때 버킷에 가득 담겨져야 한다. 이때의 붐의 각도는 35~65°가 효과적이며, 정지 작업에서의 붐의 각도는 35~40°가 가장 적합하다.

(3) 선회작동

굴착이 완료된 후에 붐을 올리면서 암과 버킷을 약간씩 오므려서 토사가 흘러내리지 않게 하고, 조종자의 시야가 양호한 쪽으로 선회를 하여야 한다. 이때 장애물이 없는가를 확인한 후에 선회를 하여야 안전하다. 굴착 적재 작업에서 가능한 선회 거리를 짧게 해야 작업능률을 40% 정도 높일 수 있다.

(4) 적재방법

암을 뻗으면서 붐을 하강시켜 덤프 위치에 근접하면 버킷을 펴면서 토사 등의 골재를 쏟아(적재)준다.

⑧ 크롤러형 굴착기의 운반

굴착기는 휠형의 38~40km/h 범위의 자력주행 속도로 작업장 이동이 비교적 용이하다. 그러나 크롤러형은 대략 2~3.2km/h 정도이다.

따라서 작업 능률의 향상을 위해서는 자주 이동거리가 2km를 초과하면 비능률적이므로 그 이상의 장소 이동을 필요로 할 때는 소형 굴착기는 4ton 이상의 트럭이나 중형 이상 굴착기는 10ton 이상의 트레일러를 사용하여 운반하는 것이 좋다. 그리고 휠형 굴착기가 자력 주행을 할 때에는 선회 고정장치를 걸고, 고속주행, 급정지, 급선회 및 경사지에서의 관성주행은 피해야 한다.

(1) 자력 주행할 때의 자세

버킷과 암을 오므리고 난 후 붐을 하강시켜 붐을 앞으로 하고 주행하는 것이 가장 좋다.

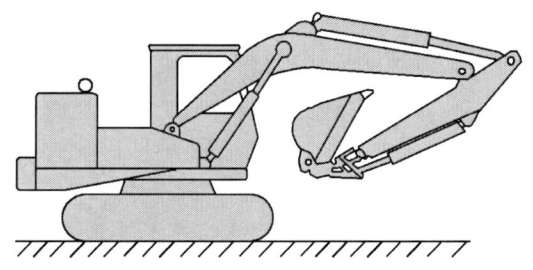

▲ 크롤러형 굴착기

(2) 크롤러형 굴착기의 트럭 및 트레일러 탑승 방법

1) 트럭에 탑승하는 방법

① 트럭을 주차시킨 후 주차 브레이크를 걸고, 차륜에 고임목을 설치한다.
② 경사대를 10~15° 이내로 빠지지 않도록 설치한다.
③ 트럭 적재함에 받침대를 설치한다.

④ 버킷은 뒤로하고, 전부장치는 버킷과 암을 크라우드(당김)한 상태로 탑승해야 한다. 이때 주행 이외의 다른 조작은 하지 않아야 한다.

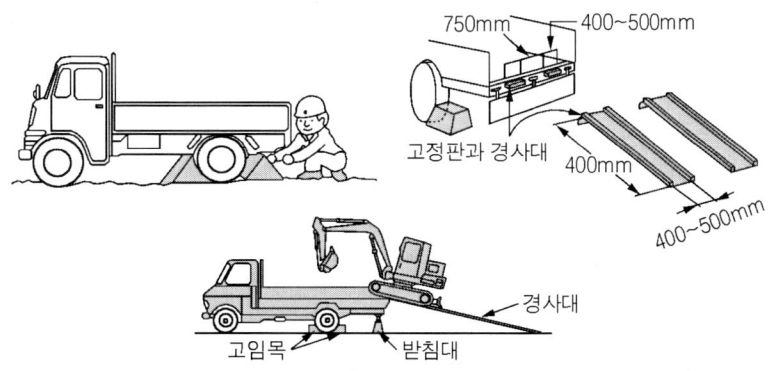

▲ 트럭에 탑승하는 방법

2) 트레일러에 탑승하는 방법

① 자력 주행 탑승 방법

트레일러를 주차시킨 다음 주차 브레이크를 걸은 후 차륜에 고임목을 치고 경사대를 10~15° 이내로 설치한 후 탑승한다. 단 비가 내려 미끄러울 때는 경사대에 거적을 깔고 탑승해야 한다. 그리고 붐을 이용해서 잭업 한 후 탑승하는 방법은 위험도가 크므로 피해야 한다. 따라서 탑재대가 없을 때는 다음 방법을 강구해 봄이 바람직하다.

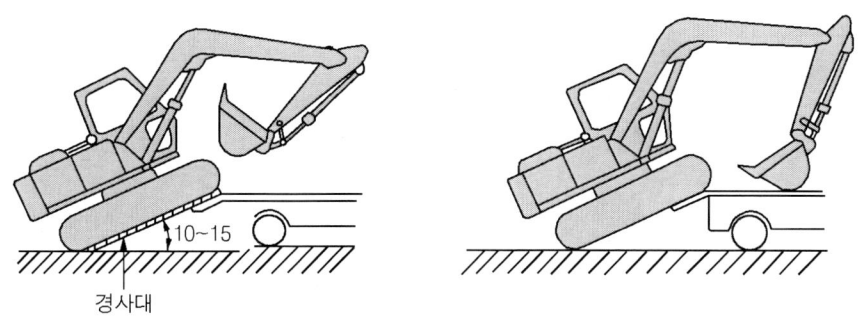

▲ 트레일러에 탑재 방법

㉮ 언덕을 이용하여 탑승한다.
㉯ 바닥을 파고 트레일러를 낮은 지형에 밀어 넣고 탑승하는 방법 등이 있다.

㉰ 기중기에 의한 탑승 방법 : 굴착기를 기중하기에 충분한 기중 능력을 갖춘 기중기를 사용하여 와이어 로프로 굴착기를 수평으로 들어 탑승시킨다.

> **굴착기를 크레인으로 들어올릴 때**
> - 와이어는 충분한 강도가 있어야 한다.
> - 배관 등에 와이어가 닿지 않도록 한다.
> - 굴착기를 크레인으로 들어올릴 때 수평으로 들리도록 와이어를 묶어야 한다.
> - 굴착기 중량에 맞는 크레인을 사용한다.

3) 탑승 후의 자세

상·하부 본체에 선회 고정장치를 걸고 버킷과 암을 크라우드(오므리기) 한 후 붐을 하강시켜 트레일러 바닥 판에 내려놓되 각 실린더 행정 양단의 250mm 정도 행정 여유가 있도록 함이 좋다. 그리고 트레일러 운행 중에 굴착기가 움직이지 않도록 체인블록 등을 이용해서 고정하여야하고, 트랙의 뒤쪽에는 고임목을 설치한다. 이때는 굴착기의 작업장치는 트레일러 및 트럭의 뒤쪽을 향하도록 하여야 한다.

⑨ 굴착기의 점검·정비

(1) 일상 점검

일상 점검은 고장 유무를 사전에 점검하여 장비의 수명 연장과 효율적인 장비의 관리를 위해서 실시하는데 목적이 있다.

1) 일상 점검·정비사항(10시간)

① 운전 전 점검사항
  ㉮ 기관 오일량
  ㉯ 작동유량 점검
  ㉰ 각 작동부분의 그리스 주입
  ㉱ 공기 청정기 커버 먼지 청소
  ㉲ 조종레버 및 각 레버의 작동이상 유무
  ㉳ 스위치, 등화

② 운전 중 점검사항
  ㉮ 각 접속부분의 누유 점검
  ㉯ 유압계통 이상 유무
  ㉰ 각 계기류 정상작동 유무
  ㉱ 이상소음 및 배기가스 색깔 점검

③ 운전 후 점검사항
  ㉮ 연료 보충
  ㉯ 상·하부 롤러 사이 이물질 제거
  ㉰ 각 연결부분의 볼트·너트 이완 및 파손여부 점검
  ㉱ 선회 서클의 청소

● 작업 전 점검 일람표

항 목		
사용중 이상이 있었던 곳		
라디에이터의 냉각수량		
오일량	연료탱크의 유량 점검 및 보충	
	기관 오일량의 점검 및 보충	
	작동유량의 점검 및 보충	
각 부의 그리스 급유	붐 푸트 핀	
	붐과 암 연결핀	
	버킷 링크 및 연결핀	
	암 실린더 보스	
	버킷 실린더 보스	
	버킷과 암 연결핀	
	스윙 지점	
	스윙 실린더 보스	
	스윙 실린더 핀	
	배토판 실린더 보스	
	배토판 연결 핀	
라디에이터 핀과 튜브 사이의 먼지		
오일, 냉각수의 점검		
각부 볼트·너트의 이완 점검 및 조임		
전기배선의 단선 및 단락, 커넥터의 이완 점검		

(2) 정기 점검정비

1) 주간 정비사항(50시간)
① 새 장비 최초 기관오일 교환　② 새 장치 최초 각종 볼트·너트 재 조임
③ 축전지 전해액량 점검　　　　④ 신차 최초 기관오일 여과기 교환
⑤ 연료 여과기 배수작업　　　　⑥ 유압탱크 압력공기 뽑기 작업

2) 3주간 정비사항(150시간 점검)
① 기관 오일 교환　　　　　　　② 연료여과기 교환
③ 크롤러형 브레이크 밸브 작동여부 점검　④ 각종 작업장치 및 버킷 점검
⑤ 기관오일 여과기 교환　　　　⑥ 냉각팬 벨트 장력 점검
⑦ 트랙의 장력 조정　　　　　　⑧ 각종 케이블 파손여부 점검

3) 월간 정비사항(250시간)
① 선회 베어링 그리스 주입(CG)　② 공기 청정기 엘리먼트 교환
③ 작동유 여과기 교환　　　　　④ 작동유 탱크 배수 작업(HO)
⑤ 작동유 드레인 여과기 청소　　⑤ 휠 허브 오일교환(GO)
⑥ 기관 밸브간극 점검　　　　　⑦ 종감속 기어오일 점검(GO)

4) 2개월 정비사항(500시간)
① 선회 링기어 그리스 주입(CG)　② 드레인 작동유 여과기 교환
③ 선회 감속기어 오일교환(HO)

5) 6개월 정비사항(1000시간)
① 센터 조인트 그리스 주입　　　② 주행 감속기어의 오일 교환
③ 발전기, 기동전동기 점검　　　④ 작동유 탱크의 작동유 교환(HO)
⑤ 분사노즐 및 분사펌프 점검　　⑥ 어큐뮬레이터 압력 점검(스윙회로에 설치)

> **참고사항**
> - 차축(액슬) 허브 오일을 교환할 때 오일을 **배출시킬** 경우에는 플러그를 **6시 방향**에, **주입할** 때는 플러그 방향을 **9시**에 위치시킨다.
> - 크롤러형 굴착기가 진흙에 빠져서 자력으로는 탈출이 거의 불가능하게 된 상태의 경우 견인 방법은 하부기구 본체에 와이어 로프를 걸고 크레인으로 당길 때 굴착기는 주행레버를 견인 방향으로 밀면서 나온다.

모터 그레이더

❶ 모터 그레이더 일반

　모터 그레이더는 노면의 성형, 지균작업용 건설기계이므로 굴착이나 흙을 운반하는 것이 주요작업이며, 그 응용작업으로는 하수구 파기, 경사면 다듬기, 흙의 긁어 뒤집기, 아스팔트 포장재료의 배합 등도 할 수 있다.

　모터 그레이더의 규격은 블레이드의 길이로 표시하며, 몰드 보드(mould board)에 설치된 절삭날(cutting edge)을 가지는 블레이드는 지지 브래킷에 설치되어 있으며 블레이드가 설치된 그레이더 기구는 블레이드를 들어 올리거나 낮출 수 있고 또 앞뒤 좌우로 기울이거나 회전시킬 수 있도록 되어 있다.

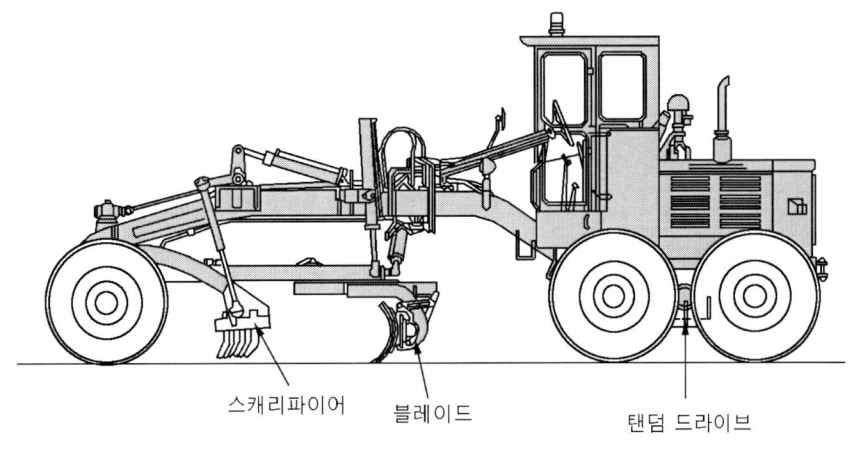

▲ 모터 그레이더의 구조

❷ 모터 그레이더의 구조

(1) 동력 전달장치

1) 동력전달 순서

　기관의 동력은 뒷바퀴 4개 모두를 구동하며, 기관 → 클러치 → 변속기 → 감속기어 → 베벨기어와 피니언 → 토크변환기 파워시프트 변속기 → 차축 → 탠덤 드라이브 → 구동바퀴 순서로 전달된다.

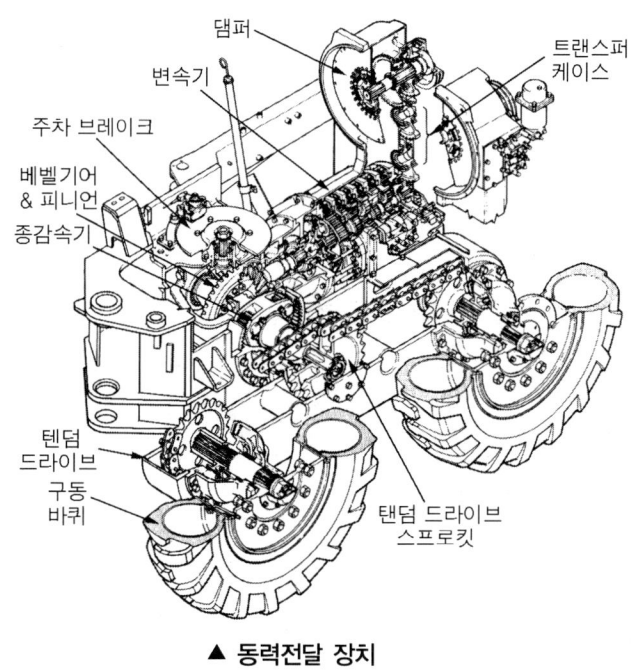

▲ 동력전달 장치

2) 클러치

소형은 단판 클러치를, 중·대형은 복판 클러치로 되어 있으며, 신속한 변속을 위해 도저와 같이 관성 브레이크가 설치되어 있다.

3) 변속기

소형은 4~5단, 대형은 6~8단 정도의 변속 단수를 지니고 있으며, 주행 중 기어가 빠지는 것을 방지하기 위해 기어 고정기구를 둔다.

4) 감속기어

변속기 출력축 끝에 설치된 평기어로 감속하여 베벨기어와 피니언으로 동력을 전달한다.

5) 베벨기어와 피니언

변속기에서 나온 동력을 90°로 전환하여 전달하는 역할을 하는데, 최종구동 기어가 있는 형식에서는 또 한 번의 감속을 하여 구동 차축으로 전달한다.

6) 탠덤 드라이브 장치(tandem drive system)

그레이더는 어떤 상태에서도 4바퀴가 모두 같은 회전속도로 구동되어 작업의 직진성능을 향상시킨다. 동력 전달은 체인식의 경우 구동 스프로킷 → 체인 → 피동 스프로킷 → 스핀들 - 바퀴, 기어식의 경우 구동기어 → 공전기어 → 피동기어 → 스핀들 - 바퀴 등으로 동력이 전달되며 탠덤 드라이브 케이스 중앙에 베어링이 설치되어 이 부분을 중심으로 전·후 구동바퀴가 상하로 요동하여 충격을 완화하며, 앞뒤 바퀴에 걸리는 하중을 같게 하여 준다.

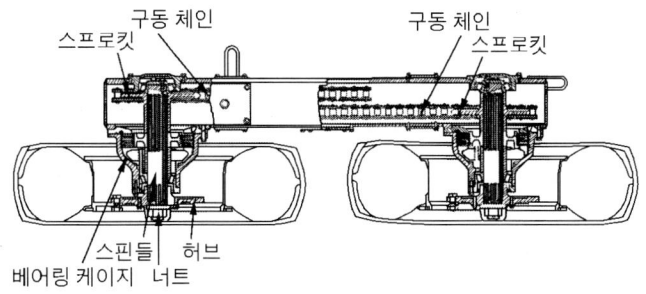

▲ 체인식 탠덤 드라이브

탠덤 드라이브 장치의 작용
- 최종 감속작용을 한다.
- 그레이더의 차체가 안정된다.
- 그레이더의 균형을 유지해 준다.

7) 타이어

앞바퀴는 고압 타이어, 뒷바퀴는 저압 타이어를 사용하며, 하중 분포는 앞바퀴 30%, 뒷바퀴 70%이다.

공기압력은 앞바퀴 35psi, 뒷바퀴 20~30psi이며 모래땅이나 연약한 지반에서 작업을 할 때에는 20~22psi 정도로 낮춘다. 저압 타이어를 앞바퀴에 설치할 때에는 free rolling wheel이라고 표시된 쪽을 전진 방향으로 하고 뒷바퀴에 설치할 때에는 traction wheel이라고 표시된 쪽이 전진방향으로 가게 한다. 구동바퀴는 작업할 때 트레드 사이에 흙이 메워져 견인력이 저하되는 경우가 있으므로 앞에서 볼 때 V자 형으로 설치하여 자기 세척작용을 얻기 위해 앞·뒤 바퀴의 트레드 모양이 반대가 되도록 설치하고 타이어는 슈퍼 트랙션 패턴을 사용한다.

(2) 제동장치

브레이크 장치는 유압식과 공기식이 있으며, 제동형식은 드럼 브레이크나 디스크 브레이크가 사용된다. 주차 브레이크는 외부 수축형으로 변속기축 뒤쪽에 설치되어 있다.

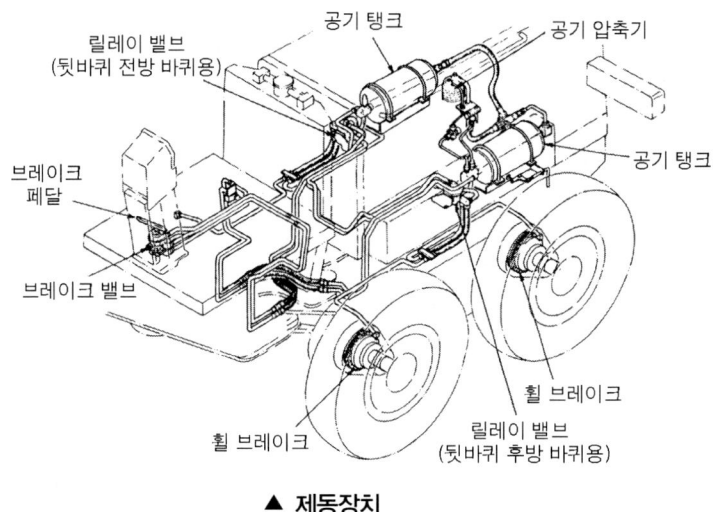

▲ 제동장치

(3) 조향 장치

1) 리닝 장치(앞바퀴 경사 장치 : leaning system)

그레이더는 차동 기어 장치가 없어 선회할 때 회전 반경이 커지는 결점을 보완하기 위하여 앞바퀴를 경사 시켜 주며, 좌우 20~30°정도 경사 시킨다. 리닝 장치를 설치한 목적은 회전 반경을 작게 하기 위한 것이다.

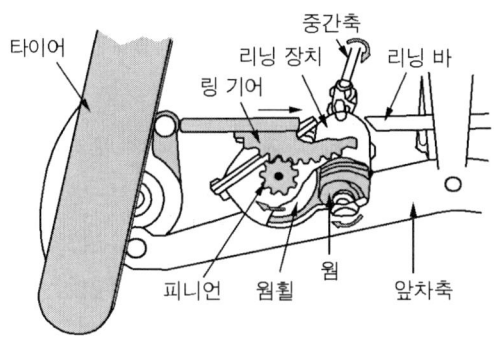

▲ 리닝장치

2) 스냅버바(snubber bar)

스냅버 바는 모터그레이더에서 도로의 충격이 핸들에 전달되는 것을 방지하기 위한 장치이다.

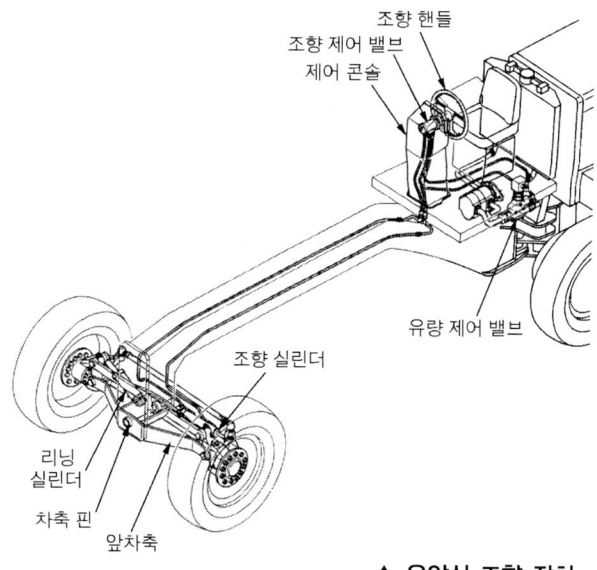

▲ 유압식 조향 장치

(4) 부속 장치

① **타이어 펌프**(tire pump) : 변속기로 구동되는 공기압축기이며, 그레이더 작업 중 타이어의 공기가 부족할 때 공기를 주입할 수 있다.

② **아워 미터**(hour meter) : 기관의 가동시간을 기록하는 계기로서 장비의 총 가동 시간을 알 수 있다.

③ **오토미터**(auto meter) : 그레이더의 왼쪽 앞바퀴 허브에 설치되어 있으며 그레이더의 운행한 거리를 km로 표시하는 계기이며, 전·후진에서 모두 작동하도록 되어 있다.

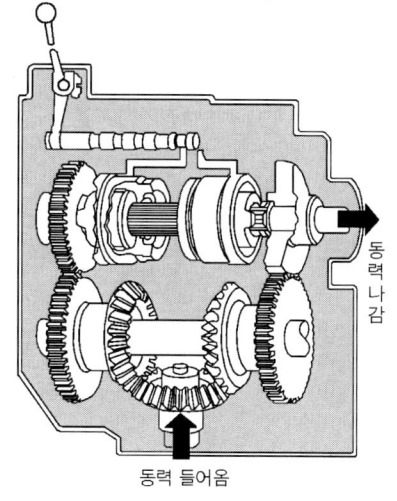

▲ 조정장치

④ **안전장치**(safety system) : 그레이더가 작업도중 무리한 하중이 걸리면 장비의 각 부분이 파괴된다. 이를 방지하기 위하여 그레이더는 제1안전장치로서 시어 핀과 제2안전장치로는 각종 작업 조정레버, 아랫부분의 조 클러치와 베벨 기어가 있다.

(5) 작업 조정장치

기계식과 유압식으로 구분된다.

1) 기계식

기관 – 작업장치, 구동축(변속기 상부축 내를 통과) – 감속 기어 – 베벨기어 – 수직축(중간에 시어 핀이 설치되어 작업계통에 무리한 힘이 걸리면 절단되어 작업장치를 보호함) – 베벨 기어(좌·우의 7세트의 기어를 구동시킴) – 조 클러치(회전방향이 반대인 2개의 스퍼기어와 결합되어 작업 출력축의 회전을 바꾸어준다) – 작업 출력축 – 작업장치

☞ 시어 핀은 파워 컨트롤 장치 내의 수직 축에 설치된다.

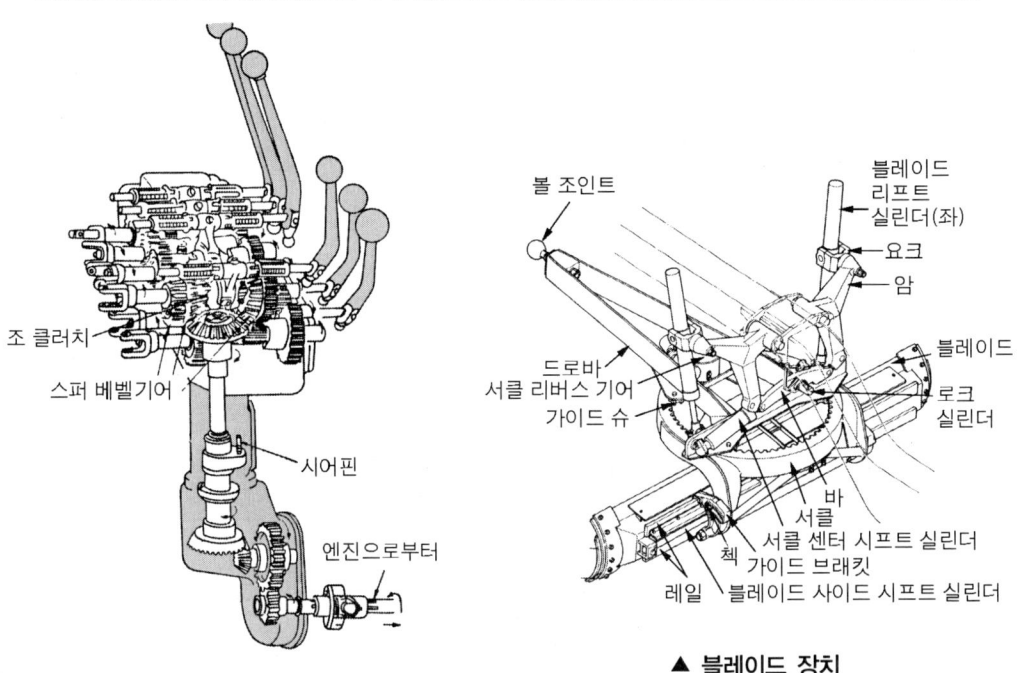

▲ 기계식 동력전달 장치   ▲ 블레이드 장치

2) 유압식

기본 회로는 다른 건설기계와 비슷하며, 레버도 기계식 그레이더와 같으나 블레이드 측동 레버가 추가된다. 좌·우 블레이드 리프트, 서클 측동, 쇠스랑 등은 모두 복동식 유압 실린더에 의해 작동되며 블레이드 측동 실린더는 서클이 회전하므로 회전이음을 통해 유압이 공급되고 서클회전은 유압 모터와 감속기에 의해 이루어진다.

❸ 모터그레이더의 작업

(1) 정지작업(지균작업)

땅을 평평하게 고르는 작업으로 비행장, 도로, 운동장에서의 작업이며 주행속도 1.6∼4km/h, 블레이드의 각도는 20∼30°가 적합하다.

(2) 산포작업

노면에 뿌려 놓은 자갈, 모래, 아스콘의 더미를 골고루 넓게 펴는 작업으로 2∼8km/h 주행속도로 작업한다.

(3) 제방 경사작업

제방의 경사부분을 다듬질하는 작업으로 주행속도는 1.6∼2.6km/h 정도가 적합하다.

(4) 제설작업

그레이더의 블레이드이나 넉가래를 이용하여 제설하며 주행속도는 2∼7km/h로 하고 블레이드와 지면은 0.5∼2cm 정도의 간격을 유지한다.

(5) 축구작업

도로 양쪽에 배수로를 구축하는 작업으로 주로 V형 배수로 작업을 하며 주행속도는 1.6∼4km/h 정도이며 구축 각도는 55°이다.

(6) 스케리 파이어 작업

매우 굳은 지면의 흙을 파 일굴 때 스케리 파이어로 굴착한 다음 블레이드로 깎아서 다듬질한다. 지면이 너무 굳어서 잘 파지지 않을 때에는 스케리 파이어의 잇수(갈퀴)를 줄여서 굴착력을 증가시킨다. 스케리 파이어 작업 때의 절삭각 β는 흙의 굳기 작업의 종류에 따라 결정되며 노면 상태에 따른 β의 값은 아래 표와 같다.

● 스케리파이어의 절삭 각도(β)

항 목	절삭각도(β)	노면 상태
최 대	67~86	아스팔트 도로 등의 굴삭 작업
표 준	60~66	자갈이 많이 섞인 건조 포장 도로의 굴삭 작업
최 소	53~60	부드러운 흙에 작은 돌이 섞인 도로의 굴삭 작업

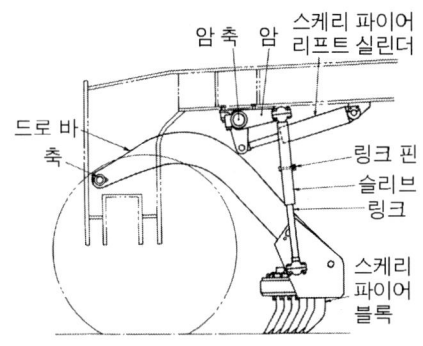

▲ 스케리 파이어 장치

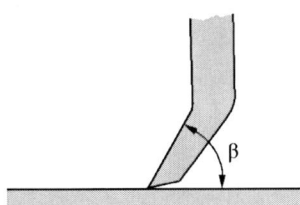

▲ 스케리 파이어 절삭 각

모터그레이더

1. 모터 그레이더의 운전 중 주의사항
- 하향 주행할 때에는 반드시 기관 브레이크로 하향하고 변속기는 저속에 둔다.
- 조향할 때에는 속도를 줄이고 조향 할 것
- 주행 중 삽날(블레이드)이 그레이더 차체보다 밖으로 나오지 않게 할 것
- 주행할 때에는 제동거리를 고려하여 주행 방향을 주시할 것

2. 모터그레이더 운행에 따른 안전 수칙
- 시어 핀을 교환할 때에는 필히 기관을 정지시킨다.
- 기관 시동 후 약 5분간은 공회전 시켜야 한다.
- 주차할 때 또는 공차로 운행할 때에는 삽(블레이드)이 옆으로 나오지 않도록 주의한다.
- 경사지를 내려갈 때는 항상 클러치를 연결하고, 변속레버는 저속에 둔다.

Chapter 2 적하용 건설기계

건\설\기\계\구\조

지게차

❶ 지게차의 개요

지게차는 비교적 가벼운 화물을 적재·적차 및 운반하는 건설기계로서 창고나 부두, 또는 창고 내외에서 널리 사용된다. 작업용도에 의한 지게차의 분류는 다음과 같다.

(1) 트리플 스테이지 마스터(Triple Stage Mast)

마스터가 3단으로 늘어나게 된 것으로 천장이 높은 장소, 출입구가 제한되어 있는 장소에 짐을 적재하는데 적합하다.

(2) 로드 스테빌라이저(Load Stabilizer)

위쪽에 달린 압착 판으로 화물을 위에서 포크 쪽을 향하여 눌러 요철이 심한 지면이나 경사진 노면에서도 안전하게 화물을 운반하여 적재할 수 있다.

▲ 3단 마스터형

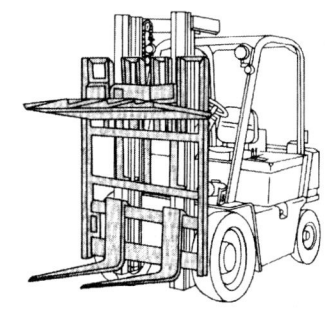
▲ 로드 스테빌라이저

(3) 하이 마스트(High Mast)

지게차의 표준으로 작업이 어려운 높은 위치 작업에 적합하며, 저장 공간을 최대로 활용할 수 있고 포크의 상승도 신속하다.

(4) 사이드 시프트 클램프

차체를 이동시키지 않고 포크가 좌·우로 움직여 적재, 하역한다.

(5) 스키드 포크(Skid forks)

차량에 탑재한 화물이 운행이나 하역 중에 미끄러져 떨어지지 않도록 화물 상부를 지지할 수 있는 클램프가 되어 있고 휴지 꾸러미, 목재 등을 취급하는 장소에서 알맞다.

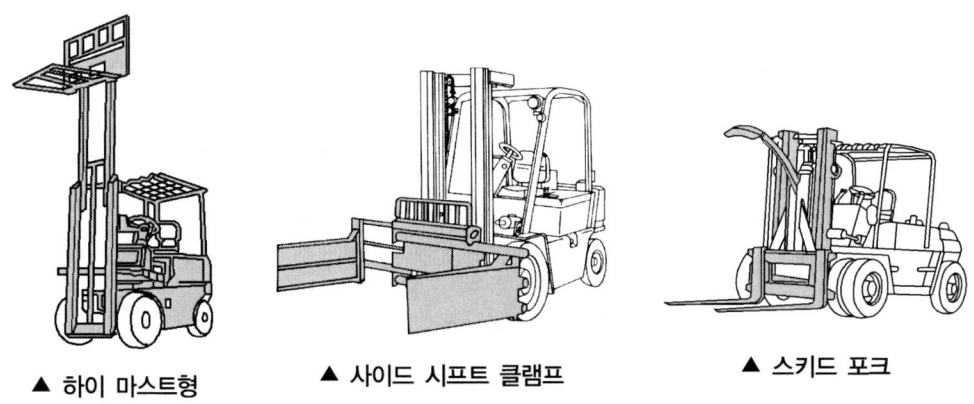

▲ 하이 마스트형　　▲ 사이드 시프트 클램프　　▲ 스키드 포크

(6) 로테이팅 포크(Rotating fork)

일반적인 지게차로 하기 힘든 원추형의 화물을 좌·우로 조이거나 회전시켜 운반하거나 적재하는데 널리 사용되고 있으며 고무판이 설치되어 화물이 미끄러지는 것을 방지하여 주며 화물의 손상을 막는다.

(7) 힌지 버킷(Hinged bucket)

포크 설치위치에 버킷을 설치하여 흘러내리기 쉬운 물건 또는 흐트러진 물건을 운반 하차 한다.

(8) 롤 클램프 암(Roll clamp with long arm)

긴 암의 끝이 롤 형태의 화물을 취급할 수 있도록 클램프 암이 설치된 것으로 컨테이너의 안쪽 또는 지게차가 닿지 않는 작업범위에 있는 둥근 형태의 화물을 취급한다.

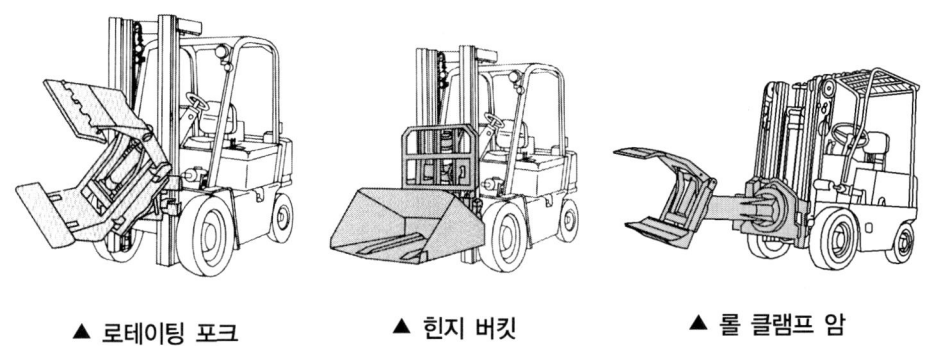

▲ 로테이팅 포크　　　▲ 힌지 버킷　　　▲ 롤 클램프 암

❷ 지게차의 구조

(1) 동력 전달장치

1) 토크 컨버터형

기관 → 토크 컨버터 → 변속기 → 추진축 → 구동 차축 → 최종 구동기어 → 앞바퀴

2) 전동 지게차

축전지 → 조정기 → 구동 모터 → 변속기 → 차동장치 → 앞바퀴

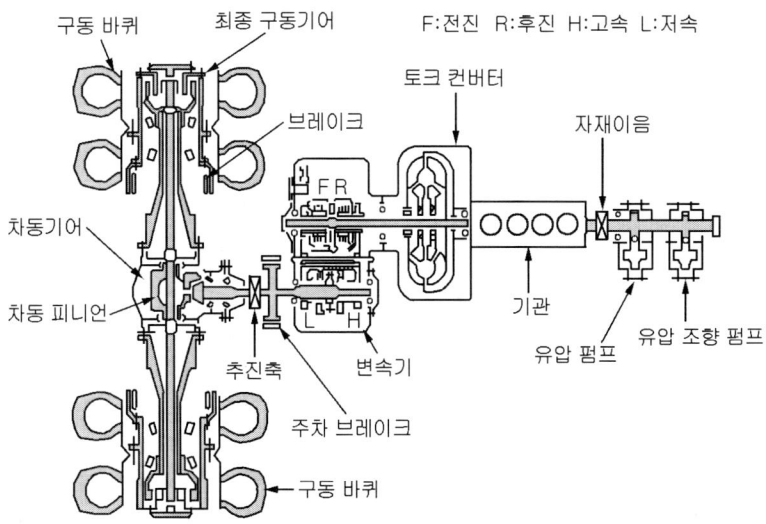

▲ 동력 전달장치

(2) 앞차축 구성부품

지게차는 앞바퀴로 구동하고 뒷바퀴로 조향한다. 앞차축(구동 차축)은 지게차에 화물을 적재하였을 때 하중을 지지하고 기관의 회전력을 앞바퀴에 전달하는 역할을 한다. 앞바퀴는 직접 프레임에 설치된다.

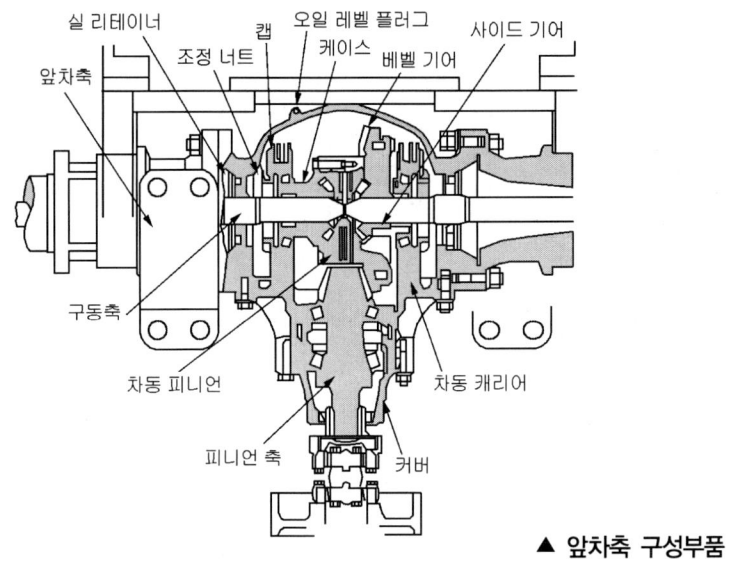

▲ 앞차축 구성부품

(3) 조향장치

지게차의 진행 방향을 임의로 바꾸는 장치이며 지게차에서는 뒷바퀴의 방향을 바꾸어 조향하게 되어 있으며 조향핸들에서 바퀴까지의 조작력 전달순서는 조향핸들 → 조향기어 → 피트먼 암 → 드래그링크 → 타이로드 → 조향암 → 바퀴이다.

☞ 지게차에서 현가 스프링을 사용하지 않는 이유는 롤링이 생기면 적하물이 떨어지기 때문이다.

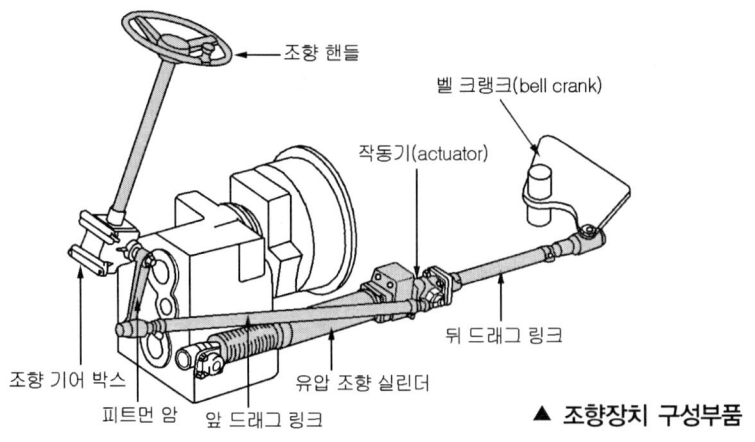

▲ 조향장치 구성부품

❸ 포크 장치

포크를 올리고 내리는 마스트는 롤(roll)을 이용하여 미끄럼 운동을 하는 구조이며, 유압에 의해 작동되는데 바깥쪽 마스트는 하단을 섀시에 핀으로 지지하고 있어서 하역 작업을 할 때에는 유압 피스톤에 의하여 앞뒤로 기울일 수 있도록 되어 있으며 이 조작에 사용되는 유압은 70~130kg/cm²이다.

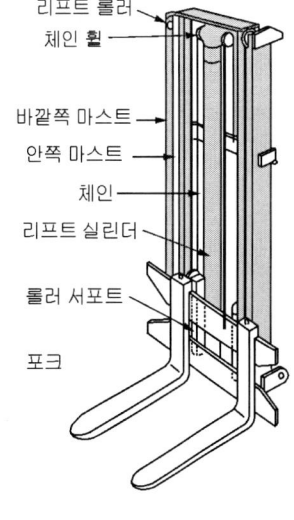

▲ 마스트

❹ 리프트 실린더와 틸트 실린더의 작용

(1) 리프트 실린더(lift cylinder)

리프트 실린더의 역할은 포크를 상승·하강시킨다. 그리고 리프트 실린더의 상승력이 부족한 원인은 다음과 같다.
① 오일 필터의 막힘
② 유압펌프의 불량
③ 리프트 실린더에서 작동유 누출

(2) 틸트 실린더(tilt cylinder)

마스트를 앞 또는 뒤로 기울이는 작동을 한다. 즉 마스트의 전경각과 후경각은 조종사가 적절하게 선정하여 작업을 할 수 있도록 한다.

❺ 지게차의 운전방법

(1) 기관 시동작업

① 전·후진레버를 중립위치로 선정한다.
② 시동 스위치를 예열 위치로 하여 예열시킨다. (단 전동 지게차 및 LPG 지게차는 제외)
③ 시동 스위치를 시동 위치로 하여 기관을 크랭킹시키면서 가속페달을 중속 정도로 밟는다.

(2) 지게차의 워밍업 운전

① 기관 시동 후 5분간 저속 운전을 실시한다.
② 리프트 레버를 사용하여 상승, 하강 운동을 실린더 전행정으로 2~3회 실시한다.
③ 틸트 레버를 사용하여 전행정으로 전·후 경사 운동을 2~3회 실시한다. 이때 포크의 높이는 20cm 정도가 가장 좋다.

6 지게차의 작업방법

(1) 화물 적재 작업방법

지게차의 능률적인 작업 반경은 75m(250ft) 정도가 가장 이상적이며, 작업을 용이하게 하기 위해서는 파렛트를 사용한다. 화물이 붕괴 또는 깨질 위험은 없는가. 포크(fork)가 파렛트에 알맞게 조종되어 있는가를 확인한 다음 포크 끝으로 화물을 밀거나 끌지 말고 다음 요령으로 화물의 적재 작업을 숙달해가야 할 것이다.

① 적재할 장소에 도달했을 때 천천히 정지한다.
② 마스트가 수직이 되도록 한다.
③ 적재할 위치보다 5~10cm 위로 짐을 올린다.
④ 천천히 전진한다.
⑤ 적재 지점에 일시적으로 천천히 내린다.
⑥ 포크의 1/4~1/3 의 지점까지 후진한다.
⑦ 짐을 다시 5~10cm 되도록 올린다.
⑧ 짐이 하역지점의 올바른 위치에 가도록 한다.
⑨ 하역지점에 올바르게 짐을 내린다.
⑩ 지게차를 천천히 후진하여 포크를 완전히 빼낸다.
⑪ 포크를 내린 후 주행한다(지상 20~30cm 범위).

(2) 화물의 하역 작업방법

화물의 지게차로 하역하고자 할 때에는 화물이 균형 있게 잘 쌓여있는가 또는 하역장소에 파렛트가 바르게 놓일 수 있는가를 확인하고 포크가 파렛트의 부분에 알맞게 삽입되는가를 수시로 확인하면서 다음 요령으로 하역작업 방법을 숙지해야 한다.

① 화물 앞에서 정지한 후 마스트가 수직이 되도록 기울여야 한다.
② 포크를 삽입하고자 하는 곳과 평행하게 한다.
③ 전진하여 포크의 2/3~3/4 정도 삽입 후 화물을 5~10cm 올린다.
④ 천천히 15~20cm 후진시킨다.
⑤ 천천히 화물을 내려놓는다.
⑥ 천천히 전진하면서 포크를 완전히 끼운다.
⑦ 화물을 5~10cm 올린다.
⑧ 화물을 내려놓을 수 있는 곳으로 후진 이동한다.
⑨ 화물을 지면에서 15~20cm 정도까지 내린다.
⑩ 마스트를 완전히 뒤로 기울인다.
⑪ 화물을 원하는 곳으로 운반하도록 한다.

❼ 지게차의 안전수칙

(1) 운전할 때의 안전사항

① 주행을 할 때에는 포크를 가능한 낮게 내려 주행한다.
② 적재물이 높아 전방 시야가 가릴 때에는 후진하여 운전한다.
③ 포크 간격은 적재물에 맞게 수시로 조정한다.
④ 후방 시야 확보를 위해 뒤쪽에 사람을 탑승시켜서는 안 된다.
⑤ 경사면에서 운전할 때 짐이 언덕 위쪽으로 가도록 한다. 즉 후진하도록 한다.

(2) 작업할 때의 안전사항

① 허용 하중의 초과 운행은 하지 말 것.
② 포크 끝단으로 화물을 찌그리거나 화물을 올리지 말 것.
③ 큰 화물로 인하여 전면 시야가 방해를 받을 때는 후진 운행을 할 것.
④ 정격하중 초과되는 화물을 싣고 균형을 맞추기 위해 평행추(밸런스 웨이트)위에 사람을 태우지 말 것.
⑤ 화물을 높이 들고 운반하지 말 것.
⑥ 급브레이크, 급회전, 급출발은 피할 것.

⑦ 적재 작업을 할 때 최고속도로 주행하는 것을 피할 것.
⑧ 화물을 한쪽으로 치우쳐 적재하지 말 것.
⑨ 화물을 쌓아올려 운반할 때는 화물이 안정되어 있는지 확인 후 출발할 것.
⑩ 좌우 체인의 길이가 항상 같도록 조정해야 한다.
⑪ 지게차가 경사진 상태에서는 적하작업을 하지 말 것.
⑫ 제한된 장소에서 운전할 때는 옆과 위의 안전거리에 유의 할 것. 필요하면 유도자를 이용하여 신호하도록 하여야 한다.
⑬ **창고나 공장에 출입할 때 주의사항**
  ㉮ 차폭과 입구의 폭을 확인할 것.
  ㉯ 부득이 포크를 올려서 출입하는 경우에 출입구 높이에 주의할 것.
  ㉰ 손이나 발을 차체의 밖으로 내밀지 말 것.
  ㉱ 반드시 주위 안전상태를 확인하고 나서 출입할 것.
⑭ **화물 운반방법**
  ㉮ 운반 중 마스트를 뒤로 4° 가량 경사 시킨다.
  ㉯ 경사지에서 화물을 운반할 때 내리막에서는 후진으로, 오르막에서는 전진으로 운행한다.
  ㉰ 운전 중 포크를 지면에서 20~30cm정도 유지한다.
  ㉱ 부피가 큰 화물을 적재하고 운반할 때에는 후진으로 운행한다.

(3) 화물취급 작업

① 화물 앞에서 일단 정지하여야 한다.
② 화물의 근처에 왔을 때에는 브레이크 페달을 살짝 밟는다.
③ 지게차를 화물 쪽으로 반듯하게 향하고 포크가 파렛트를 마찰하지 않도록 주의한다.
④ 파렛트에 실려 있는 물체의 안전한 적재여부를 확인한다.
⑤ 포크는 화물의 받침대 속에 정확히 들어갈 수 있도록 조작한다.
⑥ 운반물을 적재하여 경사지를 주행할 때에는 짐이 언덕 위쪽으로 향하도록 한다.
⑦ 포크를 지면에서 약 20~30cm정도 올려서 주행한다.
⑧ 운반 중 마스트를 뒤로 약 6°정도 경사 시킨다.

(4) 지게차를 주차할 때 주의할 점

① 전·후진 레버를 중립에 놓는다.
② 포크를 지면에 완전히 내린다.
③ 포크의 선단이 지면에 닿도록 마스트를 전방으로 적절히 경사 시킨다.
④ 기관을 정지한 후 주차 브레이크를 작동시킨다.
⑤ 시동을 끈 후 시동스위치의 키는 빼둔다.

기중기(크레인)

❶ 기중기의 개요

기중기는 중화물의 기중작업, 토사 굴토 및 굴착 작업 화물의 적하 및 적재작업, 항타작업 및 기타 특수 작업을 하는 건설기계로서 토목 및 건축공사에서 중추적인 역할을 한다.

(1) 주행장치 별 분류

1) 트럭 적재형(truck type)

트럭의 차대 또는 기중기 전용 차체로 제작된 캐리어(carrier) 위에 기중작업 장치인 상부 선회체를 설치한 것이다.

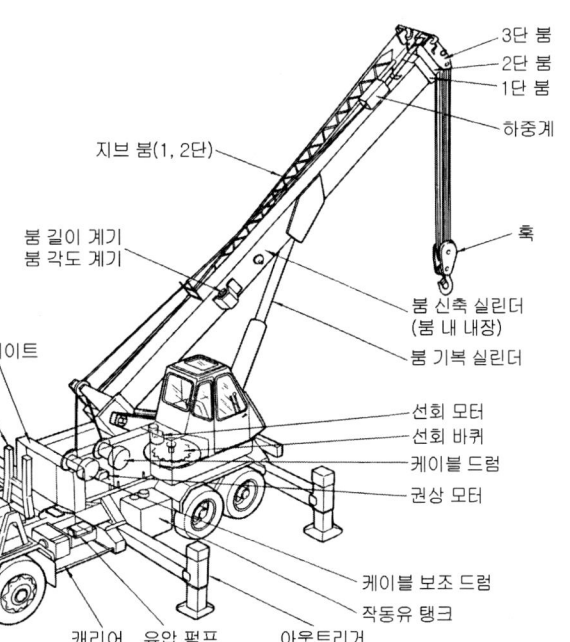

▲ 트럭 적재형 기중기

2) 휠형(wheel type)

고무 타이어형의 견고한 대형 차체에 기중작업을 위한 상부 회전체가 설치된 것이다.

▲ 휠형 기중기

3) 크롤러형(crawler type)

무한궤도 트랙 위에 기중 작업을 위한 상부 회전체의 작업장치가 설치된 것이다.

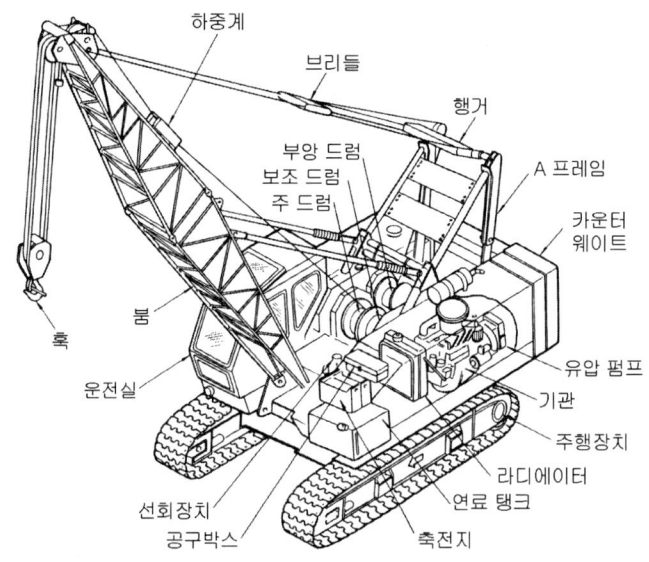

▲ 크롤러 기중기의 각부 명칭

(2) 작업장치에 의한 분류

① **훅**(갈고리, hook) : 화물의 적재 및 적하 작업 등 일반 작업에 많이 쓰인다.
② **셔블**(삽, shovel) : 토사 굴착, 적재 등의 작업에 주로 쓰인다.

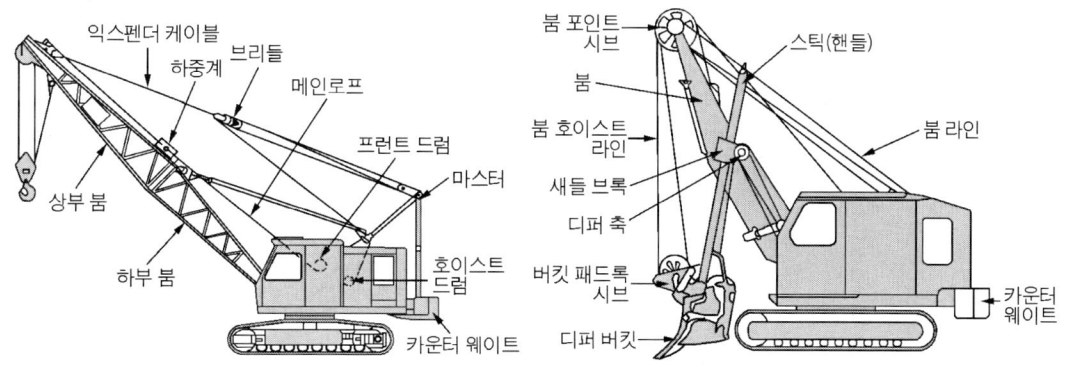

▲ 크롤러형 기중기의 각부 명칭, 셔블 부착 크레인

③ **드래그 라인**(긁어 파기, drag line) : 평면굴착, 수중작업, 제방구축 작업에 많이 쓰인다.
④ **백호**(도랑파기, back hoe & trench hoe) : 배수로, 지하실 등의 굴착, 채굴, 매몰 작업에 주로 쓰인다.

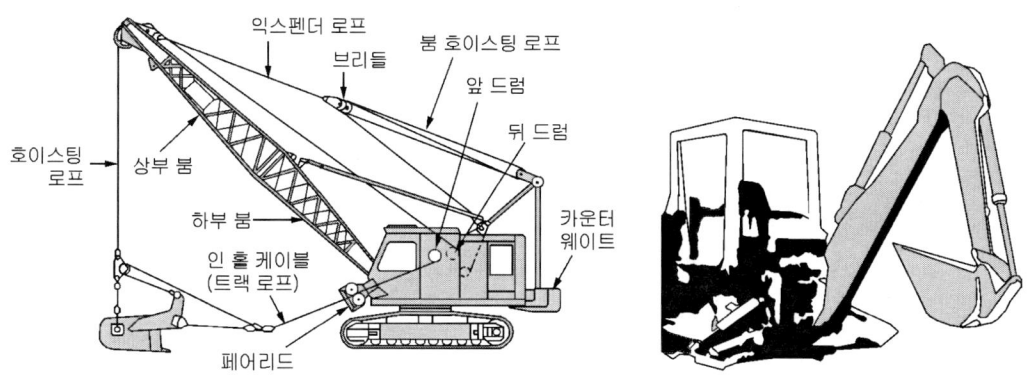

▲ 드래그라인 부착물을 가진 크레인　　　　▲ 백호

⑤ **크램셸**(조개장치, clamshell) : 수직 토굴작업, 토사 적재작업, 오물제거 작업 등에 쓰인다.

⑥ **파일 드라이버**(항타 및 항발, pile driver) : 기둥 박기, 건물의 기초공사 등이 주로 사용된다.

⑦ **어스 드릴**(earth drill, 구멍 뚫기) : 큰 지름의 구멍을 뚫는데 사용된다. 시가지의 건축물이나 구조물 등의 기초공사 등에 많이 이용된다.

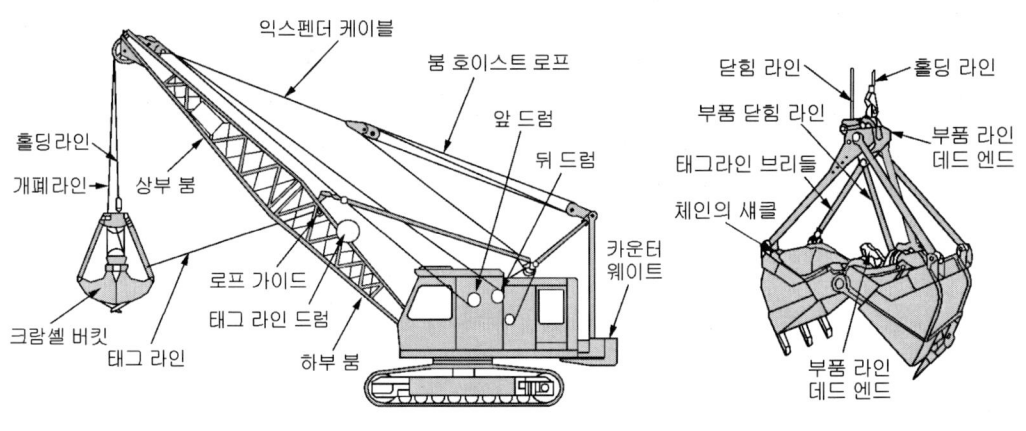

▲ 크램셸 부착물을 가진 크레인   ▲ 크램셸 버킷

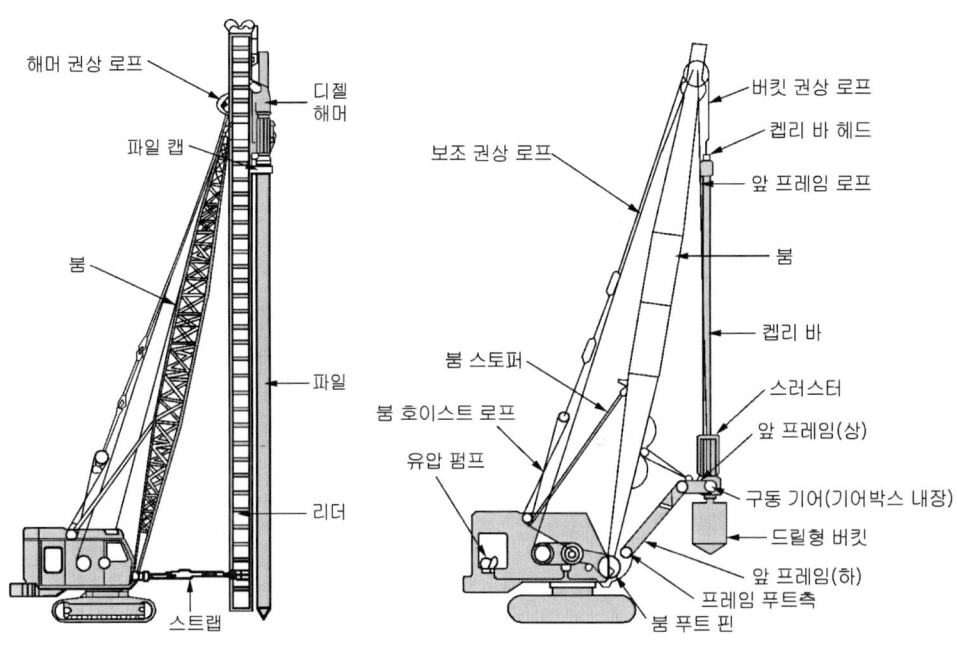

▲ 파일 드라이버(디젤 해머식)   ▲ 어스 드릴 프런트

❷ 기중기의 구조

(1) 상부 회전체

상부 회전체는 원동기 동력전달 장치, 조정장치, 권상장치, 드래그(drag)장치, 회전 장치, 붐 권상장치 등으로 구성되어 있다.

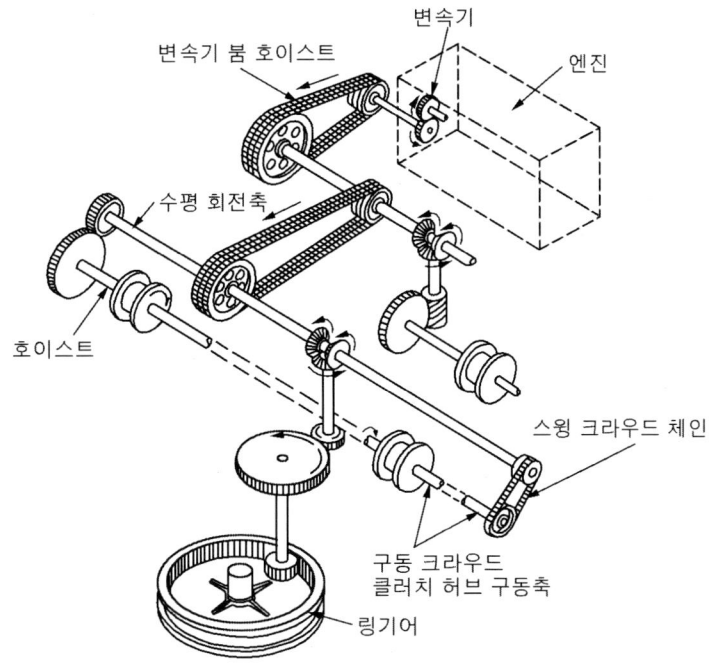

▲ 상부 회전체

1) 동력 전달순서

기관 → 메인 클러치 → 변속기 → 구동 체인 → 구동 기어 케이블 → 수평 스윙 축 → 피니언

2) 1축식 동력 전달장치

들어올리기 및 밀어내기용 드럼 축과 중간축이 있으며 기관으로부터의 동력은 주 클러치를 1개의 윈치 축(winch shaft)을 회전시킨다. 들어올리기 클러치를 넣으면 리프팅 드럼이 밀어내기 클러치를 넣어 크라우드(crowd drum, 밀어내기) 드럼이 회전한다.

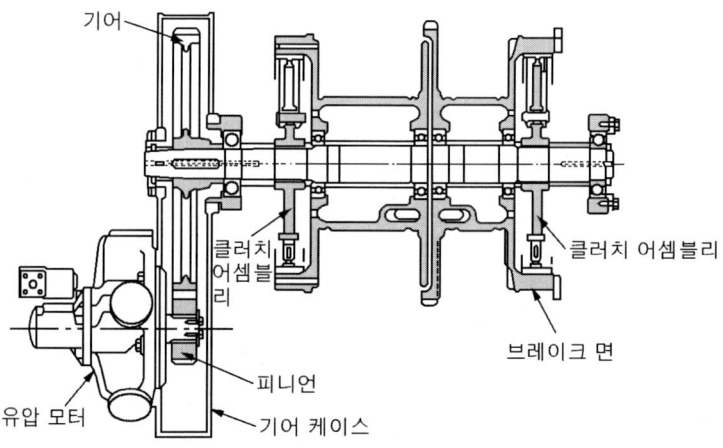

▲ 1축식 윈치

3) 2축식 동력 전달장치

앞뒤에 두 개의 드럼 축을 가지며 앞 드럼에는 밀어내기 클러치와 선주(회전) 클러치가 있고, 뒤 드럼에는 들어올리기 클러치와 선주 클러치가 있다.

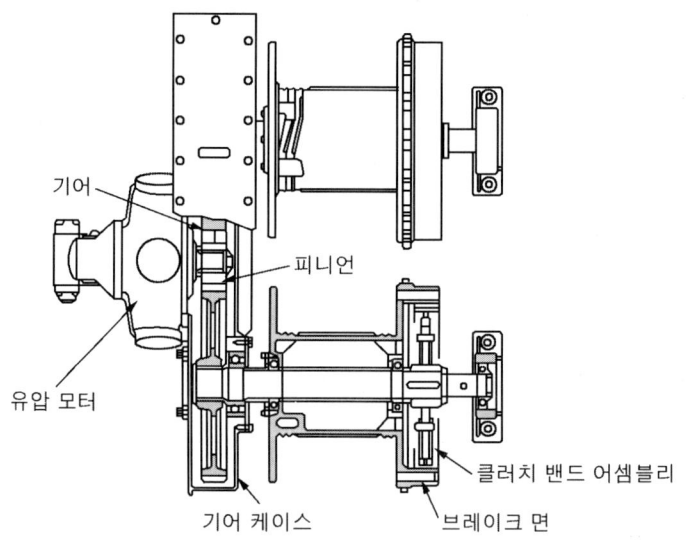

▲ 2축식 윈치

(2) 하부 주행체

하부 주행체는 상부 회전체를 지지하면서 주행하는 부분으로서 동력은 회전 가로축으로부터 베벨기어를 거쳐서 회전 세로축, 주행 세로축에 전달된다.

1) 회전장치

2개의 독립된 마찰 클러치, 앞·뒤에 각각 1개의 회전 클러치로 구성되어 있다.

2) 주행장치

상부 회전체로부터 전달된 동력은 주행, 가로·세로축, 조향 클러치 및 주행체인을 거쳐 스프로킷으로 전달되며 주행장치는 회전 클러치에 의해 전·후진되고 조(jaw) 클러치를 사용하여 회전과 주행의 동력을 바꾼다. 조 클러치가 주행기어에 물리면 주행 가로축을 회전시켜 조 클러치 양쪽이 접속되어 전진 또는 후진한다. 좌·우 조 클러치 중 어느 한쪽이 차단되면 그 반대쪽만이 움직이므로 차단된 클러치 쪽으로 회전하게 된다.

3) 동력 전달순서

수직 스윙 축 → 수직 → 주행 축 → 기어 → 수평 주행 축 → 주행 축 기어 → 트랙

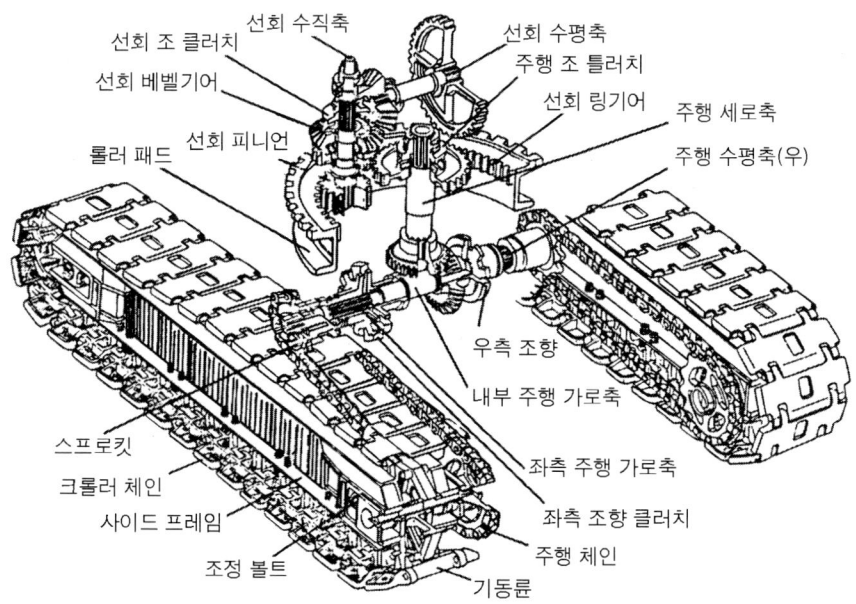

상부 선회체의 동력전달 계통도와의 연결에 있어서 여기서는 선회 횡축이 왼쪽에 배치되어 있으므로 주의를 요한다

▲ 주행 전동장치

③ 작업장치 구조

(1) 셔블

셔블 프런트는 붐, 새들 로크, 디퍼스틱(암), 디퍼(버킷), 디퍼 덮개(트립) 및 로프 체인 등으로 구성되며, 장비가 있는 장소보다 높은 곳의 굴착에 적합하다.

① **붐**(boom) : 강판이나 앵글의 용접구조(시브와 들어올리기 로프)이다.
② **새들 로크**(saddle lock) : 붐의 거의 중앙 부분에 있으며 디퍼스틱의 압출, 인입 동작을 안내하는 베어링 판이 부착된 블록이다.
③ **디퍼스틱**(dipper stick) : 붐과 새들 블록을 연결하고 그 끝에 디퍼(버킷)가 붙어 있는 것으로 디퍼스틱은 디퍼를 유지하고 디퍼에 굴착운동을 하도록 한다.
④ **디퍼**(dipper) : 갈퀴 모양의 날을 가지고 있으며 강판 용접구조로 4개 정도이다. 밑판에는 디퍼 덮개가 래칫에 의해 고정되고 와이어 로프로서 래칫 바(bar)를 뽑아내면 디퍼 덮개가 열려서 흙을 쏟아 버릴 수 있다.

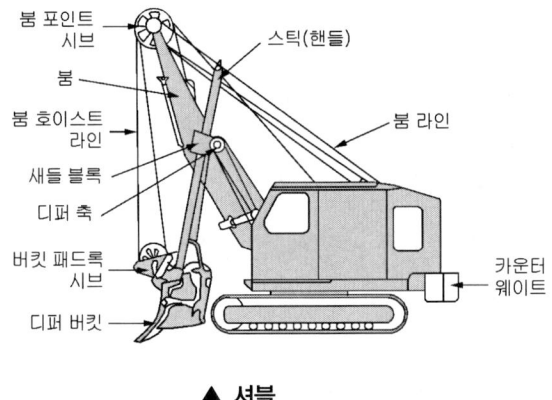

▲ 셔블

(2) 백호 또는 트랜치 호

백호의 프런트 붐, 디퍼스틱, 디퍼, 보조 A프레임 드럼 래깅(drum lagging) 및 로프 등으로 구성되어 있으며 이것은 기계가 놓여있는 지면보다 낮은 곳의 굴착에 적합하여 수중 굴착도 가능하다. 셔블과 마찬가지로 단단한 토질의 것도 정확히 굴착하고 정형 할 수 있다.

(3) 드래그 라인

드래그 라인은 기계 위치보다 낮은 곳의 굴착에 접합하며 백호만큼 견고한 땅의 굴착을 할 수 없지만 굴착 반경이 크고 수중 굴착도 가능하다. 드래그 라인의 프런트 붐, 버킷, 로프, 페어리드 등으로 구성되는데 붐은 크레인이나 크램셀에 사용되며 상부 붐과 하부 붐 사이에 중간 붐을 넣어서 그 길이를 바꿀 수 있다.

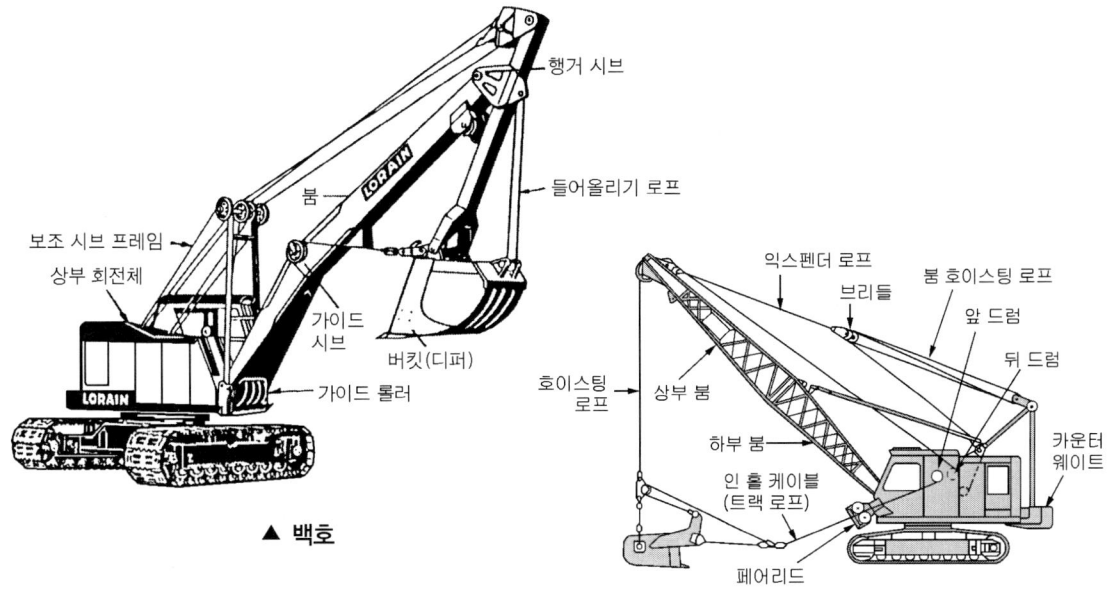

▲ 드래그 라인 부착물을 가진 크레인

(4) 훅

버킷 대신에 훅을 부착하고 무거운 물건을 들어올리거나 내리는 작업을 할 수 있으며 다른 기구를 달아서 파쇄 작업이나 콘크리트 구조물을 파괴하는 작업에도 쓰인다. 훅은 붐 호이스트(권상)용 드럼 래깅, 훅 블록(hook block) 로프 등으로 구성되며 붐은 드래그 라인과 같고 짐을 안전하게 내리기 위하여 기관 브레이크를 사용하는 동력 강하 장치를 갖추고 있는 경우가 많다. 축은 하중에 따라 그 로프의 길이 수가 달라지는데 붐은 그 끝에 지브를 붙이는 수가 있고 크레인에는 과권 경보장치, 과부하 경보장치 등이 있다.

1) 기중기 붐

붐은 일반적으로 앵글형 구조가 사용된다. 붐을 연결하는 방법으로 볼트로 결합하는 방법과 핀으로 연결한다. 붐은 상부 붐과 하부 붐 사이에서 중간 붐을 넣어서 그 길이를 용도에 따라 바꾼다.

축은 하중에 따라서 그 로프의 걸이 수가 달라지는데 붐은 그 끝에 지브를 붙여 쓰는 경우가 있다.

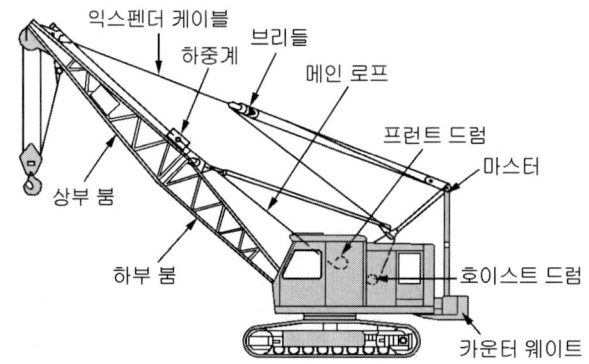

▲ 크롤러형 기중기 각부 명칭

2) 로프의 걸이 수가 적으면 감는 속도가 빠르고 걸이가 많으면 속도는 느리나 강력한 힘을 얻는다.

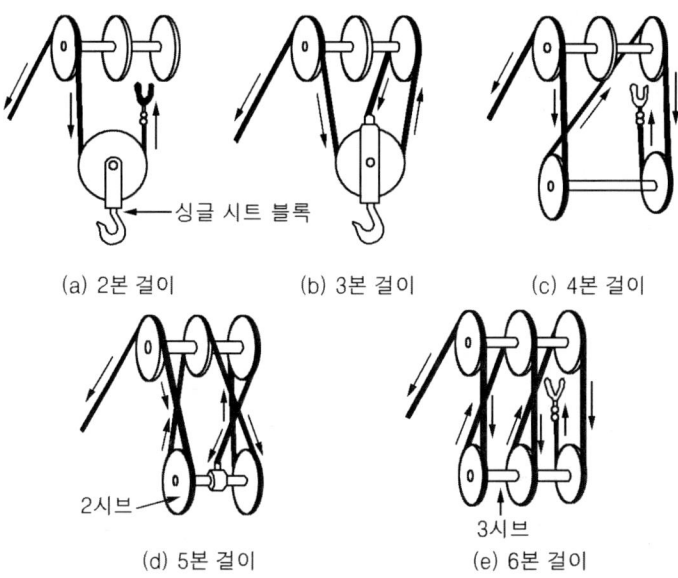

▲ 로프의 걸이

3) 기중기의 안전장치

① **과권(過券) 경보장치** : 권상 와이어를 너무 감으면 와이어가 절단되거나 훅 블록이 붐과 충돌하여 기계를 파손하게 된다. 이것을 방지하기 위하여 과권 경보장치를 설치하여 위험을 방지한다.

② **과부하 경보장치** : 붐의 경사각도에 있어서 전도 하중의 크기가 안정하중의 크기에 가까워 질 때 경보가 올리도록 하여 위험을 방지한다.

③ **권상 과권방지 경보장치** : 기중기에서 훅(hook)을 너무 많이 상승시키면 경보음이 작동시킨다.

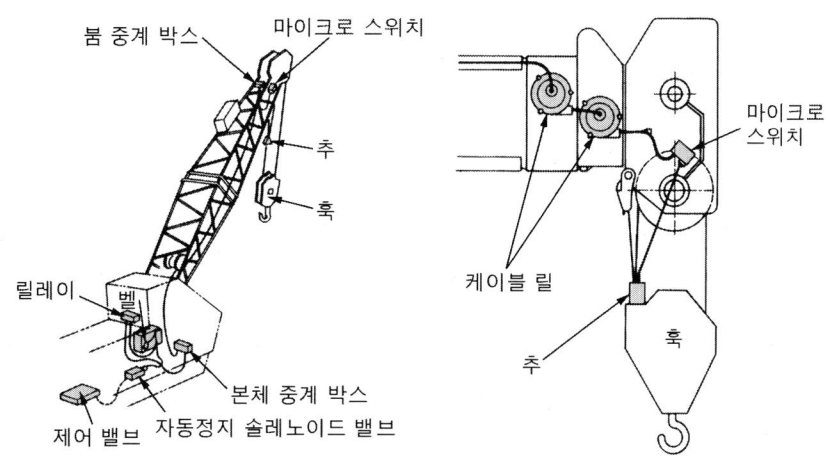

▲ 훅 감기의 경보 및 방지장치

작업(운전)반경과 붐 각도

- **작업(운전)반경** : 상부 회전체의 회전 중심으로부터 들어올리는 화물까지의 수평거리이며, 작업반경과 기중 능력은 반비례한다. 즉, 기중 작업에 물체가 무거울수록 붐 길이는 짧게, 각도는 크게 한다.
- **붐 각도** : 붐 중심으로부터 들어올리는 화물까지의 수직거리 사이의 각도이며, 붐의 각과 기중 능력은 비례한다. 최대 제한각도는 78°, 최소 제한 각은 20°, 붐의 최대 안정된 각도는 66°30′이다.

훅 작업을 할 때 안전수칙

- 붐 각은 20°이하로 하지 말 것
- 작업 반경 내에 사람 접근 방지
- 붐 각을 78°이상으로 하지 말 것
- 트랙 탑재 크레인 및 휠형은 작업할 때에는 반드시 아우트 리거를 고일 것

(5) 크램셸

차량에 토사를 적재하는 작업, 선박 또는 무게 화차에서의 토사 및 화물의 취급, 우물 공사 등 수직으로 깊이 파는 작업이나 오물제거 등에 쓰이며 크램셸은 붐, 버킷, 태그라인(tagline) 로프 등으로 구성되어 있다. 버킷은 지지로프와 개폐 로프에 부착되어 있으며, 크램셸의 버킷에는 라이트형(light type), 헤비형(heavy type), 미디엄형(medium type) 등의 형식이 있다.

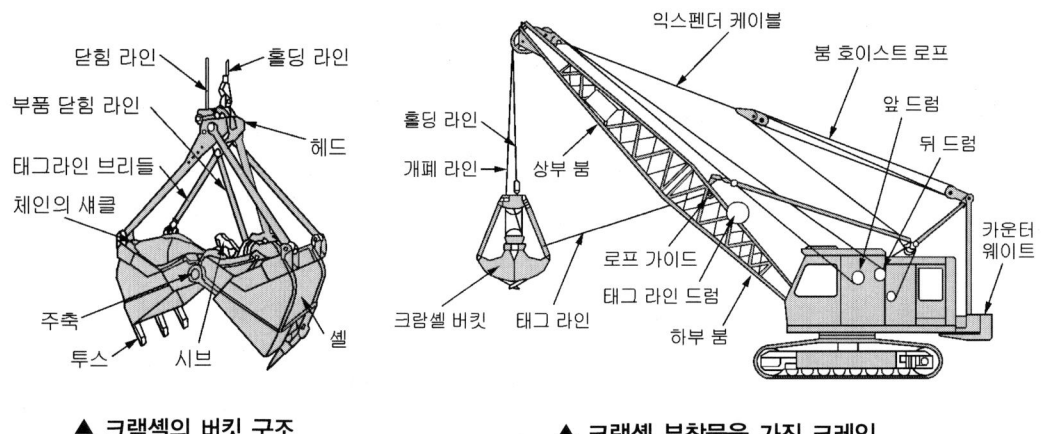

▲ 크램셸의 버킷 구조　　　　▲ 크램셸 부착물을 가진 크레인

(6) 어스드릴

붐에 어스드릴을 부착하고, 땅에 큰 구멍을 뚫는 기초공사용 작업에 쓰인다. 어스드릴은 붐, 프레임, 캘리퍼 설치 루프 드릴링, 버킷 유압 강하장치 등으로 구성된다. 드릴링 버킷에도 지름이 400~1,000mm까지의 여러 종류가 있으며 버킷에 나이프 에지(knife edge)를 붙이면 2,000mm의 지름까지 굴착할 수 있다.

(7) 파일 드라이버

파일 드라이버는 붐에 파일(말뚝)을 때리는 부속장치를 붙여서 드롭 해머(drop hammer)나 디젤 해머로 강관 파일이나 콘크리트 파일을 때려 넣는데 쓰인다. 파일 드라이버는 프런트 붐 리더, 스트랩, 해머, 로프 등으로 구성되어 있다.

> **항타작업을 할 때 바운싱(bouncing)이 일어나는 원인**
> - 파일이 장애물과 접촉할 때
> - 증기 또는 공기량을 많이 사용할 때
> - 2중 작동 해머를 사용할 때
> - 가벼운 해머를 사용할 때

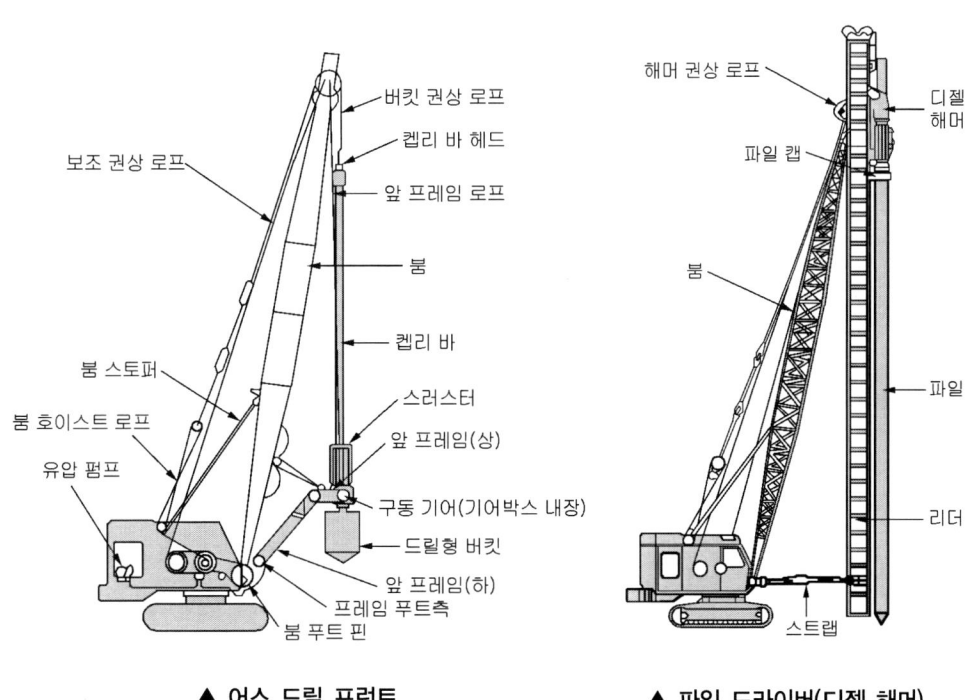

▲ 어스 드릴 프런트   ▲ 파일 드라이버(디젤 해머)

(8) 지브 붐

지브 붐은 일반 붐 끝에 지브를 붙여 일반 붐으로서 작업하기 어려운 곳에 쓰인다. 지브에는 기계식과 유압식이 있으며 유압식 지브는 박스 구조의 텔레스코핑형이 사용된다.

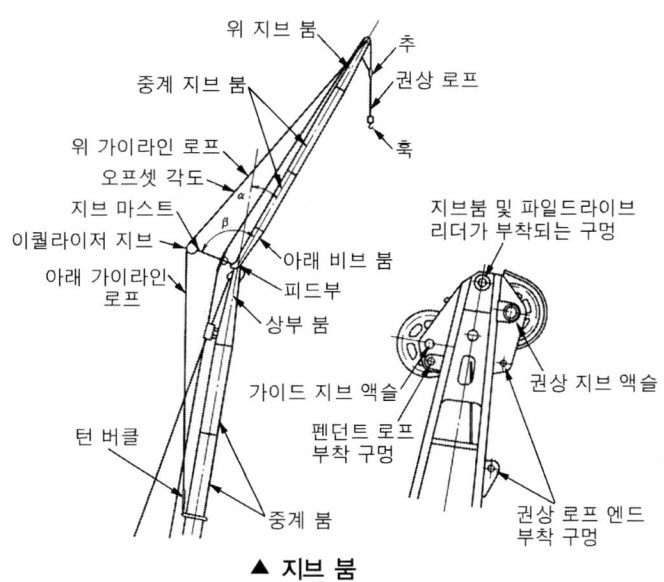

▲ 지브 붐

④ 와이어로프

(1) 와이어로프 계산 공식

① 안전 강도

$$T = 4 \times D^2$$

T : 안전강도, B : 길이, D : 직경

② 절단 강도

$$\delta = T \times D^2 \times 5$$

D : 케이블 직경(inch), T : 케이블 강도(ton)

③ 클립의 가닥수

$$수(개수) = 3 \times D + 1$$

④ 클립의 간격

$$간격(inch) = 6 \times D$$

(2) 와이어 로프의 꼬임

와이어 로프의 꼬임 방향에는 Z꼬임(왼 꼬임)과 S꼬임 등이 있다. 일반적으로 Z꼬임이 사용되고 S꼬임은 특별한 경우에 사용된다.

(a) 보통 Z꼬임   (b) 보통 S꼬임   (c) 랭 Z꼬임   (d) 랭 S꼬임   (a) - 킹크   (b) + 킹크

▲ 로프의 꼬임 방식

(3) 와이어로프 정비

① 지름이 본래 와이어로프 지름의 7%이상 감소되면 교환한다.
② 로프에는 기관오일 또는 기어오일을 주유한다.

⑤ 붐의 교환방법

붐을 상부 회전체와 수평이 되도록 드럼이나 각목을 이용하던가, 트레일러를 이용하던가, 크레인을 사용하여 들어주고, 붐 푸트 핀을 뽑아 교환한다. 이상과 같은 방법에서 가장 효과적인 방법으로 급유를 하여야 한다.

Chapter 3 포장용 건설기계

건\설\기\계\구\조

콘크리트 배칭 플랜트

❶ 콘크리트 플랜트의 개요

콘크리트 배칭 플랜트는 저장부분에서 시멘트, 자갈, 모래, 물, 혼합재료 등을 계량기에 의해 소정의 배합비율로 신속·정확하게 계량하여 혼합장치에 공급하면 여기서 믹서로 균일한 높은 능률로 혼합하여 아직 굳지 않은 상태의 콘크리트를 대량으로 생산하는 설비로서 그림과 같은 구조로 되어 있다. 콘크리트 배칭 플랜트는 그 형상에 따라 탑형, 골재 하차장 계량형, 간이형 등이 있고, 탑형이 가장 많이 사용되며 또 대부분의 정치식이기는 하나 간이형에는 가반식인 것도 있다.

▲ 콘크리트 배칭 플랜트

조작방식에 의해 분류하면 수동식, 반자동식, 자동식, 전자동식 등이 있고 수동식, 반자동식은 소·중형 플랜트에 자동식과 전자동식은 대형 플랜트에 사용된다. 계량(計量) 방식에 따라 분류하면 개별 계량 방식과 누가(累加) 계량 방식으로 분류하나 누가 계량 방식이 많이 사용된다.

또 믹서의 형식에 따라 분류하면 배치(batch)식과 연속식 있으며, 대부분이 1배치씩 나누어 섞어 믹싱하는 배치식이다. 배치식에는 드럼믹서와 강제 혼합믹서가 있고 드럼믹서는 다시 기울일 수 있는 가경식(可傾式)과 기울일 수 없는 불경식(不傾式)으로 나뉜다. 믹서의 대당 용량은 0.5~3.0m³이며 콘크리트 플랜트는 이러한 믹서를 1~4대씩 조합하여 사용한다.

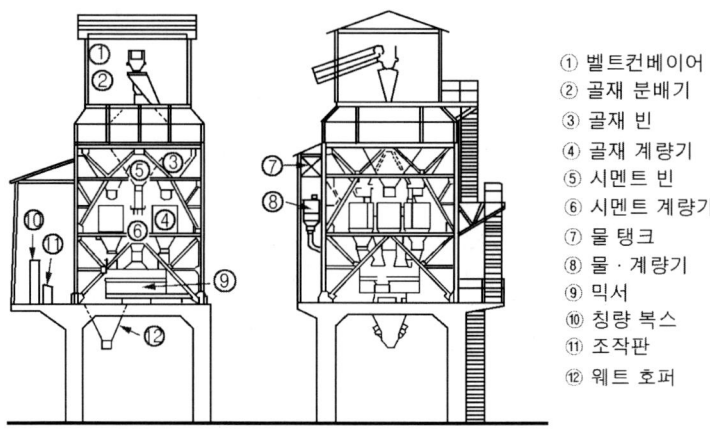

① 벨트컨베이어
② 골재 분배기
③ 골재 빈
④ 골재 계량기
⑤ 시멘트 빈
⑥ 시멘트 계량기
⑦ 물 탱크
⑧ 물·계량기
⑨ 믹서
⑩ 칭량 복스
⑪ 조작판
⑫ 웨트 호퍼

▲ 콘크리트 배칭 플랜트의 구조

❷ 콘크리트 플랜트의 성능

플랜트의 성능은 단위 시간당의 콘크리트 혼합 능력으로 표시되며 1시간당 20배치 즉, 1배치 당 3분으로 계산한 값을 호칭 능력으로 정하고 있다.

플랜트 재료의 수재부분(受材部分), 저장부분, 계량부분, 믹서부분으로 구성되며 이들이 입체적으로 구성된 탑형 플랜트가 일반적으로 많이 이용된다. 그밖에 지형 또는 기타 조건으로 골재의 저장 계량부분을 따로 마련한 분리형식, 운반을 신속하게 하기 위해 단일체로 또는 몇 조의 유닛으로 나누어 견인 차량으로 이동하는 가반식 등이 있다.

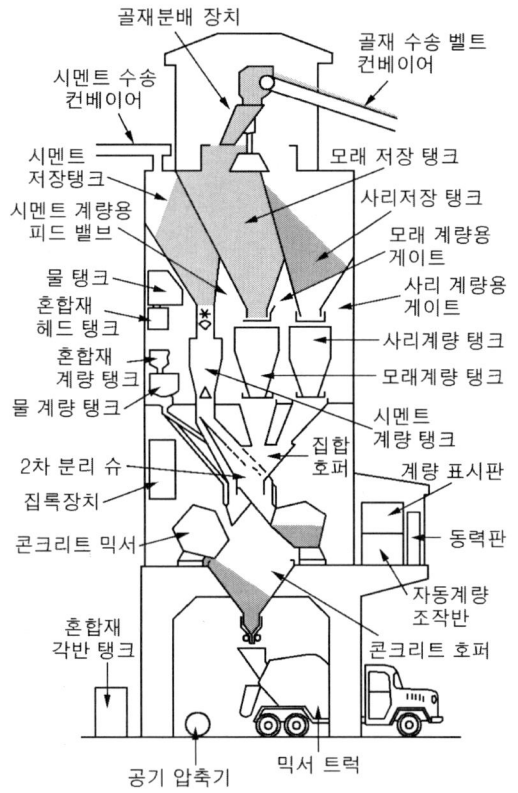

▲ 탑형 배칭 플랜트

❸ 콘크리트 플랜트의 구조

수재부분은 저장탱크 위에 설치하고 골재는 틴 헤드에 의한 선별 투입, 시멘트는 스크루컨베어 또는 슈트의 환입에 의해 선별 투입이 된다. 최근에는 이러한 조작이 원격 조작방식, 전자동 방식에 의해 이루어진다.

저장부분은 시멘트, 골재 등에는 정방형 등근 모양의 저장 빈(bin)이 사용되고 골재는 3~6종을 품질, 입도 별로 시멘트는 밀봉된 탱크에 2~3종을 상품명 별로 분류하여 저장한다. 물, 혼합재료 등은 헤드 탱크를 사용하고 혼합재료는 품종, 상품명 별로 각각 분류하여 저장한다. 재료 저장부분에서 계량부분으로 재료를 정확히 투입하기 위해 분립체에는 부채꼴 게이트, 플러그 밸브, 로터리 피더(공급기구), 액체에는 시트 밸브 판 밸브 등이 설치되어 있다.

계량 정도는 빈(bin)의 유하상태, 계량 기구와 작동방식의 우열에 의해 좌우된다. 계량부분은 계량 호퍼·레버(lever) 기구, 지시계 등으로 구성되며 거의가 중량에 의한 계량이다. 계량 방식은 시멘트, 물, 골재 혼합재료 등을 각각 따로 계량한다. 혼합재료는 1개의 계량 장치에 의해 환입 계량 방식으로 계량하나 재료에 의해 다른 양이 크게 달라지거나 화학변화를 일으킬 우려가 있는 경우에는 2개의 계량 장치를 갖출 필요가 있다. 플랜트의 조작기구는 거의 자동식이다.

계량 호퍼로부터의 하중 전달방식에는 와이어 로프에 의한 기계식과 차동 트랜스에 의한 전기식이 있으며 최근에는 원격 제어 때문에 전기식이 대부분이다.

콘크리트 믹서 02

콘크리트를 믹싱하는 기계로서 드럼(중력식) 믹서와 강제 혼합 믹서가 있다. 드럼 믹서에는 혼합 콘크리트의 배출 기구에 의해 가경식과 불경식이 있으나 콘크리트 플랜트에는 가경식이 사용된다. 가경식은 내부에 날개를 고정시킨 용기를 회전시켜 재료를 반죽하여 혼합하며 배출할 때에는 용기 자체를 회전시키면서 경사시켜 콘크리트를 배출하는 것으로 낮은 슬럼프의 골재 입도가 큰 콘크리트 제조에도 적합하다.

불경식은 내부에 날개가 달린 용기를 회전시켜서 내부 재료를 혼합한 다음 경사 슈트를 내부에 넣어 콘크리트를 배출하는 것으로 주로 건축 현장에서 높은 슬럼프의 콘크리트를 제조하는데 사용된다. 강제 혼합 믹서에는 1축식과 2축식이 있다.

1축식은 그림과 같이 세숫대야 모양의 용기 내부에 회전하는 교반(攪拌) 날개를 갖추어 재료를 강제적으로 혼합하고 배출할 때에는 바닥 면의 일부를 개방하여 콘크리트를 배출하는 것으로

▲ 콘크리트 믹서

큰 동력을 필요로 하나 된 반죽의 콘크리트를 단시간에 균일하게 혼합하고 드럼에 콘크리트를 조금도 남기지 않고 손쉽게 배출할 수 있으며 믹서의 높이가 낮아 콘크리트 믹싱 플랜트를 낮게 설치할 수 있어 레미콘이나 2차 제품 플랜트에 많이 사용된다. 그러나 날개나 드럼통의 라이닝 마모가 심하여 정기적으로 충분한 보수를 하지 않으면 혼합성능이 저하된다.

또 1축식으로 댐용 콘크리트와 같은 지름이 큰 입자의 골재를 사용하는 콘크리트는 혼합이 불가능하다. 2축식(퍼그 밀 믹서)은 그림과 같이 위쪽이 열린 고정된 드럼 속에 갸름한 날개가 몇 개 부착된 2개 회전축이 설치되어 있어 개구부로부터 회전축 전체 길이에 걸쳐 일정하게 투입된 재료를 강제로 섞고 반죽한 다음 밑 뚜껑을 열어 2축 중 한 축을 역회전시켜 혼합된 콘크리트를 배출하는 믹서이다.

그밖에 혼합시간이 종래 믹서의 반이하(60~90초)이고 질이 좋고 균일한 몰타르를 만드는 몰타르 전용믹서와 스팀 인젝션(steam injection)에 의한 특별한 가열 기구를 가진 강제 혼합믹서로서 80~90초 사이에 핫 콘크리트(hot cocreate)를 만들 수 있는 핫 믹서(hot mixer) 등이 있다.

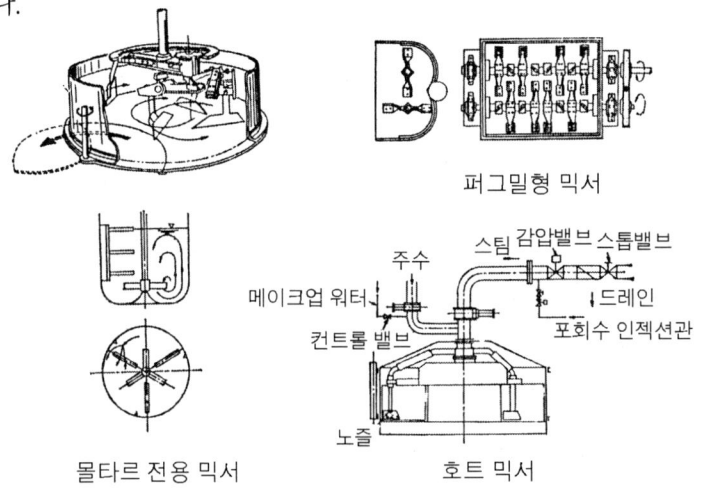

▲ 몰타르 전용 믹서

콘크리트 피니셔

❶ 콘크리트 피니셔의 개요

콘크리트 피니셔란 콘크리트 스프레더가 깔아 놓은 콘크리트를 평탄하고 균일하게 다듬질하기 위해 1차 스크리드, 바이브레이터, 피니싱 스크리드(finishing screwed) 등의 정리 및 사상 장치를 설치한 건설기계이다.

규격은 시공할 수 있는 표준 폭(m)으로 나타내며 1차 스크리드가 콘크리트 표면에 일정한 두께로 포설하면 바이브레이터가 진동과 압력을 주어 다지며 피니싱 스크리드가 예각의 칼날을 이용하여 평탄하게 절삭하여 작업을 수행한다.

❷ 콘크리트 피니셔의 구조

콘크리트 피니셔는 설치된 거푸집(form)의 레일 위를 주행하고 1차 스크리드와 바이브레이터는 더 돋는 양만큼 퍼스트 스크리드를 높게 하며 양자를 유압장치에 의하여 소요의 높이로 유지시킬 수 있는 구조로 되어 있다.

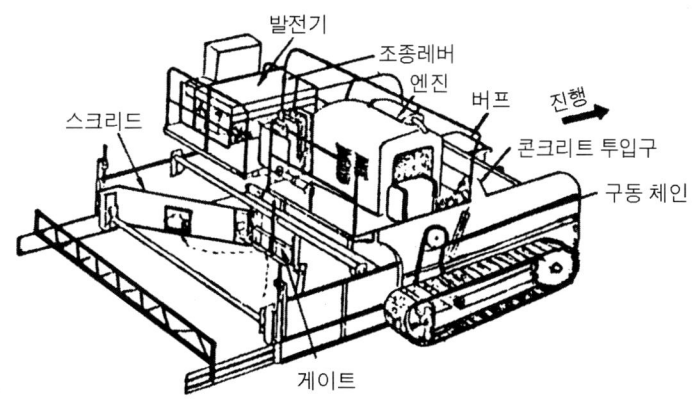

▲ 콘크리트 피니셔 구조

1차 스크리드는 매분 50회 정도 좌·우로 요동하고 스프레더로 거칠게 펴놓은 콘크리트를 소요의 더 돋구는 높이로 정확하게 펴는 일을 한다. 구조는 강판제로 스크리드 전면의 콘크리트를 앞쪽으로 밀어낼 때에도 변형이 생기지 않도록 튼튼하게 되어 있다.

바이브레이터는 표면 진동식의 것이 포장 두께 25cm 이하일 때 많이 사용되고 있다. 진폭은 약 2mm, 진동수는 매분 4,500회 정도의 것이 많다. 피니싱 스크리드는 기체에 견인되어 있기 때문에 기체 상하 운동의 영향을 받지 않고 위쪽의 높이로서 표면을 다듬질한다. 피니싱 스크리드는 좌·우에 80~100mm 정도 매분 약 80회의 비율로 요동하면서 콘크리트를 다듬질한다.

❸ 콘크리트 피니셔의 구성과 작용

(1) 기관

디젤기관을 사용하며, 기관에 의해 60사이클 10KV 교류 발전기를 운전 그 전력에 의해 바이브레이터, 스크리드, 주행용 모터를 움직인다. 동력전달은 클러치, 변속기 등을 사용하지 않고 전선과 스위치만으로 전달 할 수 있게 되어 있다. 따라서 다음과 같은 장점이 있다.

① 기구가 간단하다.
② 기계적 소모가 적다.
③ 보수가 용이하다.
④ 조작 기구가 1개소의 판넬에 집중되어 있고 원격 조작을 할 수 있다.
⑤ 출발 및 주행이 원활하기 때문에 기계 각 부가 받는 부하가 적다.

(2) 주행장치

좌·우의 바퀴 위에 각각 모터, 무단 변속기, 감속기가 탑재되어 좌·우 각각 제어 회로를 가지고 있기 때문에 전진, 후진은 정역의 스위치로 한다. 선회할 때에는 좌·우 무단 변속기의 핸들을 회전시켜 변속비율을 적절히 조정하면 좌·우 주행 바퀴가 선회할 수 있다. 바퀴는 플랜지 형과 플레이트형 2종류가 있다.

(3) 작업장치의 승강

유압장치로 되어 있으며 각 작업장치에는 2개의 유압장치가 있다. 피스톤 로드에는 하강의 높이를 조정하는 나사가 있으며 상승·하강을 신속히 한다.

(4) 표면 바이브레이터

5개의 독립된 파이프로 모터를 끼워 맞추고 있으며 진폭 조정을 별도로 할 수 있기 때문에 바이브레이터 슈의 길이를 변경해도 일정한 진폭을 낼 수 있다.

(5) 포장 폭의 변경

분해·조립이 용이하기 때문에 적은 인원으로 단시간에 프레임의 신축용 파이프를 조절하고 각 작업 장치의 교환 또는 연결부의 끼워 맞춤과 분해를 하여 규정의 포장 폭으로 다시 조정할 수 있다.

(6) 이동

분해·조립이 간단한 이동장비이며 공사구간 내의 짧은 구간 이동을 한다. 장거리 수송의 경우에는 기계를 최소 폭으로 축소시킴으로서 6ton 이상의 트럭이면 부속품 일체를 적재 할 수 있다.

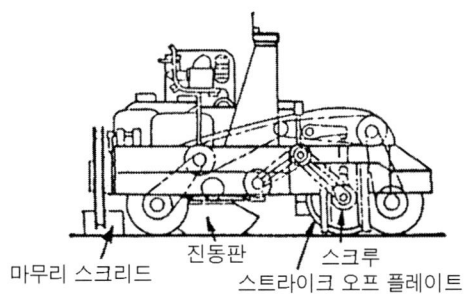

▲ 콘크리트 피니셔

아스팔트 피니셔

❶ 아스팔트 피니셔의 개요

아스팔트 피니셔는 혼합재료를 노면 위에 포장 폭으로 균일 두께로 깔고 다듬는 건설기계이며, 기관, 주행 장치, 호퍼, 피더 스크루, 스프레더, 댐퍼 스크리드 등의 작업장치를 설치한 아스팔트 포장 기계이다.

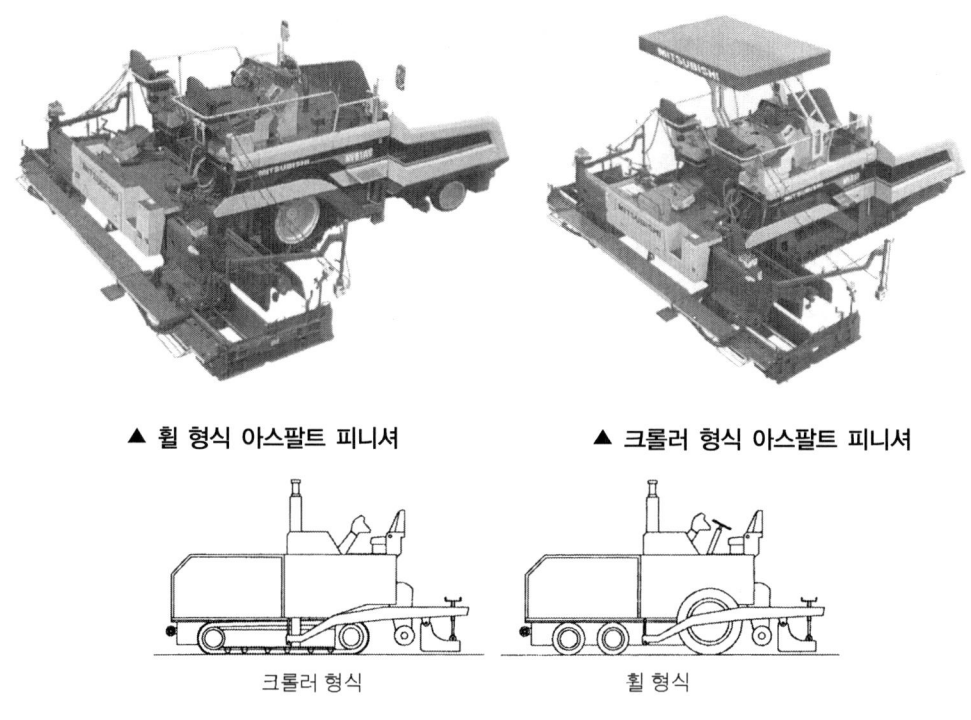

▲ 휠 형식 아스팔트 피니셔   ▲ 크롤러 형식 아스팔트 피니셔

크롤러 형식   휠 형식

▲ 아스팔트 피니셔

아스팔트는 플랜트에서 자갈, 모래를 162℃로 열을 가하여 건조시키고 아스팔트를 117℃로 끓인 혼합재료를 덤프트럭으로 공사 현장으로 운반하여 피니셔에 공급해 일정한 두께와 넓이로 깔아 준다.

최대능력은 200TPH이고 통상능력은 100TPH이며 포장 폭은 2.4~3.6m, 포장 두께는 12.7~15.2mm, 포장 속도는 2.4~13.5m, 다지기 능력은 85%이다. 주행방식에 따라 휠형(타이어형)과 크롤러형(무한궤도형)이 있다.

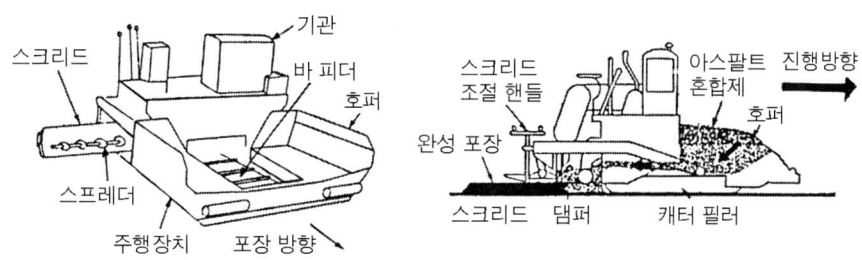

▲ 아스팔트 피니셔

❷ 아스팔트 피니셔의 구조

주행은 상부 조정석에서, 피니셔 조정은 장비의 뒤쪽에서 조정하므로 작업시 조정자는 2명이 필요하다.

피니셔는 혼합재료를 받는 호퍼(hopper) 혼합재료를 이동시키는 피더(feeder, 공급기구) 스프레더, 혼합재료를 펴고 다듬는 스크리드(screwed), 기관의 동력전달 및 주행장치 등으로 구성되어 있다.

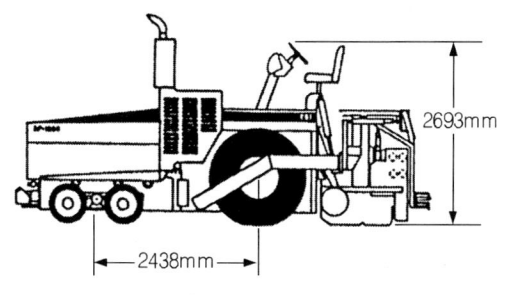

▲ 피니셔의 일반 규격

아스팔트 피니셔는 자중과 호퍼 용량으로 대별되며 최소형은 자중 3t, 호퍼용량 1t이고 소형은 자중 6~7t, 중형은 8~9t으로 호퍼 용량은 소, 중 모두 3~4t이다. 대형은 자중 13~14t, 호퍼 용량 5~6t이다.

포장 두께는 150~250mm, 스크리드 폭은 소형 300~350mm, 중형이 500mm, 대형이 600mm이다.

파이더는 소형에는 1연식, 중·대형에는 2연식이 많다. 댐퍼(damper)는 유압 구동의 것으로 크라운(crown)량은 ±3%이다. 그밖에 경사면을 상하로 다듬는데 사용하는 법면(法面) 포장용 아스팔트 피니셔와 법면을 옆으로 다듬는데 사용하는 만곡(활처럼 굽음)형 피니셔가 있다.

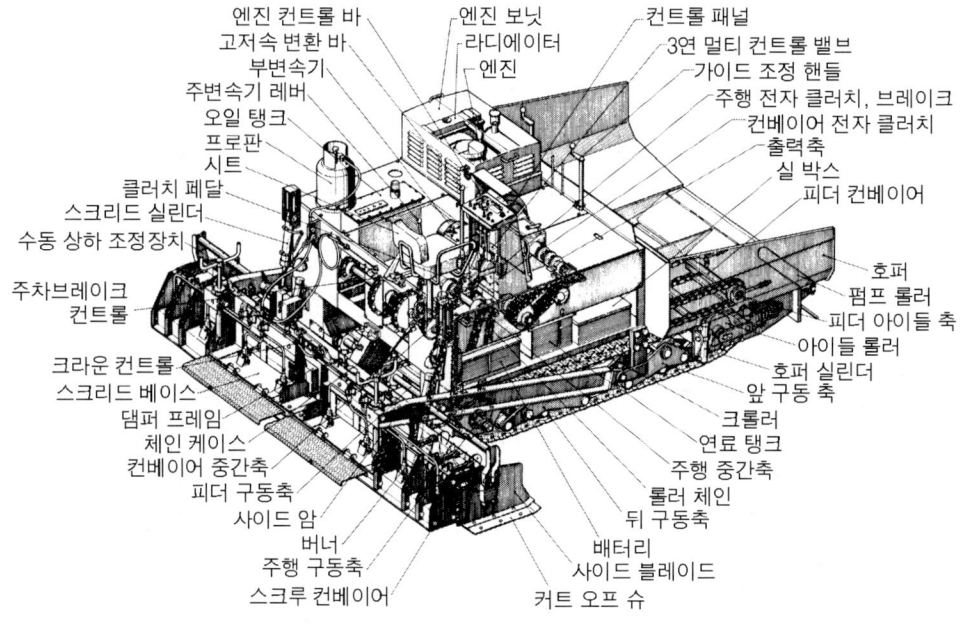

▲ 아스팔트 피니셔의 구조

(1) 리시빙 호퍼

장비의 정면에 5톤 정도의 호퍼가 설치되어 덤프 트럭으로 운반된 혼합재료(아스팔트)를 저장하는 용기이다.

(2) 피더

호퍼 바닥에 설치되어 혼합재료를 스프레딩 스크루로 보내는 일을 한다.

(3) 스프레딩 스크루

피더로 공급받은 혼합재료를 균일하게 살포하는 나선형 스크루를 말하며 스크리드에 설치되어 있다.

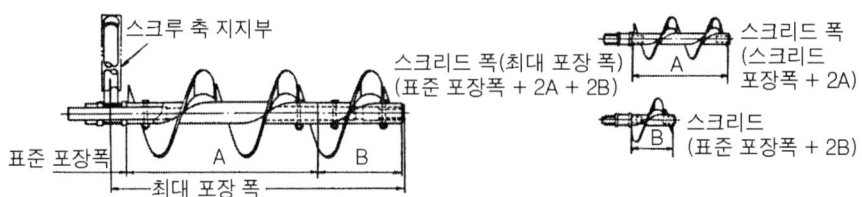

▲ 스크루 조합

(4) 댐 퍼

스크리드 전면에 설치되어 노면에 살포된 혼합재료를 요구하는 두께로 포장 면을 85% 까지 다져 준다. 포장 두께는 2개의 조정나사(두께 조정)에 의해 조정된다.

(5) 스크리드

노면에 살포된 혼합재료를 매끈하게 다듬질하는 판이다.

(6) 스크리드 자동제어 장치

스크리드 기준면에 대한 종횡의 변화각도를 감지할 수 있게 되어 있어 서보기구에 의하여 스크리드 암을 제어하여 설정 포장두께를 유지하게 한다.

(7) 두께 조정

아스팔트 혼합물을 지층에 포장할 때에는 조정하기 위하여 양쪽에 있는 수동 핸들에 의해 두께가 조정된다. 핸들을 우회전하면 두께가 높아지고 좌회전하면 낮아지고 그대로 두면 고정된다.

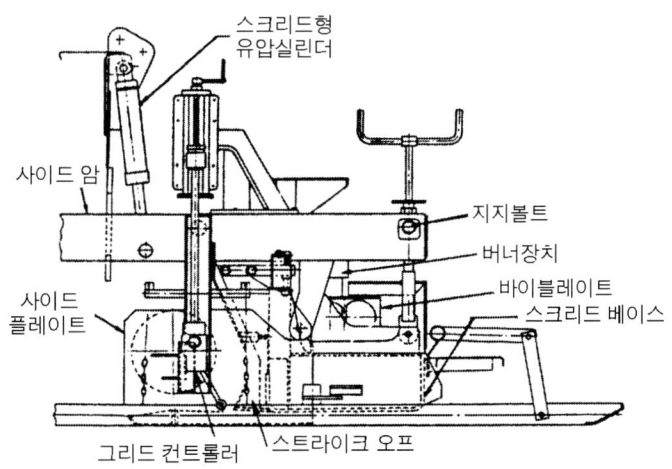

▲ 스크리드 장치

(8) 고정장치

강력한 4대의 전자 바이브레이터에 의해 스크리드 진동을 가하면 충분한 고정 장치가 되어 균일한 포장을 한다.

(9) 혼합재료 이송량 자동제어 장치

컨베이어에서 스크루 스프레더로부터 공급되는 탑재의 양은 스크루 스프레더에 자동적으로 감지한다. 즉 좌·우 2개의 컨베이어와 스프레더의 이가 각각 자동적으로 정지되기 때문에 언제나 일정한 높이가 유지되며 스크리드에 공급되는 탑재는 만곡형의 스크리드 오프에 의해 평균으로 유지하게 해 준다.

(10) 주행 장치

좌·우 크롤러에는 요동 블록을 설치하여 노반의 요철 등에 의해 스크리드에 미치는 악 영향을 제거하므로 포장 면의 불균일을 방지한다.

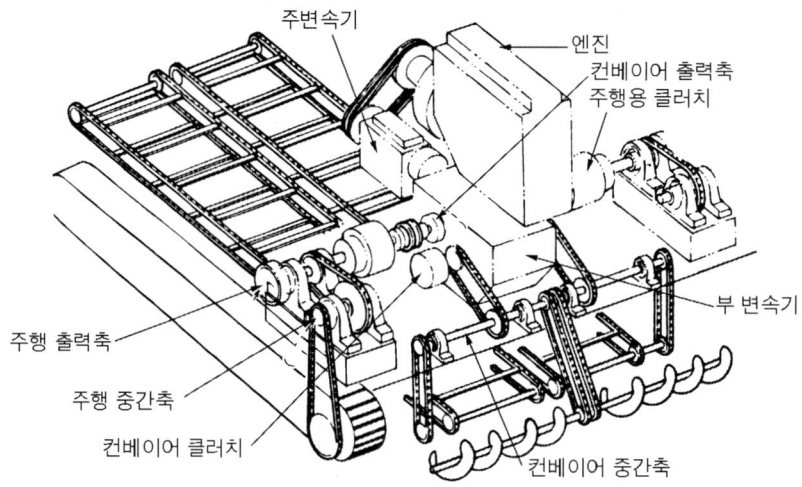

▲ 동력 전달계통

아스팔트 믹싱 플랜트

❶ 아스팔트 믹싱 플랜트의 개요

아스팔트 도로공사에 사용하는 포장재료를 혼합 생산하는 기계로서 골재공급장치, 건조 가열장치, 혼합장치, 아스팔트 공급장치와 기관을 설치한 건설기계로서 가반식(트럭식)과 정치식이 있고 규격은 시간당 생산량(m^3/h)으로 표시한다.

▲ 아스팔트 믹싱 플랜트

❷ 아스팔트 믹싱 플랜트의 구조

골재 저장 통의 골재가 피더를 통해 엘리베이터를 타고 드라이어에 공급된다. 드라이어는 3~7°정도 경사 되어 회전하며 투입된 골재는 중유 버너로 가열하여 골재를 건조시킨다.

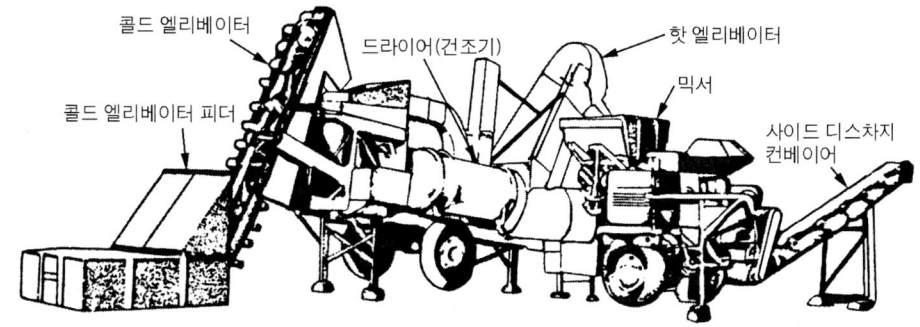

▲ 아스팔트 혼합 공장

건조된 골재는 핫 엘리베이터를 통해 진동 스크린에 저장되며 각 입자 크기별로 선별되어 계량 장치에 공급된다. 여기에서 아스콘은 피니셔에 의해 포장 플랜트가 완성된다. 이동식 플랜트는 설치가 쉽고 경비가 적게 들며 기동성이 양호하나 생산량이 적어 소규모 작업에 적합하며 정치식 플랜트는 조립 해체의 단점이 있으나 대규모 작업에 적합하다.

(1) 피드 호퍼

호퍼는 골재를 저장하며 벨트 컨베이어를 통해 건조 드럼으로 향하는 엘리베이터로 운반된다. 이때 골재는 건조되지 않은 상태이고 공급되는 골재량은 피더의 속도에 비례한다.

(2) 골재 건조장치

원통의 강철제 드럼 내부에 골재를 투입하고 중유 버너를 이용하여 건조 가열시키는데 드럼은 배출구 방향으로 3~7° 정도 경사 되어 분당 9~13 회전시키고 버너 불꽃을 이용하여 골재를 150℃ 정도 가열 건조시킨다. 골재를 건조할 때 발생된 분진은 건식 또는 습식 사이클론으로 정화한 후 배풍기를 이용하여 대기로 방출한다.

(3) 배기 집진 장치

건조기 드럼 내에서 발생한 수증기, 먼지, 연소 가스 또는 진동 스크린에서 발생된 분진 등을 이용하여 원심 분리 청정시키며 2차로 습식 사이클론을 설치하는 경우도 있다. 습식 사이클론은 분진이 통과하는 공간에 물을 분사시켜 물에 분진이 흡수되어 청정효과를 높인다. 배풍기의 풍량은 플랜트 1TPH당 8m³/min 정도이며 풍압은 건식 사이클론은 수주로 150mmHg, 습식 사이클론은 200~300mmHg 정도이다.

또한 사이클론 내에서 원심분리 된 분진은 공해 방지를 위해 대기로 배출시키지 않고 핫 엘리베이터로 환원시킨다.

(4) 핫 엘리베이터

가열 건조장치에서 건조된 골재 선별장치(진동 스크린)까지 운반되는 역할을 하며 방진과 보온을 위해 강판과 케이tm로 되어 있다.

(5) 진동 스크린

건조 가열골재를 진동 스크린을 이용하여 필요한 입도 별로 구분하는 일을 한다. 선별된 골재는 4~5 구획으로 구성된 핫 빈(hot bin)에 저장한다.

(6) 아스팔트 캐틀

아스팔트 캐틀(용해노즐)에 아스팔트를 주입하고 디젤 버너에 의해 165℃ 정도 열을 가해 용해시키는 장치이다.

(7) 계량 장치

중량 계량방식이며 골재는 4종 혹은 5종의 누적 계량이며 석분 및 아스팔트는 개별방식이다. 각각의 성분 조성을 정확히 하기 위해 계량기가 부착되어 있다.

(8) 믹서

2축 퍼그밀 배치형이며 스파이럴로 배열되어 있다. 혼합기는 고속 회전하기 때문에 혼합재료는 급속한 순환운동과 함께 튀어 오르기 운동을 하며 축방향으로 설치된 노즐에 의해서 분사되는 아스팔트와 신속히 혼합된다. 믹서 케이스에는 오일 재킷이 설치되어 가열된 오일이 순환하여 혼합재료를 보온하는 일을 한다.

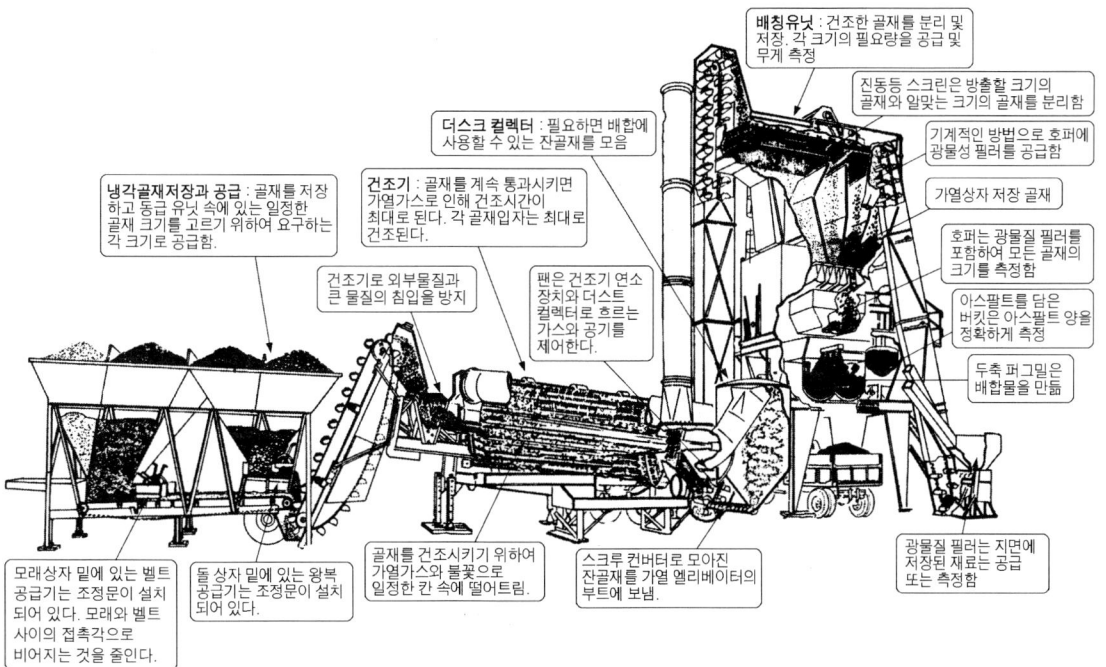

▲ 아스팔트 믹싱 플랜트

Chapter 4 쇄석기

건\설\기\계\구\조

❶ 쇄석기의 개요

쇄석기는 도로공사 및 콘크리트 공사에서 골재를 생산하기 위하여 원석(原石)을 부수어서 자갈로 만드는 장비이며, 이동식으로 20kw 이상 원동기를 가진 것으로 쇄석 장치와 피더, 컨베이어, 스크린 등을 조합하여 원석을 파쇄, 분류하는 건설기계이다.

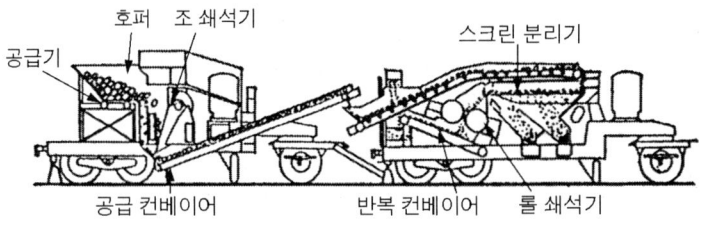

▲ 쇄석기의 구조

❷ 쇄석기의 종류

(1) 조 크러셔

고정되어 있는 치판(齒板)과 동력으로 움직이는 치판을 일정한 각도로 마주보게 한 파쇄실에 원석을 공급하여 부스는 것으로 공급되는 원석의 크기에 다소 차이가 있어도 구조상 아무런 지장 없이 쇄석할 수 있고 일반적으로 파쇄 용량과 파쇄비율이 크다. 기체에 비해 공급 구멍의 치수가 크므로 1차 파쇄 작업에 가장 적합하나 2차 파쇄 작업도 가능하다. 조 크러셔는 더블 토글형과 싱글 토글형이 있다.

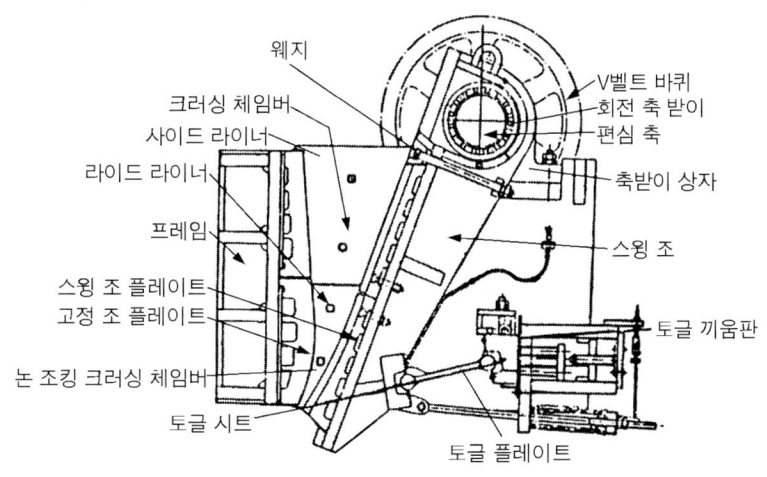

▲ 싱글 조 크러셔

(2) 롤러 크러셔

2개의 롤을 서로 반대방향으로 회전시키면서 롤과 롤 사이에 골재를 통과시켜 압축하여 눌러 깨뜨리는 기계, 롤의 크기는 롤의 지름(mm)×길이(mm)로 나타낸다. 롤의 회전속도 67rpm이다.

(3) 자이러토리 크러셔

고정된 도립 원추형 용기의 내부에 원추두를 주축에 설치하여 파쇄실을 형성하고 저부에 설치한 편심축 회전에 의하여 원추두가 편심 선회운동을 하면서 파쇄작업을 하며 투입구의 크기는 콘케이브와 맨틀 사이에 간극(mm)×맨틀 지름(mm)으로 나타낸다.

(4) 콘 크러셔

자이러토리 크러셔와 유사하며 고속 회전으로 깨뜨리는 특징이 있다. 규격은 헤드의 지름(mm)으로 나타낸다.

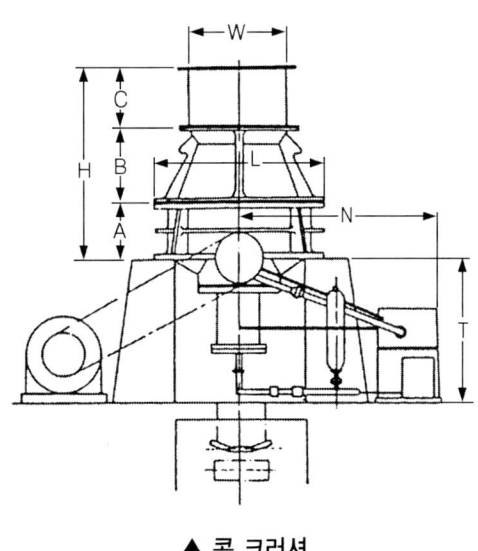

▲ 콘 크러셔

(5) 임팩트 크러셔

타격판을 장착한 로터를 고속회전 시켜서 충격력으로 파쇄하는 기계이며 규격은 시간당 쇄석능력(ton)으로 나타낸다.

(6) 로드 밀 크러셔

원통형의 드럼 내부에서 여러 개의 강철 봉이나 볼을 회전시켜 파쇄하는 형식으로 규격은 드럼 지름(mm)×길이(mm)로 나타낸다.

③ 쇄석기의 각 부분의 명칭

(1) 피더 호퍼

쇄석하려는 돌을 넣어주는 용기를 호퍼라 하고 돌을 조에 보내주는 장치를 피더라 한다.

(2) 딜리버리 컨베이어

1차 크러셔에서 쇄석된 골재를 2차 크러셔로 운반하거나 골재 선별장으로 운반하는 역할을 한다.

(3) 스크린

진동에 의해 골재를 선별하는 일종의 체로서 진동식 또는 회전식이 사용된다.

(4) 승강기

골재를 수직 이동시키는 역할을 하며 드럼식과 두 롤러 사이에 버킷이 설치된 컨베이어가 구동 되어 이동시키는 장치이다.

(5) 컨베이어 벨트

피드 컨베이어, 딜리버리 컨베이어, 롤 컨베이어, 샌드 컨베이어 등이 있는데 골재를 이송하는 역할을 한다.

Chapter 5 골재 살포기

건\설\기\계\구\조

❶ 골재 살포기 개요

골재 살포기는 도로, 활주로 등의 노반공사에 필요한 각종 골재, 소일 시멘트, 성토 이외의 재료를 소요 폭(2.3~4.5m), 소요두께(최고 300m)에 맞추어 신속하게 살포해 두며 자주식으로 타이어식 또는 무한궤도의 주행장치 외에 골재 살포장치, 다짐장치 및 기관 등으로 구성되어 있다. 따라서 다져진 노면을 수정하는 에지(edge)와 노반 이동용 피더 등을 추가로 장착한 노반 형성기도 이 기종에 포함된다.

규격은 노반재 표준 부설폭(m)으로 표시한다.

▲ 골재 살포기

❷ 골재 살포기의 구성

(1) 호퍼

장비의 전방에 재료를 받는 호퍼가 있으며 덤프 트럭으로 호퍼에 재료가 부어지면 장비의 이동으로 재료는 장비 아래쪽에서 게이트(gate)를 통과하며 스트라이크 오프에 의해 자동적으로 소요 폭 및 소요 두께만큼 골재가 깔린다. 재료 유입량의 조절은 게이트의 승강에 따라 신속하게 처리된다.

① **장점** : 장비의 수평도를 길게 하기 때문에 다음과 같은 장점이 있다.
   ㉮ 연약한 지반에서도 우수한 주행성이 있다.
   ㉯ 부정지 노반의 두께를 흡수한다.
   ㉰ 강력한 견인력을 갖는다.

주행하는 동안은 서브 그레이더 위만을 지나기 때문에 고르기를 한 후에 표면이 파괴될 염려가 없다.

고르기를 하는 스트라이크 오프는 장비 전 길이에 비등한 길이를 갖는 런너에 지지되어 있으며 작업 중에 런너는 언제든지 접지 상태의 이동을 하기 때문에 노반의 작은 요철 및 본체의 상하 이동에 영향을 받지 않고 평탄하게 고르기가 가능하다. 블록 오프 블레이드 또는 익스텐션의 조절을 통해 고르기의 폭을 필요한 폭으로 조정할 수 있다.

(2) 유압장치

런너, 스트라이크 오프 및 게이트의 승강 등은 유압으로 조작하게 되어 있어 게이트로부터의 재료 유압량 조정을 신속히 할 수 있다. 스트라이크 오프는 중앙 및 좌·우의 스크루(screw)로 고르기의 두께를 조정할 수 있기 때문에 크라운 또는 슈퍼 엘리베이션(쐐기형 단면)의 고르기도 한다.

Chapter 6 공기 압축기

1. 공기 압축기의 개요

공기 압축기는 건설공사에 사용되는 동력용 압축공기를 만드는 기계로서 구동장치와 압축장치 및 그 밖의 부속품으로 구성되어 있다.

구동장치는 압축기를 작동시키는 동력을 공급하는 가솔린 또는 디젤기관이다. 건설기계관리법 상, 공기 압축기는 매분당 공기 토출량이 2.83m³ 이상인 것으로 공기압축기의 압축압력이 4.9~6.3kg/cm²인 것을 말한다.

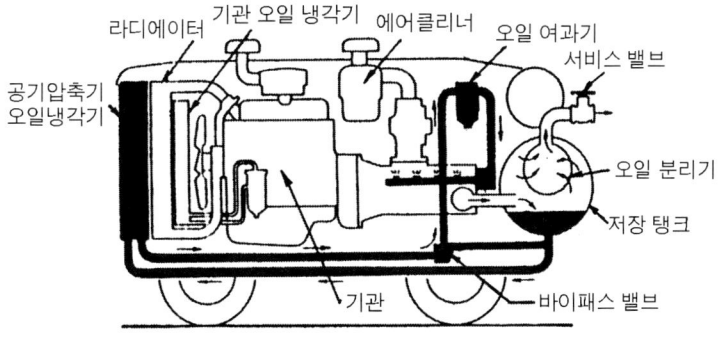

▲ 공기 압축기의 구조

(1) 공기 압축기의 용도

① 아스팔트 포장 및 콘크리트를 파괴하고 구멍 뚫기, 점토 굴착작업에 이용된다.
② 목공용 공구인 체인 톱을 이용하여 직경 610mm까지의 목재 벌목 작업을 하며 원형 톱을 이용하여 152mm까지의 판자를 자를 수 있으며 45° 각도까지의 각목을 절단하고 목재 천공기를 이용하여 나무에 구멍 뚫기 작업을 할 수 있다.

그밖에 물 펌프, 공기 드릴, 비드 연마, 임팩트 렌치, 공기 드라이버, 페인트 분무, 공기 그라인더, 타이어 탈착기, 카리프터 등이 있다.

❷ 압축 기구별에 의한 공기 압축기 분류

(1) 왕복 압축형식

이 형식은 왕복형 기관으로 피스톤이 크랭크 기구에 의해 실린더 내에서 왕복운동으로 공기를 압축시키는 압축기로서 공기 압축기와 공기탱크 사이에 압축 공기의 역류방지를 위해 체크밸브를 두어 압축된 공기를 공기탱크에 저장하고 조정하기 위한 압력조정 밸브 등이 설치되어 있다. 이 압축기는 전단 열효율이 좋아서 공기량이 많고 조정이 간단하여 효율적이다. 압축압력은 7~8.5kg/cm²의 것으로 가장 널리 사용된다.

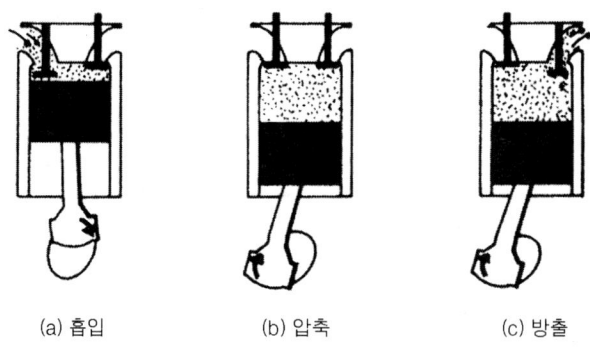

(a) 흡입   (b) 압축   (c) 방출

▲ 왕복형 공기압축기

(2) 회전형 베인 공기 압축기

원형 실린더(펌프 케이스)내에서 로터가 편심되어 있어 베인 축이 고속 회전하면(1750~2400rpm) 공기는 베인의 공간이 넓은 쪽으로 흡입되고 공간이 좁아지면 공기가 압축되어 배출된다. 베인 축이 회전할 때 펌프실 안에 오일을 분사시켜 압축 열을 냉각시키고 내부를 윤활시켜 준다.

압축된 공기는 오일 분리기에 의해 오일을 분리하여 깨끗한 공기로 만들어져 서비스 밸브를 통해 공기탱크에 공급한다. 이 압축기에는 흡입·배기 밸브가 없고 부품수가 적어 그 상태나 기능을 보존하기 쉬울 뿐만 아니라 고속 소형이고 가벼워서 기동 토크가 적고 또한 진동과 소음이 적다. 공기를 배출할 때 공기온도는 70~80℃의 저온이기 때문에 사용 목적에 따라서 냉각탱크가 필요 없다.

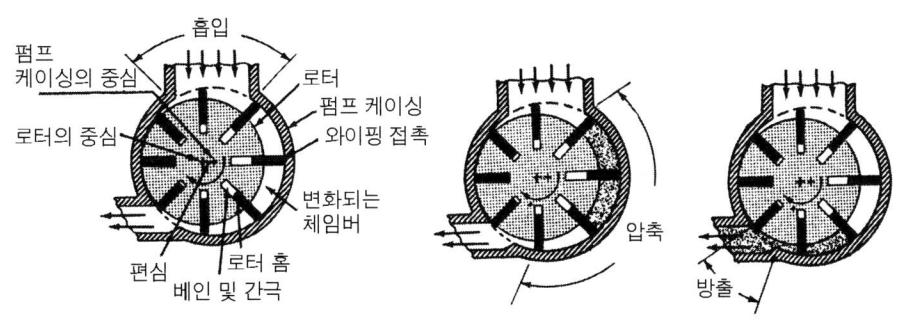

▲ 회전형 베인 압축기의 작동원리

(3) 스크루 공기 압축기

 스크루 공기 압축기는 암수 한 쌍의 비틀림 나사 산을 가진 두 축의 스크루 로터로 구성되어 있고 흡입구멍에서 흡입된 공기는 비틀림 스크루 산을 따라 배출구멍으로 이송되어 그 사이에 로터의 회전에 의해서 체적 변화를 받아 공기를 압축한다. 오일 냉각방식은 배출 온도가 낮고 로터의 강도가 커서 1단 압축에 의해 높은 압력을 얻을 수 있기 때문에 이동식 소형장치에 사용된다. 그러나 높은 효율이 요구되는 대형 압축기에서는 2단 압축기를 빗 모양으로 배치하여 누설 손실을 작게 한 2단 압축방식을 사용한다.

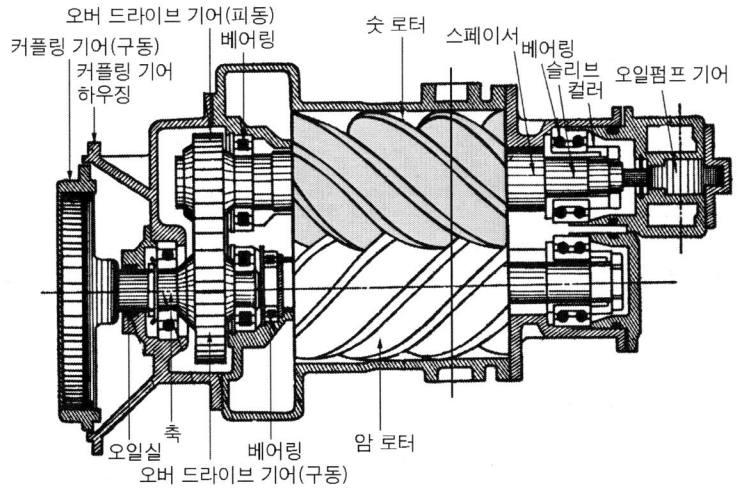

▲ 스크루 공기 압축기

Chapter 7 천공기

건\설\기\계\구\조

❶ 천공기의 개요

천공기란 바위나 지면에 구멍을 뚫는 건설기계로서 압축공기나 유압에 의해 작동된다.

천공기는 크롤러형 또는 굴진 형식으로 천공장치를 가진 것을 말하며 크롤러형은 차대 위에 프레임, 붐, 드리프터 등을 장치한 크롤러형 또는 크롤러 점보 천공기와 외벽 지주 데스크 등의 본체에 유압 잭, 동력장치(전동기, 유압펌프, 제어밸브) 측량 및 배토 장치 등의 작업 장치를 가진 실드 굴진 형식이 이에 속한다.

기계 전방에 커터 헤드부분, 후단에 구동장치를 비치, 중앙부 구동 축과 일체로 된 터널 굴진 형식도 이에 속한다.

▲ 천공기(크롤러형)

❷ 천공기의 종류

(1) 크롤러형

공기 압축기와 같이 사용되는 것이 대부분이며 무한궤도로 되어 있고 규격은 착암기의 중량(kg)이나 분당공기 소비량(m³/min)으로 정한다.

(2) 점보형

롤 단수와 대수로 표시한다(0단 × 0대)

(3) 실드 굴진형

굴진기를 사용하는 설비 동력(kw)으로 표시한다.

(4) 터널 굴진형

규격은 최대 굴착치수(mm)로 표시한다. 착암기는 구조상 타격식, 회전식, 타격 회전식으로 분류하고 착공지름은 타격할 경우 30~45mm 회전식 및 회전 타격식은 60~100mm 정도가 된다. 동력원에 따라, 압축 공기식, 전동식, 기관식으로 구분된다.

(5) 드리프터(drifter)

강력한 천공기로서 붐 점보, 웨곤 드릴, 크롤러 등에 설치되어 사용된다. 드리프터는 넓은 절단면의 굴진작업, 채석작업, 댐 굴착할 때 큰 구멍을 뚫는데 사용된다.

(6) 스토퍼 및 오프셋 스토퍼

수평에서 하늘을 향해 구멍을 뚫는 기계로서 절삭수직 갱 상향 채굴에 적합하다. 오프셋 스토퍼는 가장 짧고 피트가 길기 때문에 같은 높이의 구배에 있어서 스토퍼보다 스틸 체인지가 적게 끝나며 루프 볼트, 스틸용의 천공에 유리하다.

(7) 록 크래커

화약을 사용할 수 없는 장소에서 암석이나 콘크리트 등을 유압으로 파쇄하는 장비이다. 파쇄능력은 중형 브레이커의 4~6대 분에 상당하며 1회에 2~9t의 파쇄 능력을 가지고 있다.

(8) 핸드 해머

좁은 곳에서 굴진 작업, 2차 파쇄 작업에 효과적이며 방음·방진 장치가 붙어 있어 사용하기 쉽다.

(9) 싱 커

방음 장치가 달린 최신형 착음기로서 암석의 구멍 뚫기, 각종의 팽치 커트, 갱도의 반하향 작업에 적합하다.

형식에 따라 여러 가지가 있으나 굴착능력을 위해서 싱커 끝에 드릴형을 변경시켜 갖가지 작업에 효과적이다.

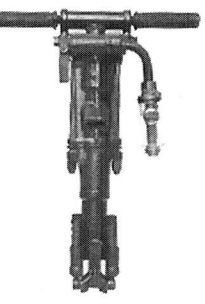

▲ 핸드 해머

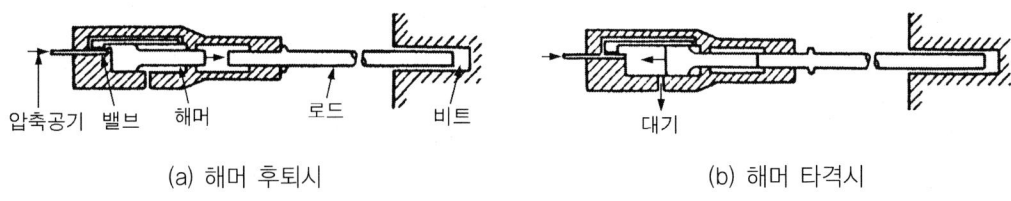

| (a) 해머 후퇴시 | (b) 해머 타격시 |

▲ 싱거

(10) 레그 드릴

드릴을 다리(leg)로 지지하는 형식으로 드릴과 래그의 균형이 잘 잡혀 반동이 적고 높은 천공능력을 가지고 있다. 채광, 채탄, 채석, 갱도 터널 등 굴진작업의 다방면에 사용되는 착암기이며 다리를 분해하면 싱커로서 사용이 가능하다.

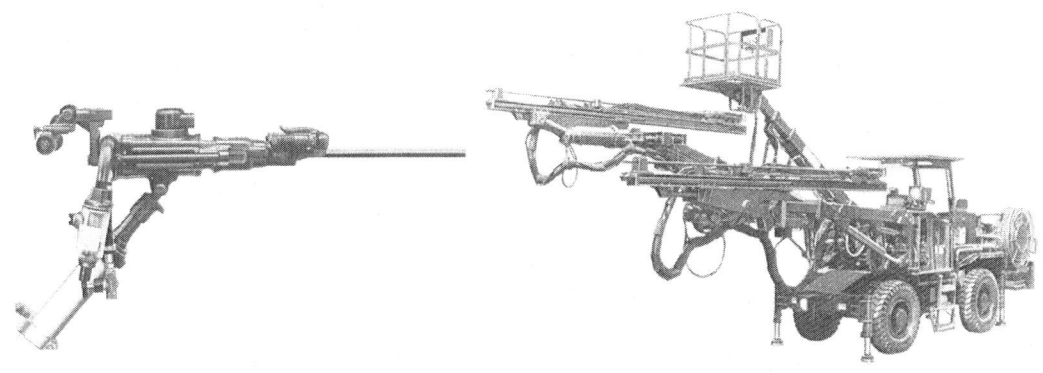

▲ 레그 드릴

(11) 콘크리트 브레이커

콘크리트 도로의 파쇄 개수, 건조물 및 튼튼한 기초물 파괴 등에 사용되며 공기 소비량이 적으면서 강력한 파쇄력을 갖고 있다.

(12) 픽 해머

경도 및 터널의 측면, 홈파기, 틀을 넣을 때의 마진파기, 콘크리트 아스팔트 등의 파쇄 작업에 이용되고 있다. 특히 이 기계는 스틸 푸셔가 설치되어 있기 때문에 실린더의 마모가 적으며 종래의 것에 비해 경제적이다.

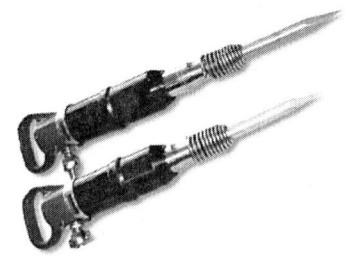

▲ 픽 해머

Chapter 8 롤러

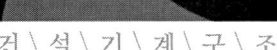

건\설\기\계\구\조

1 롤러의 개요

롤러는 전압기계라고도 하며 주로 도로, 비행장, 활주로 등의 공사에 마지막 작업으로 지반이나 지층을 다지는 장비로서 전압장치를 가진 자주식과 피견인 진동롤러 등이 있다. 또 로드롤러는 표면이 평활한 쇠 바퀴(철륜)로 자체중량에 의하여 흙이나 아스팔트를 평면으로 다지는 일을 하고 타이어 롤러는 흙이나 아스팔트를 반죽하여 다지는 일을 한다. 롤러는 주행속도가 느리므로 다른 장비에 비할 때 라디에이터 용량이 크고 전·후진을 자주하므로 전·후진장치를 변속기 내에 포함시키지 않고 따로 설치하고 있으며 차체의 중량은 5~10ton까지 사용되고 있다.

2 롤러의 종류

(1) 탠덤 롤러(tandem roller)

롤러 2개가 일렬로 배치된 2륜 탠덤 롤러와 롤러가 3개가 일렬로 된 3륜 탠덤 롤러가 있는데 역청 포장의 완성 다짐이나 차가운 아스팔트 다짐에 사용되며 골재 층을 다져서는 안 된다. 2륜식은 뒷바퀴 구동방식이나 최근에는 앞바퀴 구동에 의한 앞·뒷바퀴가 독립적으로 조향되는 것이 있다.

> **부가하중**
> - 롤러 자체의 무게로 전압능력이 적을 때 부가하중을 실어서 전압능력을 높이는 것을 부가하중(ballast)이라 한다. 부가하중은 철, 물, 모래 등을 이용하는데 타이어 롤러는 물탱크에 필요한 만큼 주입하고 머캐덤, 탠덤, 탬핑 롤러 등은 롤(바퀴)에 부가하중을 주입하여 전압능력을 높인다. 부가하중은 자중의 2배 이상으로 추가시킬 수 있다.

(a) 2륜 탠덤 롤러   (b) 3륜 탠덤 롤러

▲ 탠덤 롤러의 종류

(2) 머캐덤 롤러(macadam roller)

3륜 자동차와 같은 형으로 롤러를 배치한 것으로 6~12ton 정도이다. 좌·우 바퀴를 구동하기 위해 차동장치를 사용하는데 작업의 직진성을 위해 차동제한 장치가 설치되어 있다. 이 장비는 가열 포장 아스팔트 재료의 초기 다짐에 사용된다.

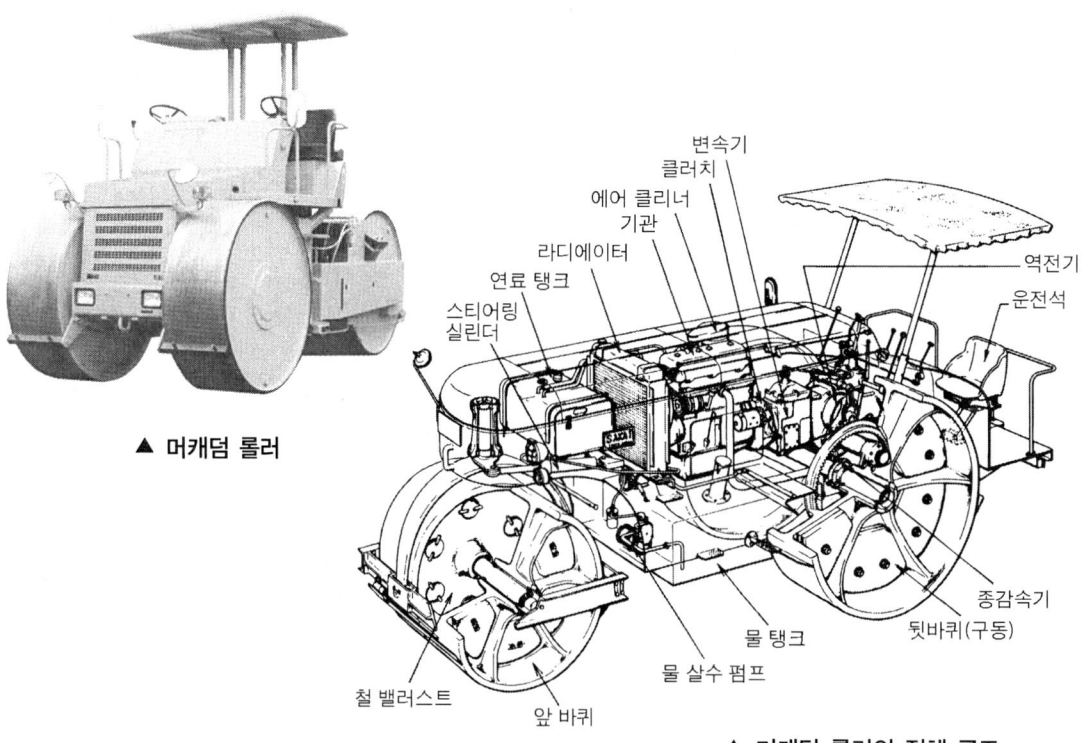

▲ 머캐덤 롤러

▲ 머캐덤 롤러의 전체 구조

(3) 탬핑 롤러(tamping roller)

강판으로 된 드럼에 돌기를 50~150개 정도 부착하여 돌기에 의해 강력한 다짐 효과를 얻으며 드럼 내에 폐유, 물, 모래 등의 부가하중으로 다짐능력을 변화시킬 수 있다.

1) 시프 풋 방식(sheep foot type)

양족(洋足)식 롤러라고도 하며 흙 깊이 30cm 이내의 것은 100% 다짐이 가능하고 그 이상은 90%정도 다진다.

2) 턴 풋 방식(turn foot type)

표면 지층에 20cm가 넘는 연약한 지반에 사용되며 흙의 표면을 분쇄하여 다질 수 있고, 그물 모양의 바퀴를 사용하며, 흙의 유동이 억제되고 급경사 전압이 가능하다. 점토질의 다짐에 효과적이다. 특징은 다음과 같다.

① 급경사의 전압이 가능하다.
② 사질토 보다 점토질에 광범위하게 사용할 수 있다.
③ 연약한 지반의 흙 쌓기에서 사용할 수 있다.
④ 그물 눈 모양의 바퀴를 사용하므로 흙의 유동이 억제된다.
⑤ 흙 표면 층을 적당한 입자의 지름으로 분쇄하여 다질 수 있다.

 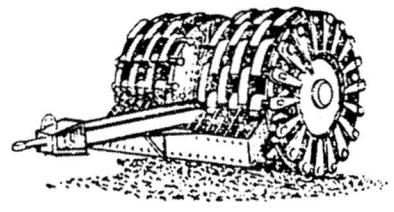

(a) 시프트식 탬핑 롤러　　　(b) 턴풋식 롤러

▲ 롤러의 종류

(4) 진동 롤러(vibratory roller)

롤러와 휠 트랙터가 조합되거나 롤러 자체에 주행장치가 있으며 기계방식, 유압방식, 전자방식, 공기방식의 기진 장치가 부착되고 기진 장치의 진동수를 바꾸기 위해 무단 변속기를 사용한다. 기관의 회전속도를 변화시켜 진동수를 바꾸는 형식도 있다. 편심추를 이용하는 형식은 회전속도를 변화시키거나 추의 편심량을 변화시켜 기전력을 증감하며 기어, 체인, 벨트 등에 구동된다.

자중 0.5~0.6ton, 속도 1~4km/h, 진동수는 분당 1,500~30,000회, 기진력은 5~10ton 정도이다.

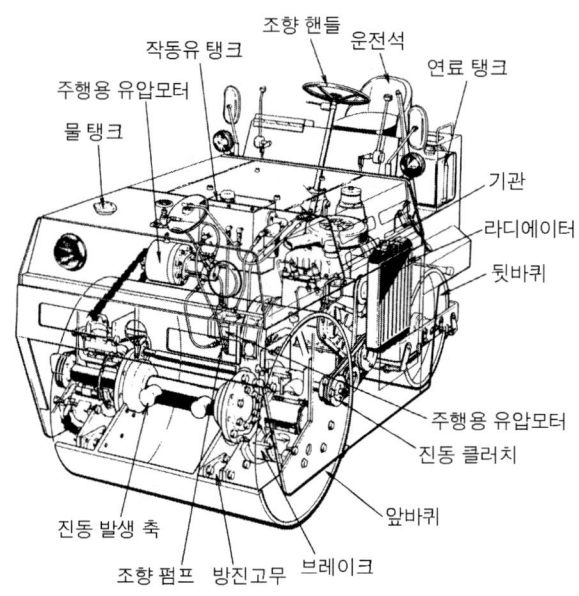

▲ 진동 롤러 전체구조

(5) 타이어 롤러(tire roller)

타이어 롤러는 공기 타이어의 특성을 이용하여 노면을 다지는 기계이며, 아스팔트 포장 2차 다듬질에 효과적으로 사용하며 공기압력과 부가하중을 조정하기에 따라서 다짐 능력을 조정할 수 있고 기동성이 좋아 최고속도는 15~25km/h에 달한다.

타이어 롤러의 타이어가 항상 균일한 하중으로 다져지도록 하기 위해 다음과 같은 여러 가지 지지방법이 있다.

① **수직 가동방식** : 유압방식, 공기 스프링 방식, 프레임 가동 방식
② **상호 요동방식**
③ **고정식**

● 타이어 롤러 접지압력

흙의 분류	접지압력(타이어 공기압력)
모래, 사질토	1.4~2.8kg/cm²
점토가 많은 사질토	2.8~4.2kg/cm²
점토질 흙	4.6kg/cm²

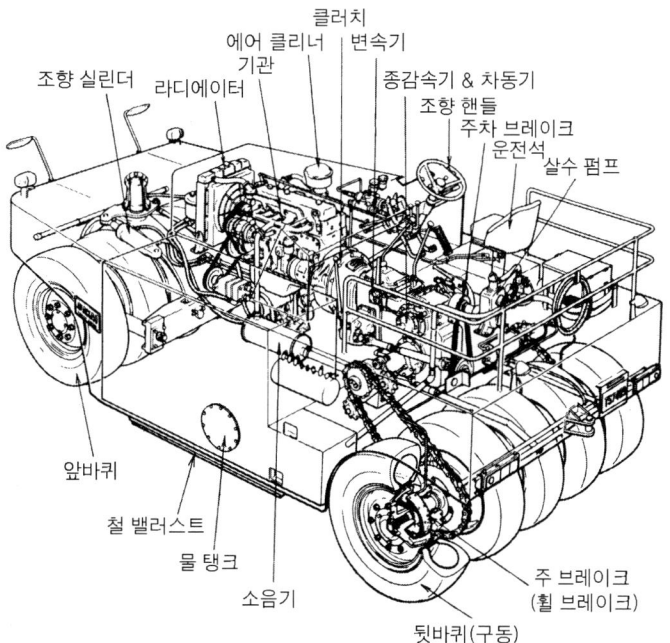

▲ 타이어 롤러의 전체구조

❸ 롤러의 구조

(1) 동력 전달장치

동력 전달장치는 일반 차량과 거의 같다. 3륜 롤러는 회전 성능을 향상시키기 위하여 차동 장치를 가지고 있으며 모래땅이나 진창을 주행 할 때와 직진성능을 필요로 하는 경우를 위하여 차동제한 장치가 있다.

(2) 동력 전달 순서

① **마찰 클러치 방식** : 기관 – 메인(주)클러치 – 변속기 – 전·후진기어 – 최종 구동장치 – 바퀴

② **토크 변환기 방식** : 기관 – 토크 변환기 – 변속기 – 전·후진기어 – 최종 구동장치 – 바퀴

③ 진동 롤러의 경우
- 기관주행계통의 경우 : 메인 클러치 – 변속 및 전·후진기어 – 종감속 기어 – 바퀴
- 기진계통의 경우 : 기진용 클러치 – 기진용 변속기 – 기진기 – 바퀴

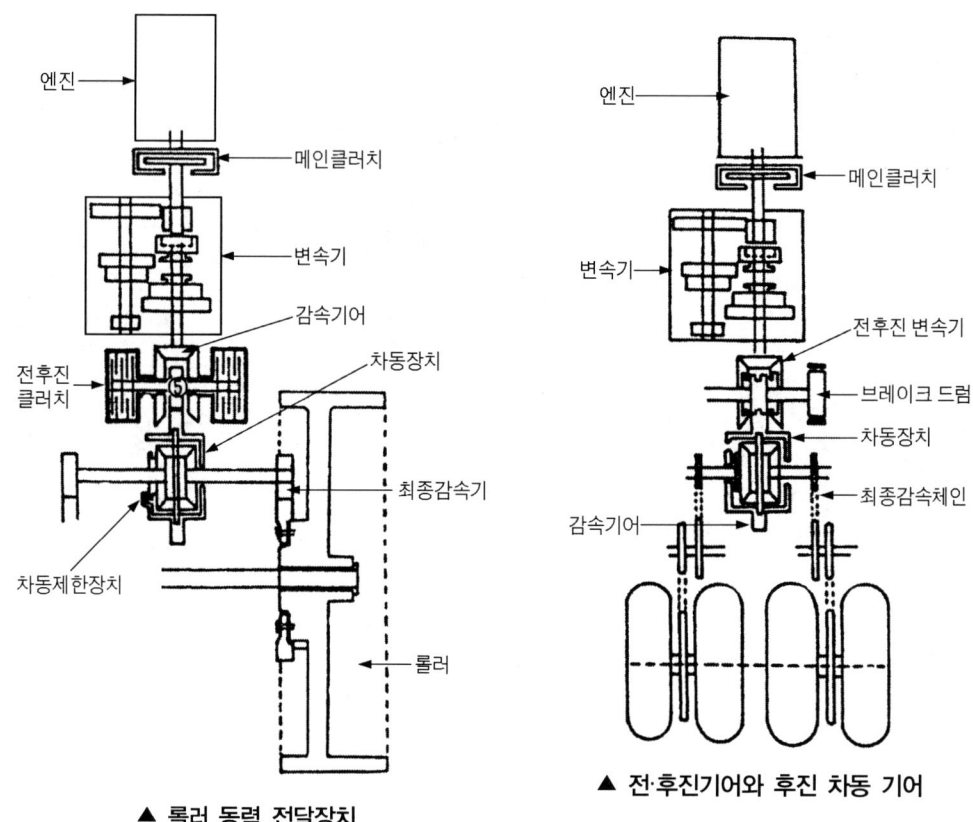

▲ 롤러 동력 전달장치

▲ 전·후진기어와 후진 차동 기어

☞ 아스팔트 다짐(롤링) 작업을 할 때 바퀴에 물을 뿌리지 않으면 아스팔트가 바퀴에 부착되어 매끈한 롤링을 할 수 없기 때문에 반드시 물을 뿌려준다.

Chapter 9 해상용 건설기계

건\설\기\계\구\조

❶ 사리채취기

(1) 사리채취기의 개요

사리채취기는 자갈, 모래 등을 선별하는 건설기계이며, 채취기구를 구동하기 위한 기관을 설치한 것으로 버킷장치, 선별장치, 파쇄장치, 전동장치 등을 본체에 탑재하고 있다. 대선, 대차, 탑재식은 건설기계에 속하나 정치식은 건설기계에 속하지 않으며 규격은 시간당 채취량(m^3)으로 나타낸다.

버킷 사리채취기의 경우 레더의 양단에 롤러가 부착되며 이를 중심으로 버킷이 유동하여 굴착해 선별한다. 선별은 진동, 회전하면서 크기에 따라 분류하고 필요에 따라 파쇄하여 골재를 얻으며 현장에서는 선별기라고도 한다.

▲ 사리 채취기

(2) 사리채취기의 종류

1) 설치에 의한 분류

① 유닛방식
크러셔, 피더, 스크린, 전동기, 슈트 등을 유닛으로 정리하고 각 섹션을 조합하여 그사이를 컨베어 벨트로 연결하여 플랜트를 구성한다. 이 방식은 설치나 조립이 용이한 장점이 있다.

② 트레일러 탑재형
트레일러 위에 각 부품을 조합하여 탑재한 것으로 이동성이 좋은 장점이 있다.

2) 스크린의 종류

스크린 면은 진동 스크린의 생명이라고도 할 수 있으며 아무리 스크린 본체가 적합하게 선정되어도 스크린 면이 부적당하면 그 스크린은 제 성능을 발휘할 수 없다. 따라서 스크린 면의 선정은 신중한 검토를 필요로 한다.

① 그리드 방식
골재가 흐르는 방향에 배열하는 것으로 주로 큰 골재의 1단계 스크린에 사용하며 바의 간격을 큰 쪽으로 갈수록 약간 넓게 함으로써 스크린이 막히는 것을 방지한다.

② 로드 방식
강철 봉을 평행으로 배열한 것으로 마찰이 심한 물건을 처리하거나 막히는 것을 방지할 목적으로 사용한다.

③ 다공 판
강철판에 구멍을 뚫은 것으로 철망과 비교하면 구멍이 적은 결점은 있으나 강도 및 수명 상으로 유리하다.

④ 철망(또는 금망)
가장 많이 쓰이는 스크린으로서 규격은 100mm부터 2.4mm까지의 것이 있으나 골재 생산용으로는 2.5mm 정도가 한계이다.

▲ 회전형 진동 스크린

❷ 준설선

(1) 준설선의 개요

준설이란 수중의 토사 암반 등을 파내는 건설기계이다. 이 건설기계는 선박 대형화에 따른 항로, 항만 선유장 및 수심 증가, 하천, 수로 안벽, 방파제 등의 축항 및 기초공사 등에 준설선이 사용된다.

(2) 준설선의 종류

1) 토질에 의한 분류

① **일반 토사 준설** : 일반 토사를 준설하는 작업으로 디퍼 준설선, 그래브 준설선, 펌프 준설선, 버킷 준설선 등이 사용된다.
② **암반 준설** : 암반을 준설하는 작업으로 쇄암선, 착암선 등이 사용되며 폭약으로 이용하여 발파하는 발파 준설선 등이 있다.

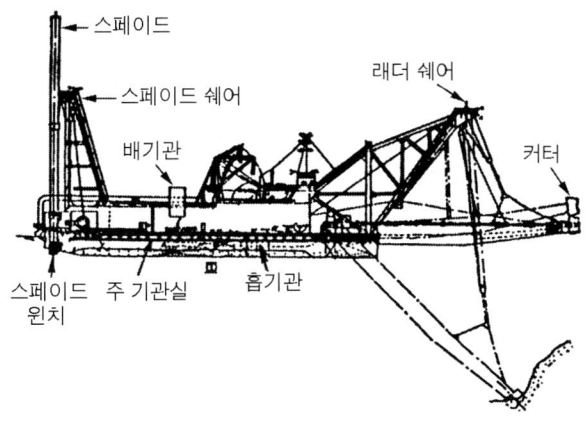

▲ 펌프 준설선

2) 이동방법에 의한 분류

① **비자항 방식 준설선**

뱃머리에 설치된 래더(ladder) 전단의 커터를 회전시켜 토사를 펌프로 흡입하여 물과 함께 배토관을 통해 투기장까지로 운반하는 것으로 작업 중 선체 이동은 선미에 설치된 스퍼드(spud)를 중심으로 뱃머리에 있는 스윙용 윈치(winch)를 조작하여 선체를 좌우로 이동하여 작업하며 장·단점은 다음과 같다.

비자항 방식 준설선 장점
- 구조가 간단하며 가격이 싸다.
- 단단한 토질 이외에는 준설 능력이 크다.
- 펌프방식인 경우 매립성능이 좋다.

비자항 방식 준설선 단점
- 예인선 등이 필요하다.
- 펌프방식인 경우 파이프를 통해 송토하므로 거리에 제한을 받는다.
- 펌프방식인 경우 단단한 토질에 부적합하며 파이프를 수면에 띄우므로 파도의 영향을 받는다.

② **자항 방식 준설선**

준설선 자체에 흙 저장고(토창)를 지니고 있어 펌프로 흡입된 토사와 물을 자체 흙 저장고에 받아 투기장까지 자력으로 항해하여 투기하고 다시 제 위치로 돌아와 작업을 하는 건설기계이다. 호퍼 준설선이라고도 하며 장·단점은 다음과 같다.

자항 방식 준설선의 장점
- 토운선(흙 운반용 배), 예인선 등이 필요 없다.
- 송토 거리의 제약을 받지 않는다.
- 펌프 방식의 경우 항로가 좁거나 이질의 토질 작업이 가능하다.

자항 방식 준설선의 단점
- 준설시간이 길다.
- 침전이 나쁜 토질은 물을 많이 운반해야 된다.
- 단단한 토질에는 불리하다.
- 가격이 비싸다.
- 매립용으로 부적합하고 숙련된 기술을 요한다.

준설선
- **비자항 방식 준설선** : 자력으로 항해를 하지 못하는 준설선으로 예인선이 필요하다.
- **자항 방식 준설선** : 자력으로 항해가 가능한 준설선이다.

3) 준설방식에 의한 분류

① 버킷 준설선

이 형식은 래더 상의 양 딤블러를 중심으로 버킷 라인이 회전하여 굴착하는 건설기계로서 양쪽의 앵커에 의해 좌·우 스윙하며 작업한다. 버킷 용량은 0.5~0.8m³ 정도이며 굴착된 토사는 슈트를 통하여 적재하고 예인선에 의해 이동하며 선박 방해에 지장이 없는 위치에 투기한다.

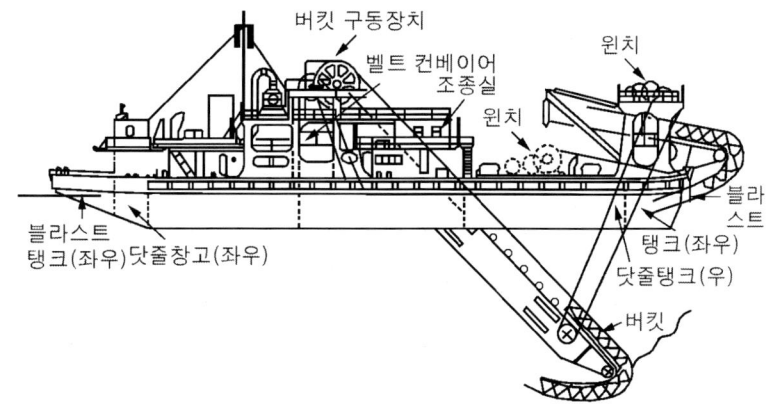

▲ 버킷 준설선

버킷 준설선의 장점

- 준설 능력이 크며 대용량 공사에 적합하다.
- 준설 단가가 저렴하다.
- 토질의 질에 영향이 적다.
- 악천후나 조류 등에 강하다.

버킷 준설선의 단점

- 암반 준설에는 부적합하다.
- 작업 반경이 크다.
- 작업 중 앵커 이동시간이 길다.
- 협소한 장소에서 작업이 어렵다.

② 그래브 준설선

대부분 소형이고 개폐가 자연스러운 그래브를 붐 끝에 설치하여 기관과 조립되어 있으며 비자항식과 자항식이 있다. 파 올린 토사는 양현에 계류한 토운선에 적재한 후 만재된 토운선을 예인선으로 예인 선박 항해에 지장이 없는 위치에 투자한다. 전·후, 좌·우 이동은 4개의 앵커를 조정하여 작업하며 다음과 같은 장·단점이 있다.

▲ 그래브 준설선

그래브 준설선의 장점

- 구조가 간단해 가격이 싸다.
- 규모가 작은 공사, 협소한 장소에서의 작업이 유리하다.
- 심도거리 조정이 용이하다.

그래브 준설선의 단점

- 준설 능력이 적으며 준설 단가가 비싸다.
- 준설선 값이 비싸다.
- 물 밑바닥을 고르게 작업하기 어렵다.

③ 디퍼 준설선

굳은 지반을 준설하기 위하여 고안된 것으로 육상에서 사용하는 셔블을 대선(垈船)에 설치한 것으로 구조가 복잡하고 건조비가 높고 작업능률이 비교적 낮은 것으로 특수한 목적 이외에는 사용하지 않는다.

굴착기에 선체의 동요를 방지하기 위하여 선미 좌·우와 선수 중앙에 의해 합계 3개의 스퍼드를 사용한다.

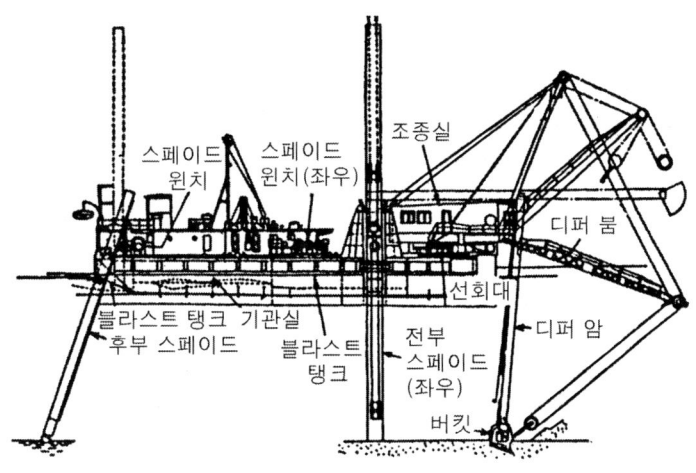

▲ 디퍼 준설선

디퍼 준설선의 장점

- 굴착력이 강해 단단한 토질이나 암반 준설에 적합하다.
- 작업 반경이 작다.
- 기계의 수명이 길다.

디퍼 준설선의 단점

- 준설 능력이 적어 준설 단가가 싸다.
- 준설선의 값이 비싸다.
- 작업에 숙련을 요한다.

④ 드래그 섹션 준설선

대규모 항로 준설 등에 사용하는 것으로 선체 중앙에 진흙 창고를 설치하고 향해하면서 해저의 토사를 준설 펌프로 빨아올려(흡상) 진흙 창고에 적재한다. 만재된 때에는 배토장으로 운반하거나 창고의 흙을 배토 또는 매립지에 자체의 준설 펌프를 사용하여 배송한다. 토사를 빨아올리는 드래그 암의 배치에 따라 센터 드래그, 사이드 드래그 등으로 분류한다.

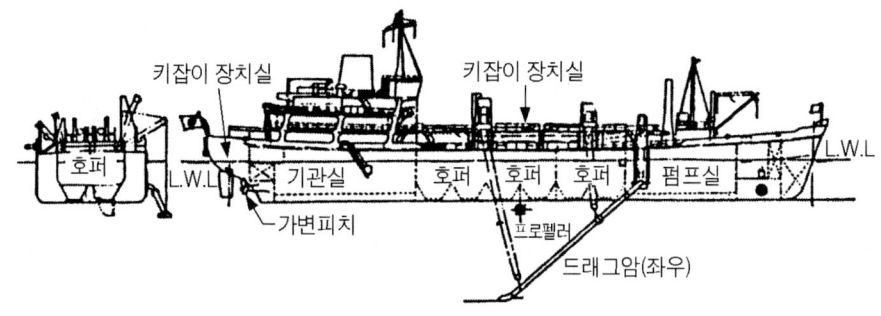

▲ 드래그 섹션 준설선

⑤ 펌프 준설선

주로 매립 공사에 사용하고 해저의 토사를 물을 매체로 하여 절단기로 절취하며 이것을 펌프로 빨아올려 파이프라인으로 장거리 배송하는 것이다. 펌프는 샌드 펌프를 설치 흡입관을 물밑에 두고 물과 같이 토사를 흡상하여 배출관에서 불어내어 토사를 흙 운반용 배에 받거나 호퍼에 받아 저장하며 배토 펌프로 흡출하고 송토관에서 연결하여 매립지로 압송한다. 펌프 준설을 할 때 작업능력을 결정하는 주요 요소는 흙을 퍼 올리고 보내는 거리 및 준설 깊이 등이다.

▲ 펌프 준설선

◆ 건설기계운전공학

정가 19,000원

2010년 1월 12일 초판 발행	엮 은 이 : GB기획센터
2025년 2월 25일 재판 발행	발 행 인 : 김 길 현
	발 행 처 : (주) 골든벨
	등 록 : 제 1987-000018호
	ⓒ 2010 *Golden Bell*
	I S B N : 978-89-7971-851-5

㉾ 04316 서울특별시 용산구 원효로 245 골든벨 빌딩
TEL : 영업부 (02) 713-4135／편집부 (02) 713-7452 • FAX : (02) 718-5510
E-mail : 7134135@naver.com • http : // www.gbbook.co.kr
※ 파본은 구입하신 서점에서 교환해 드립니다.

이 책에서 내용의 일부 또는 도해를 다음과 같은 행위자들이 사전 승인없이 인용할 경우에는 저작권법 제93조「손해배상청구권」에 적용 받습니다.
① 단순히 공부할 목적으로 부분 또는 전체를 복제하여 사용하는 학생 또는 복사업자
② 공공기관 및 사설교육기관(학원, 인정직업학교), 단체 등에서 영리를 목적으로 복제·배포하는 대표, 또는 당해 교육자
③ 디스크 복사 및 기타 정보 재생 시스템을 이용하여 사용하는 자